文系でもわかる 電気数学

山下 明 著

mathematics for electrical engineering

"高校＋αの知識"ですいすい読める

大人の
コソ練♪

本書内容に関するお問い合わせについて

このたびは翔泳社の書籍をお買い上げいただき、誠にありがとうございます。弊社では、読者の皆様からのお問い合わせに適切に対応させていただくため、以下のガイドラインへのご協力をお願い致しております。下記項目をお読みいただき、手順に従ってお問い合わせください。

●ご質問される前に

弊社Webサイトの「正誤表」をご参照ください。これまでに判明した正誤や追加情報を掲載しています。

　　　　正誤表　https://www.shoeisha.co.jp/book/errata/

●ご質問方法

弊社Webサイトの「刊行物Q&A」をご利用ください。

　　　　刊行物Q&A　https://www.shoeisha.co.jp/book/qa/

インターネットをご利用でない場合は、FAXまたは郵便にて、下記"翔泳社 愛読者サービスセンター"までお問い合わせください。
電話でのご質問は、お受けしておりません。

●回答について

回答は、ご質問いただいた手段によってご返事申し上げます。ご質問の内容によっては、回答に数日ないしはそれ以上の期間を要する場合があります。

●ご質問に際してのご注意

本書の対象を越えるもの、記述個所を特定されないもの、また読者固有の環境に起因するご質問等にはお答えできませんので、予めご了承ください。

●郵便物送付先およびFAX番号

送付先住所　〒160-0006　東京都新宿区舟町5
FAX番号　　03-5362-3818
宛先　　　　（株）翔泳社 愛読者サービスセンター

※本書に記載されたURL等は予告なく変更される場合があります。
※本書の出版にあたっては正確な記述に努めましたが、著者および出版社のいずれも、本書の内容に対してなんらかの保証をするものではなく、内容やサンプルに基づくいかなる運用結果に関してもいっさいの責任を負いません。
※本書に掲載されている画面イメージなどは、特定の設定に基づいた環境にて再現される一例です。
※本書に記載されている会社名、製品名はそれぞれ各社の商標および登録商標です。
※本書では™、®、©は割愛させていただいております。

まえがき

　電気を学ぶには数学が必要です。
　いきなり要求から始まるのですが、数学は科学の言葉です。科学（＝理科：学校の科目名）というのは何かというと、「自然がどんな仕組みで動いているのか」を知ろうとする学問です。カッコよくいうと、「自然の摂理を追い求める」とか、「真理の探究」となるでしょう。
　そこで、理科と数学の関係を絵に表すと、こんな感じになります。

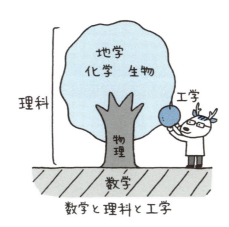

数学と理科と工学

　つまり、「数学」という土台・土壌に、「理科」という木が生えるのです。その幹が物理で、化学・地学・生物などの分野に分岐します。どうして数学が科学の言葉となり、うまく自然界を記述できるのかはわかりません。ギリシャのピュタゴラス大先生も

　万物は数である。

と言い切っています。すべては数なのですから、この世の中を数学で記述するのも当然なのでしょう。
　さて、先ほどの絵を見ると、木の実がなっていますね。木の実がなると、人間が食べられるようになります。これが「工学」です。自然の摂理がわかったうえで、これをどう人間の役に立たせるのかを考える学問が「工学」なのです。

本書では、電気を学ぶうえで必要な数学を解説しています。はじめて電気を学ぼうと思っても、見慣れない数学用語や記号、計算などのために困ってしまうこともあるでしょう。数学は電気の言葉である以上、ここでつまってしまうとしんどいです。

　そこで、本書は電気をこれから勉強しようとする方が、専門書を読むのに必要な数学を身につけられるように構成されています。

○この本の読み方

　本書を手に取られた方の出発点はいろいろだと思います。「方程式って何だっけ？」という方もいれば、「微分の計算は何となくやったことがある」という方もいらっしゃるでしょう。ここでは本書の各章の概略と関連を書きますので、どの章が御自分に必要なのかを判断する際の参考にしてください。

　本書は、第1章から順に読めば、階段を上がっていくように無理なく読み進めることができるよう構成されています。最初からでなく、途中から読み始める読者の方は、わからない箇所が出てきたら脚注を参考にしながらもう少し戻って読んでみてください。

第1章　数字の扱い方

　電気工学の世界で数字をどのように扱うかが書かれています。直接問題を解くためには必要ありませんが、「電気工学の大事な常識」がたくさん書かれています。ここを読むと、専門書の行間がよく読めるようになります。比較的やさしい内容ですので、一読をお勧めします。

第2章　数と文字の取扱説明書

　数や文字式の取り扱い方の基本が書かれています。「このくらいはわかっている、大丈夫」という方はスキップしていいですし、必要な部分だけ読むのでも構いません。ただし、数学の基本的なルールを疎かにすると、後々難しい数学を勉強するときに困ることがあります。基礎を確実にするために、通読するのもよいでしょう。

第3章　一次方程式

電気工事士の勉強に必要な数学は、第2章と第3章の内容で十分です。電気的な理解が必要な部分を除いて、この章までは中学校で習う数学の内容です。必要なければスキップしても構いませんが、大切な数式・方程式の取り扱いがたくさん書かれています。方程式の問題を解くことで、数学を使ってできること（武器としての数学の使い方）を学ぶことができるでしょう。

第4章　連立方程式と行列

第4章の前半 **4-4** までは、中学校で習う「連立一次方程式」です。

本書ではさらに発展した「行列」まで扱っています。行列は、資格取得のためにはそれほど必要ではありません。ただし、数学のすごいところ、真髄が理解できるようにおもしろく書いていますので、余裕があれば **4-5** 以降を読むのも数学に親しむきっかけになるでしょう。

第5章　関数

本書で一番ページを割いた章です。ここで登場する数学は、電気を勉強する際には筆記用具と同じくらい、重要な道具です。これでもかというほど詳しく書きましたので、この先の章を読むため、さらに専門書を理解するため、どうか一生懸命読んでみてください。数学の考え方、電気工学での使われ方など、内容が盛りだくさんです。

第6章　複素数

電気回路で必須の j が登場します。電気工学の立場からではなく、数学の立場から複素数について説明しています。なぜ複素数が電気回路で登場するのかは電気回路の本に書いてありますので、ここでは数学の土台を固めることに重点を置きました。

第7章　微分・積分

電気工学をきちんと理解するには、微分・積分の知識が必須です。ただ、微分・積分だけで1冊の本が書けてしまうので、詳細な説明を省き、その結果だけを掲載している書籍も多いようです。そのような書籍の行間を理解するためには、この第7章の知識が必須になります。

第8章　微分方程式・ラプラス変換／第9章　フーリエ級数・フーリエ変換

　これらの分野も、それぞれで本が1冊書けてしまうくらい奥の深いものですが、第8章と第9章では、微分方程式、ラプラス変換、フーリエ級数、フーリエ変換について詳しく書かれている本を読むために必要な知識の導入を行います。ページの都合上、本書だけですべてを説明することはできません。ただし、エッセンスをハイライトで読むことができる、おもしろい章となっています。

　冒頭で述べたように、数学は電気の言葉であり、ある意味「道具」です。使いこなせるようになるには、取扱説明書を読む必要があるでしょう。

　電気を学ぶ皆さんが、本書で数学という道具を使いこなせるようになり、実をたくさん収穫できるよう応援しています（本書は農業関連の書籍ではありません）。

　　　　　　　　　　　　　　　　　　　　　　　　　　　2016年9月　山下 明

資格試験に必要な数学の目安と学校で習う数学の関係

次の表は、国家資格の試験学習に必要な数学の分野と本書の章構成の関係を示したものです。試験の難易度とは異なりますので注意してください。

表内にある学校で習う数学の範囲は、日本の学習指導要領や高等専門学校・大学の標準的なシラバスを参考に作成しています。

資格	第1章	第2章	第3章	第4章	第5章	第6章	第7章	第8章	第9章
第二種電気工事士	○	○	○		5-12まで				
第一種電気工事士	○	○	○	4-4まで	5-12まで				
工事担任者(全種類)	○	○	○	4-4まで					
第三種電気主任技術者	○	○	○	4-4まで	○	○			
電気通信主任技術者	○	○	○	4-4まで	○	○			
第二級陸上無線技術士	○	○	○	4-4まで	○				
第二級総合無線通信士	○	○	○	4-4まで	○	○			
第二種電気主任技術者	○	○	○	○	○	○	○	○	○
第一種電気主任技術者	○	○	○	○	○	○	○	○	○
第一級陸上無線技術士	○	○	○	○	○	○	○	○	○
第一級総合無線通信士	○	○	○	○	○	○	○	○	○
中学校	※1	○	○	4-4まで	5-4まで				
高校	※1	○	○	※2	○	※3	※4		
高等専門学校	○	○	○	○	○	○	○		
大学の教養程度	○	○	○	○	○	○	○	○	○

※1:内容は易しいのですが、工学的な内容ですので、普通科の高校では習いません。
※2:本書執筆時点において、学習指導要領に「行列」はありません。ただ、学習指導要領に入っていた時期もありました。
※3:複素数については、「複素平面」に関して「※2」と同じです。
※4:文系選択の方は本書で扱う微分・積分のうち、「正関数」のみ学習しています。

目次

資格試験に必要な数学の目安と学校で習う数学の関係 7
ダウンロード読者特典について 12

第1章　数字の扱い方　　13
- **1-1**　数の表記①：有効数字 14
- **1-2**　数の表記②：指数表示 16
- **1-3**　数の表記③：接頭語 18
- **1-4**　単位の意味と表記 20
- **1-5**　足し算と引き算 22
- **1-6**　掛け算と割り算 24
- **1-7**　四則計算と有効数字 26

第2章　数と文字の取扱説明書　　29
- **2-1**　数の種類その① 30
- **2-2**　数の種類その② 32
- **2-3**　数の種類その③ 36
- **2-4**　数の種類その④ 38
- **2-5**　数の種類その⑤ 40
- **2-6**　文字式その①：意味 42
- **2-7**　文字式その②：記法 44
- **2-8**　文字式その③：使い道 46
- **2-9**　文字式の計算その① 50
- **2-10**　文字式の計算その② 52
- **2-11**　文字式の計算その③ 54

第3章　一次方程式　　57
- **3-1**　方程式とは何か 58
- **3-2**　一次方程式の「一次」とは 60
- **3-3**　単項式と多項式・係数と定数 62
- **3-4**　係数と定数 64
- **3-5**　恒等式と方程式 66
- **3-6**　足し算と引き算 68

3-7	掛け算と割り算	70
3-8	方程式の解	72
3-9	一次方程式の解法①	74
3-10	一次方程式の解法②	76
3-11	一次方程式の解法③	78
3-12	一次方程式の応用①	80
3-13	一次方程式の応用②	82

第4章　連立方程式と行列　　　　　　　　　　　　　85

4-1	連立一次方程式①：何それ？	86
4-2	連立一次方程式②：文字の単位	88
4-3	連立一次方程式③：いろんな解き方	92
4-4	連立一次方程式④：どうやって使うか	94
4-5	行列①：要素と足し引き	96
4-6	行列②：掛け算	98
4-7	行列③：行列を使って得すること	100
4-8	行列④：行列と連立一次方程式	102
4-9	行列⑤：行列の階数と連立一次方程式	104
4-10	行列⑥：階数と連立一次方程式が解ける条件	108
4-11	行列⑦：行列の応用その①	110
4-12	行列⑧：行列の応用その②	114
4-13	行列⑨：行列の応用その③	116

第5章　関数　　　　　　　　　　　　　　　　　　　119

5-1	そもそも関数って何？	120
5-2	簡単な関数たち	122
5-3	関数とグラフ①	124
5-4	関数とグラフ②	126
5-5	三角関数の前に三角比	128
5-6	三角関数事始め	130
5-7	弧度法と一般角	132
5-8	三平方の定理	134
5-9	三角関数のグラフ①	138

- **5-10** 三角関数のグラフ② ... 148
- **5-11** 三角関数のグラフ③ ... 150
- **5-12** 三角関数のグラフ④ ... 152
- **5-13** 三角関数の加法定理 ... 156
- **5-14** 指数関数の前に指数 ... 158
- **5-15** 指数関数 ... 160
- **5-16** 指数関数のグラフ ... 162
- **5-17** 対数関数の前に対数 ... 164
- **5-18** 対数関数 ... 166
- **5-19** 対数関数の性質 ... 168
- **5-20** 対数関数のグラフ ... 172
- **5-21** 片対数グラフ・両対数グラフ ... 174

第6章 複素数　179

- **6-1** 複素数とは ... 180
- **6-2** 虚数単位のヒミツ ... 182
- **6-3** 直交座標と極座標 ... 184
- **6-4** 座標の変換 ... 188
- **6-5** 複素数の計算①：直交座標 ... 192
- **6-6** 複素数の計算②：極座標 ... 194
- **6-7** オイラーの公式 ... 196

第7章 微分・積分　199

- **7-1** 微分とは①：微分の意味 ... 200
- **7-2** 微分とは②：微分の値 ... 202
- **7-3** 微分とは③：微分の表記 ... 204
- **7-4** 微分の演算 ... 206
- **7-5** いろんな関数の微分 ... 208
- **7-6** 微分の性質と計算 ... 210
- **7-7** 微分とグラフ ... 212
- **7-8** 積分とは ... 214
- **7-9** 積分と微分 ... 220
- **7-10** 積分の計算 ... 228

第8章	微分方程式・ラプラス変換	233
8-1	微分方程式とは	234
8-2	微分方程式の具体例	236
8-3	微分方程式の解き方①	242
8-4	微分方程式の解き方②	246
8-5	ラプラス変換入門	252
8-6	ラプラス変換の計算	256
8-7	ラプラス変換と微分方程式	260

第9章	フーリエ級数・フーリエ変換	263
9-0	その前に	264
9-1	フーリエ級数事始め	268
9-2	フーリエ級数の計算①	270
9-3	フーリエ級数の計算②	272
9-4	複素フーリエ級数・フーリエ変換	276

問題の解答 281

索引 323

　本書は各項目の難易度を5段階★★★★★で表しています。著者の独断と偏見だけで勝手につけていますので、あまり参考にしないでください。

ダウンロード読者特典について

　本書の読者特典として、紙面の都合上本書の中では紹介しきれなかった証明などを解説したPDFファイルを、下記URLからダウンロードできます。

・ダウンロードサイト

https://www.shoeisha.co.jp/book/download/9784798142180

　本書の内容をより深く理解したい方には一読をお勧めします。
　ご利用に際しては、次の「注意！」の内容をご確認ください。

注意！

- 上記サイトからダウンロードできる読者特典の内容は、著作権法により保護されています。
- ダウンロードできる読者特典の内容は、予告なく変更、中止になることがあります。あらかじめご了承ください。
- ダウンロードできる読者特典の内容は、本書の購入者に限りご利用いただけます。再配布、複製、譲渡、販売に関する行為、及び著作権を侵害する行為は禁止いたします。
- 著者および出版社のいずれも、この読者特典の内容に対して何らかの保証をするものではなく、この読者特典の使用によるいかなる運用結果に関しても、一切の責任を負いません。お客様の責任にてご利用ください。

第1章

数字の扱い方

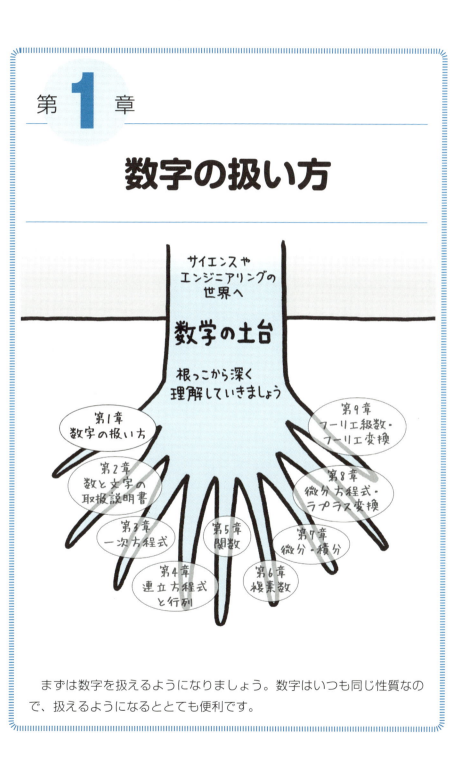

　まずは数字を扱えるようになりましょう。数字はいつも同じ性質なので、扱えるようになるととても便利です。

1-1 ▶ 数の表記①：有効数字
～意味のある、有効な数字はどこまでだ!?～

> ▶【有効数字】
> 意味のある数字のこと

　数学で扱う数字と工学の世界で扱う数字は少し性質が異なることがあります。数学の世界では、どこまでも厳密に値を指定することができます。たとえば、分数にその違いが現れます。数学では $\frac{1}{3}$ という値を「1 をぴったり 3 等分したときの値」というように決めることができます。ところが工学は現実の世界です。たとえば $\frac{1}{3}$ cm というような値をものさしの上にメモリで読むことはできるでしょうか。図 1.1 のように、$\frac{1}{3}$ cm というのは 0.3 cm と 0.4 cm の間ですが、正確には 0.333333333333333333…… cm です。ものさしでは 0.33 cm ぐらいを見積もるのが限度ですね。

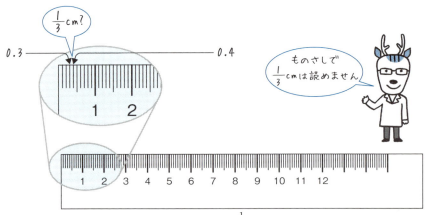

図 1.1：ものさしで $\frac{1}{3}$ cm ?

　このように、数学的に $\frac{1}{3}$ cm を「1 cm を 3 等分したもの」と決めることはできますが、ものさしの測定結果が $\frac{1}{3}$ cm だということは現実的ではありません。また、現実の世界での測定では、読み取ることのできる桁数に限界があります。測定結果を数字で表すときに、この桁数の限界から、表記されている数字が意味を

持ったり持たなかったりします。

　どこまでの数字が意味を持つべきなのか、体重計を例に考えてみましょう。図1.2のように、体重計の針が5と6の間を指しているとき、

　　5 kg ＜ 体重 ＜ 6 kg

といえます。ところが、小数第一位がいくらなのかを「絶対これだ！」と言い切ることはできません。そこは測定者にゆだねられている部分になり、ある一定の不確かさを持っているのです。図1.2では体重を5.6 kgと測定しています。測定値の最後の桁は、多くの場合、このような不確かさを持っています。

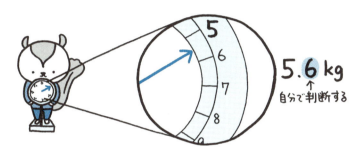

図1.2：体重計のメモリと有効数字

　それでは、この測定された体重を「5.6000000000 kg」と表記するのはどうでしょうか？ なんとなく違和感がありますね。この体重計ではそこまで正確に測定できないのですから。この測定で意味があるのは5.6までですね。あとの000000000は意味がありません。

　このように、表示している意味のある数字のことを**有効数字**（ゆうこうすうじ）といいます。また、有効数字が何桁あるかを**有効桁数**（ゆうこうけたすう）といいます。5.6 kgの有効桁数は2桁です。

問1-1　次の数字の有効桁数はいくらですか？

　　（1）3.14　（2）3.141　（3）3.1415　（4）1.73205080　（5）2.71828

正解はP.282

1-2 ▶ 数の表記②：指数表示
～クジラからミジンコまで。いやいや、宇宙から原子まで～

▶【指数表示】
すっごく大きな数字やすっごく小さな数字を簡単に表せる

　数字というものはとても便利なもので、とてつもなく大きいものからとてつもなく小さいものまでを紙面上にさらっと表記してしまいます。

　図 1.3 にクジラとミジンコの絵を描きました。クジラは 30 m 程のシロナガスクジラで、ミジンコは 2 mm としました。同じ縮尺で描くと、ミジンコは見えなくなってしまいました（描くのが面倒だからではありません）。

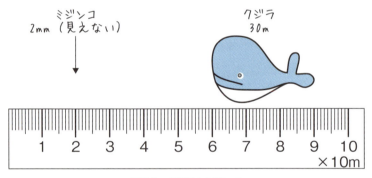

図 1.3：クジラとミジンコ

　このように、ものの大きさを表すのに、いちいち絵に描いて比較していては大変です。そこで人類は、大きさを数字で表すという偉大な発明をしました。昔はえらい王様の手の長さとか足の長さとかを基準に数字で表したのですが、今はメートル（m）という長さの単位を使って表しています。それに指数表示という方法を使えば、とても大きいものから小さいものまでを同じ表記で表すことができます。

　指数表示というものは、**指数**を使って数字を表記することをいいます。10 という数を基にして、10 が何個掛かっているかで数字を表すことが多いです。クジラとミジンコの場合、

クジラ：30 m = 3×10^1 m

ミジンコ：2 mm = 0.002 m = 2×10^{-3} m

となります。クジラの場合の指数は 10^1 の 1、ミジンコの場合の指数は 10^{-3} の －3 となります。

　この表示方法を使えば、宇宙や原子の大きさもラクラク表示することができます。宇宙の大きさを 5×10^{24} m[*1]、水素原子の大きさを 0.529×10^{-10} m[*2] として、水素原子、ミジンコ、クジラ、宇宙の大きさを 1 つのグラフにしたのが図 1.4 です。

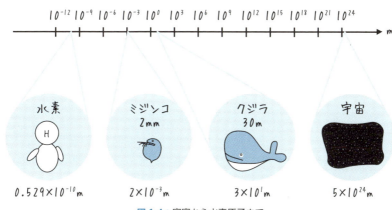

図 1.4：宇宙から水素原子まで

　このように、指数表示を使えば、とんでもなく大きいものやとんでもなく小さいものを簡単に表すことができます。もし、宇宙と水素原子の大きさを直に書くと、こんな面倒なことになります。

宇宙：5×10^{24} m = 5000000000000000000000000 m

水素原子：0.529×10^{-10} m = 0.0000000000529 m

[*1] 宇宙の形や大きさには、すごーく難しい議論が必要なのですが、ここではすごく単純に見積もった値を使いました。宇宙が光の速さ（1 秒間に 3×10^8 m）で膨張しているとして、宇宙誕生から 130 億年（= 130×10^8 年× 12 カ月× 30 日× 60 分× 60 秒 = 1.68×10^{16} 秒）でどのぐらいの大きさになるかを見積もれば、速さ ×時間 = 3×10^8 m/s × 1.68×10^{16} s = 5×10^{24} m となります。ただ、本当は宇宙は歪んでいるために、この値は全然意味を持ちません。詳しく知りたい人は宇宙物理学の研究者になって解明してください。

[*2] 水素原子の大きさを厳密に決めることはできないのですが、こんなもんだろうという値があります。ボーア先生が考えた水素原子の模型で見積もった値（ボーア半径と呼ばれています）は 0.529×10^{-10} m です。

1-3 ▶ 数の表記③:接頭語
~たった1文字で~

> ▶【接頭語】
> 指数表示よりも簡素

　和歌は三十一文字（みそひともじ）といって、31文字の仮名で構成される歌です。日本人は古くから、和歌に自然の美しさ、恋、自らの境遇などを記してきました。科学者や技術者は、たった1文字に大きさという情報を与えることがあります。その文字を**接頭語**（せっとうご）といい、表1.1のようなものです。

　この接頭語を使えば、指数表示よりもさらに簡素に、すっごく大きな数字やすっごく小さな数字を表すことができます。たとえば、ミジンコの大きさは、

$$2 \times 10^{-3} \text{m} = 2\text{ mm}$$

と表せます。10^{-3}という大きさをm（ミリ）という接頭語1文字で表しています。m（メートル）という単位の前についていますね。和歌ほど情緒はありませんが、便利ですね。

● **例**　2.5×10^{-5}m を接頭語を使って表しましょう。

答　指数部分（10^{-5}）を見て、用意されている接頭語（表1.1参照）の中から一番近いものはμ（10^{-6}）だから、指数部分を10^{-6}にしましょう。$2.5 \times 10^{-5} = 2.5 \times 10^{1} \times 10^{-6}$と分解して、

$$2.5 \times 10^{-5}\text{m} = 2.5 \times 10^{1} \times 10^{-6}\text{m} = 25 \times 10^{-6}\text{m} = 25\text{ μm}$$

となります。このように、**接頭語を使う際に、指数部分をずらすことがよくあります。**

問 1-2　次の長さを適切な接頭語を使ってすっきり表示させてみましょう。

(1) 2×10^{-3}m　(2) 3×10^{3}m　(3) 0.33×10^{-2}m　(4) 5×10^{-6}m

正解は P.282

表 1.1：大きい数を表す方法 (なんか階段みたいですね)

数字で直に書いた	指数表示	接頭語	読み方
1000000000000000000	10^{18}	E	エクサ
100000000000000000	10^{17}		
10000000000000000	10^{16}		
1000000000000000	10^{15}	P	ペタ
100000000000000	10^{14}		
10000000000000	10^{13}		
1000000000000	10^{12}	T	テラ
100000000000	10^{11}		
10000000000	10^{10}		
1000000000	10^{9}	G	ギガ
100000000	10^{8}		
10000000	10^{7}		
1000000	10^{6}	M	メガ
100000	10^{5}		
10000	10^{4}		
1000	10^{3}	k	キロ
100	10^{2}	h	ヘクト
10	10^{1}	da	デカ
1	10^{0}		
0.1	10^{-1}	d	デシ
0.01	10^{-2}	c	センチ
0.001	10^{-3}	m	ミリ
0.0001	10^{-4}		
0.00001	10^{-5}		
0.000001	10^{-6}	μ	マイクロ
0.0000001	10^{-7}		
0.00000001	10^{-8}		
0.000000001	10^{-9}	n	ナノ
0.0000000001	10^{-10}		
0.00000000001	10^{-11}		
0.000000000001	10^{-12}	p	ピコ
0.0000000000001	10^{-13}		
0.00000000000001	10^{-14}		
0.000000000000001	10^{-15}	f	フェムト
0.0000000000000001	10^{-16}		
0.00000000000000001	10^{-17}		
0.000000000000000001	10^{-18}	a	アト

1-4 ▶ 単位の意味と表記
～単位は 1 という値を決めている～

▶【単位の意味】
1 つ分の量

科学や工学では、現実の世界のいろんな量を表します。それを規定しているものが<u>単位</u>というものです。書いて字の通り、「単（ひとつ）」がどれ「位（くらい）」の量なのかを表すものです。

たとえばお金。日本のお金の単位は円ですね。円という記号は、日本のお金で 1 という単位を決めてくれています。「1 円」と表記すれば、「円という単位のものが 1 つ」という意味になります。「980 円」と表記すれば、「円という単位のものが 980 つ」という意味になります。

この単位というものは、同じ単位どうしは足し算や引き算を行うことができます。同じお金の単位であれば、接頭語をつけたり単位換算をしてやれば足し引きできます。たとえば、

$$100 \text{ 円} + 1 \text{ \$} = 100 \text{ 円} + 120 \text{ 円} = 220 \text{ 円}$$

$$1 \text{ 万円} + 100 \text{ 円} = 10000 \text{ 円} + 100 \text{ 円} = 10100 \text{ 円}$$

となりますね。たとえば \$ という単位も 1 \$ = 120 円で換算すればよいですし、日本語の接頭語「万 = 10000」も換算できます[*3]。

ところが、こういうのはダメです。

$$70 \text{ kg} + 175 \text{ cm} = ???$$

つまり、単位が異なれば足し引きはできないのです。体重 70 kg、身長 175 cm の著者ですが、体重と身長を足し算したところで、その値は何の意味もないのです。

一方、こういうのはOKです。

$$3 \text{ m} \times 5 \text{ m}^2 = 15 \text{ m}^3$$

[*3] 欧語の接頭語は 3 桁ずつ区切りますが、日本語の接頭語は基本的に 4 桁ずつ区切ります。万 = 10^4、億 = 10^8、兆 = 10^{12}、京 = 10^{16}、垓 = 10^{20} …

つまり、3 m という長さという量と、5 m² という面積という量とを掛け算して、15 m³ という新たな量、体積ができました。2 つの単位を掛け算・割り算すると、異なる単位ができます。

たとえば、10 W の電球を 5 秒間点灯するときのエネルギーは、

10 W × 5 s = 50 W・s = 50 J

となります。この「・」というドット記号は、単位の中にあると掛け算を意味します。また、W・s = J として、新たにエネルギーの単位 J（ジュール）が用意されています。

割り算の場合、たとえば 5 m という量を 2 s という時間で割ると、

5 m/2 s = 2.5 m/s

という量ができます。m/s は「メートル毎秒」と読み、速度の単位を表します。この "/" というスラッシュ記号は、単位の中にあると割り算を意味します。

> ▶【単位の表記】
> 量＝数値×単位

世の中にはいろんな量があるのですが、数式で表す場合には大きく二通りの表記方法があります。文字式に単位を含めるか含めないかです。前者を ㋐、後者を ㋑ として、筆者の身長を L という記号を使って表してみます。筆者の身長は 175 cm なのですが、それぞれ、

㋐ L = 175 cm   ㋑ L = 175〔cm〕

となります。㋐ で、L という量は 175 cm であり、cm という単位を含んでいます。㋑ では、L という量は 175 であり、cm という単位を含んでいません。ただ、L という量が何かを表示するために、カッコ〔 〕をつけて単位を併記しています。このように、量を表す L のような記号を量記号と呼んでいます。

本書では、前者の ㋐ で表記をしていますが、なぜこのように表記が分かれているかというと、フォントの違いです。単位はローマン体を使い、量記号は文字式だからイタリック体を使うことになっています。ローマン体はまっすぐな字形で、"abcde" という形です。イタリック体はやや曲がった字形で、"$abcde$" という形です。後者の ㋑ では、手書きの場合にフォントが区別しにくい場合でも、明らかに単位と量記号を区別することができるのです。

1-5 ▶ 足し算と引き算
～同じ単位が出てくるよ～

> ▶【足し引きできる条件】
> 同じ単位どうしの値：単位が共通因数になる

1-4 で紹介しましたが、同じ単位を持った数どうしは足し算・引き算ができます。ここでは、足し算・引き算ができる場合の計算の練習を行います。

そもそも、現実の世界で扱う値は「数字と単位」がセットになって、「数値×単位」という量で表されます。たとえば、リス君の身長 32 cm を $L_{リス}$ という記号で表すと、

$$L_{リス} = 32 \text{ cm}$$

となります。つまり、$L_{リス}$ という記号は「32 × cm」という量を意味しています。同様に、著者の身長 175 cm を $L_{著者}$ という記号で表し、$L_{著者} = 175$ cm と表しましょう。すると、次のような操作ができます。

$$L_{著者} + L_{リス} = 175 \text{ cm} + 32 \text{ cm} = (175+32) \text{cm} = 207 \text{ cm}$$

つまり、$L_{著者}$ と $L_{リス}$ は同じ「cm」という単位を持っていますから、**共通因子**としてくくり出すことができるのです。

ここで共通因子について説明します。たとえば、15 と 12 という 2 つの数字は 15 = 3 × 5、12 = 3 × 4 なので、どちらも 3 という数字の倍数になっています。こういった共通の倍数を共通因子といいます。そうすると、足し算をするときに、15 + 12 = 3 × (5 + 4) と、共通因子をカッコの外にくくり出すことができるのです。$L_{著者}$ と $L_{リス}$ の場合は、「cm」という共通因子がありますね。

引き算も同様に行うことができます。

$$L_{著者} - L_{リス} = 175 \text{ cm} - 32 \text{ cm} = (175 - 32) \text{cm} = 143 \text{ cm}$$

以上のように、単位が同じであれば、足し算や引き算を行うと元の単位と同じものが現れます。実際、図 1.5 と図 1.6 のように、「cm」という長さの足し算・引き算を行うと、その計算結果は長さとなります。つまり、計算結果もきちん

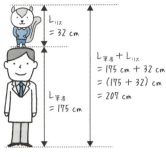
図 1.5：$L_{著者} + L_{リス}$

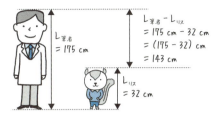
図 1.6：$L_{著者} - L_{リス}$

と意味を持ったものになっているのです。足し算をした図 1.5 の場合は著者の足元からリス君の頭頂までの長さ、引き算をした図 1.6 の場合は同じ高さに立ったときの著者の頭頂からリス君の頭頂までの長さを意味していますね。

● 例 $L_1 = 10$ cm、$L_2 = 0.2$ m、$L_3 = 2$ 尺とするとき、次の各値を求めましょう。ただし、1 尺 = 0.303 m とします。
(1) $L_1 + L_2$ (2) $L_1 - L_2$ (3) $L_1 + L_2 + L_3$ 〔cm〕

答 (1) まず、L_1 と L_2 の単位をそろえましょう。この問題の場合、cm か m かは特に指定がありませんので、どちらでもよいのですが、cm に合わせます。$L_2 = 0.2$ m $= 20$ cm だから、

$L_1 + L_2 = 10$ cm $+ 20$ cm $= 30$ cm

(2)(1)と同じように単位をそろえて、

$L_1 - L_2 = 10$ cm $- 20$ cm $= -10$ cm

(3) 量記号 $L_1 + L_2 + L_3$ のとなりにカッコ付で〔cm〕という表記がありますね。これは、この量記号の値を〔cm〕という単位で表してほしいという意味です。それでは、単位を cm にそろえましょう。$L_2 = 0.2$ m $= 20$ cm、$L_3 = 2$ 尺 $= 2 \times 0.303$ m $= 60.6$ cm だから、

$L_1 + L_2 + L_3 = 10$ cm $+ 20$ cm $+ 60.6$ cm $= 90.6$ cm

難易度 ★☆☆☆☆

1-6 ▶ 掛け算と割り算
～違う単位が出てくるかも～

▶【掛け算・割り算すると】
単位も掛け算・割り算する

1-4 で紹介しましたが、違う単位を持った数どうしの足し引きはできません。ここでは、その理由を詳しく説明して、掛け算・割り算を行うとどうなるかを説明します。

図 1.7 のような、リス君の体重 $m_{リス} = 5.6$ kg と、身長 $L_{リス} = 32$ cm の足し算を考えてみましょう。

$$m_{リス} + L_{リス} = 5.6 \text{ kg} + 32 \text{ cm}$$

となりますが、単位が異なるために共通因子がありませんね。そのようなわけで、この 5.6 と 32 という数字を足し合わせることができないのです。つまり、$m_{リス} + L_{リス}$ という量は意味を持たず、異なる単位どうしの足し算はできないということになります。これは引き算でも同じです。

5.6 kg + 32 cm = ？？？

図 1.7：体重＋身長＝？？？

それでは、掛け算や割り算の場合を考えてみましょう。図 1.8 に、1 秒あたり 2 m で、つまり速度 2 m/s で走る車の絵があります。この 2 m/s という量に、s（秒）という単位を持った時間を掛け算してみましょう。

$$2 \text{ m/s} \times 0 \text{ s} = 2 \times 0 \text{ (m/s)} \cdot \text{(s)} = 2 \times 0 \left(\frac{\text{m}}{\cancel{\text{s}}} \cdot \cancel{\text{s}} \right) = 0 \text{ m}$$

$$2 \text{ m/s} \times 1 \text{ s} = 2 \times 1 \text{ (m/s)} \cdot \text{(s)} = 2 \times 1 \left(\frac{\text{m}}{\cancel{\text{s}}} \cdot \cancel{\text{s}} \right) = 2 \text{ m}$$

$$2 \text{ m/s} \times 2 \text{ s} = 2 \times 2 \text{ (m/s)} \cdot \text{(s)} = 2 \times 2 \left(\frac{\text{m}}{\cancel{\text{s}}} \cdot \cancel{\text{s}} \right) = 4 \text{ m}$$

$$2 \text{ m/s} \times 3 \text{ s} = 2 \times 3 \text{ (m/s)} \cdot \text{(s)} = 2 \times 3 \left(\frac{\text{m}}{\cancel{\text{s}}} \cdot \cancel{\text{s}} \right) = 6 \text{ m}$$

このように、速度×時間という量の単位だけを取り出して、〔m/s〕と〔s〕の掛け算を行うと、〔m〕という単位になっていますね。つまり、速度と時間という異なる単位を持ったものどうしを掛け算して、長さという単位を持った、新たな量ができました。式で書けば、速度 v〔m/s〕と時間 t〔s〕の掛け算は、

$$v \text{ (m/s)} \times t \text{ (s)} = v \times t \text{ (m/s)} \cdot \text{(s)} = v \times t \left(\frac{\text{m}}{\cancel{\text{s}}} \cdot \cancel{\text{s}} \right) = vt \text{ (m)}$$

というように、vt〔m〕という量ができるとわかりますね。図 1.8 では、$vt = x$ と置いて、x〔m〕という位置を表す量記号を使っています。つまり、単位が異なる量の掛け算は、数字は数字、単位は単位で掛け算をして新たな単位ができることになります。割り算でも同じです。

このように、単位だけを取り出して計算し、新たにできる単位がどのようなものかを調べることを**次元解析**(じげんかいせき)といいます。

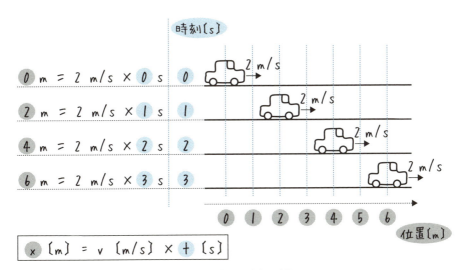

図 1.8：位置 = 速度×時間

難易度 ★☆☆☆☆

1-7 ▶ 四則計算と有効数字
～1番怪しいのが効いてくる～

ここでは、有効数字が異なる数どうしの四則計算について説明します。有効数字については、**1-1** を参照してください。

> ❓ ▶【足し算・引き算】
> **1番誤差が大きい数の末位に合わせる**

習うより慣れろということで、実際に足し算をしてみましょう。電子天秤で量ったシジミ 12.34 g と 100 円均一で買った秤で量った豚肉 321 g を足し算して、重さの合計を求めてみましょう。

$$12.34 \text{ g} + 321 \text{ g} = 333.34 \text{ g} \quad ❓$$

果たしてこれは正解でしょうか？ 計算は正しいのですが、求めた値の有効数字はどこまでとれるかを考えてみましょう。シジミは結構正確に測定されていて、小数第 2 位までわかっています。ところが、豚肉は 1 の位までしかわかっていません。この最後の桁は、最小メモリの $\frac{1}{10}$ のところを読んでいますから、測定者によって若干バラつきがあります。つまり、この豚肉の測定値は 321 ± 5 g ぐらいの範囲には入っているといえます。最小メモリは 10 g 刻みで、その $\frac{1}{10}$ である 1 g の部分が測定者のバラつきとなります。これはすなわち、小数第 1 位の部分は書いても意味がないということです。

これらの、小数第 2 位までの精度で量られたシジミの重さと 1 の位までの精度で量られた豚肉の重さを合計して得られた重さは、どのぐらいの精度があるでしょうか？ せいぜい豚肉の重さの精度ぐらいでしょうね。そのようなわけで、足し算で求めた値の有効数字は、一番誤差の大きい豚肉のほうに合わせて 1 の位までとします。つまり、小数第 1 位を四捨五入して、次のようになります[*4]。

$$12.34 \text{ g} + 321 \text{ g} = 333.34 \text{ g} = 333 \text{ g}$$

[*4] 本来なら、333.34 g ≒ 333 g や 333.34 g ≃ 333 g といったように≒や≃といった記号を使って、「これは近い値だよ」と表現するのが正確です。ただ、工学系の書籍では、それを承知の上で＝と表記することが多いです。

▶【掛け算・割り算】
1番有効桁数の小さい数に合わせる

次に、掛け算や割り算を実行するときの有効桁数です。5.81 × 2.3 を考えてみましょう。5.81 の有効桁数は 3 桁、2.3 の有効桁数は 2 桁で、有効桁数が小さいのは 2.3 の 2 桁ですね。よって、計算結果も有効桁数は 2 桁となります。

```
        5 . 8 1
  ×         2 . 3   ← 最小桁数は 2
  ─────────────────
        1 7 4 3
      1 1 6 2
  ─────────────────
      1 3 . 3 6  3̸ = 13   ← 計算結果
```
⇧最小桁数 (=2) にそろえるために、ここを四捨五入

▶【結局計算するときは】
1番怪しい数字（誤差を持っている）に引きずられる

● 例　有効数字に気をつけて次の計算をしましょう。
　　　(1) 321 − 1.23　　(2) 321.0 ÷ 1.23

答　(1) 321 と 1.23 では、1 番誤差が大きいほうは 321 で、1 の位までになります。よって、計算結果は小数第 1 位を四捨五入します。

$321 − 1.23 = 319.7̸7 = 320$

(2) 321.0 と 1.23 では、有効桁数がそれぞれ 4 桁と 3 桁で、計算結果の有効桁数は小さいほうの 3 桁に合わせます。有効桁数が 3 桁になるように、4 桁目の小数第 1 位を四捨五入しましょう。

$321.0 ÷ 1.23 = 260.9̸756\cdots = 261$

問 1-3　有効数字に気をつけて次の計算をしましょう。　［正解は P.282］
　　　(1) 1.245 + 2.36　(2) 3.51 − 2.7　(3) 4.5 × 3.61　(4) 52.8 ÷ 2.4

> **COLUMN** 宇宙人はどんなふうに数字を扱うでしょうか？

人という動物は、一般的に左右あわせて10本の指を持っています。それが理由なのか、一般的に数字も0123456789の10種類が用意されています。そして、9の次に大きい数は10、99の次に大きい数は100と、桁を増やしていって数を表記しています。

ところが用意する数字の数は、2つ以上あれば特に問題ありません。0と1だけでも表記できます。0・1・10・11・100・101……となるのです。0と1と2の3つでも大丈夫。0・1・2・10・11・12・100・101・102・110……となるのです。こんなふうに、数字の種類をいくつ用意するかは結構自由で、人類の場合は10種類使っています。10種類の数字での表記を10進数といい、n種類だったらn進数といいます。

8本指の宇宙人がいたら、8進数を使っているかもしれませんね。

第2章

数と文字の取扱説明書

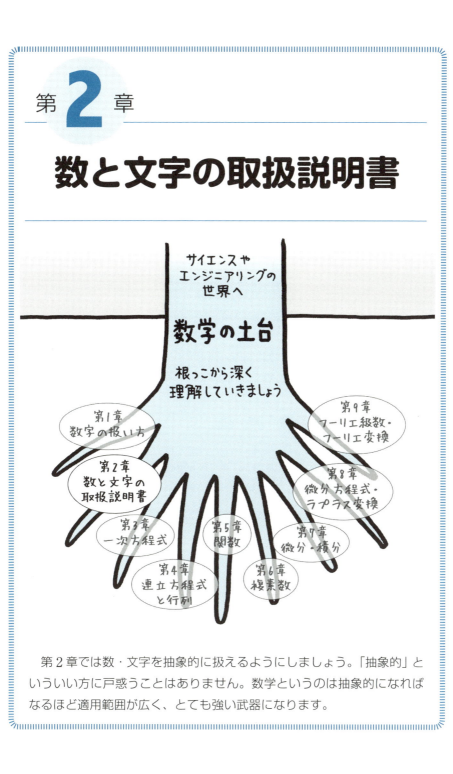

　第2章では数・文字を抽象的に扱えるようにしましょう。「抽象的」といういい方に戸惑うことはありません。数学というのは抽象的になればなるほど適用範囲が広く、とても強い武器になります。

難易度 ★☆☆☆☆

2-1 ▶ 数の種類その①
～自然数・整数・有理数・無理数・実数～

数学という学問は当然「数」を扱うのですが、「数」にもいろんな種類があります。「数」を使って計算をする前に、いろんな「数」の性質を学びましょう。ここでは「自然数」「整数」「有理数」「無理数」「実数」「複素数」を順に紹介していきます。なお、「複素数」については第6章で説明します。

> ▶【自然数】
> 自然に数えてみよう

まず自然数ですが、書いて字の如く「自然」の「数」です。自然にものの数を数えるときに用いられるもので、1、2、3、……が自然数です。0は自然数に入りません。具体的にリンゴを数える際に、1、2、3、4、5、……と数えますが、0、1、2、3、4、……とは数えませんね[*1]。

図 2.1：リンゴを数えるのに使うのは自然数

> ▶【自然数の性質】
> 足し算は閉じている。引き算は閉じていない

ここで自然数の性質を紹介します。図2.2のように、リンゴ2つとリンゴ3つを足し合わせると、リンゴが5つになります。足された2つの数はどちらも自然数です。足し算の結果5も自然数です。つまり、2つの自然数を足した数は、自然数になります。

一方、2つの自然数を引き算する場合は、答えが必ずしも自然数になるとは限

[*1] 情報工学などを勉強すると、0から数え始めることはよくあります。自然数に0を含めるべきと主張する意見も少なくはないですが、多くの教科書は自然数に0は含めていません。

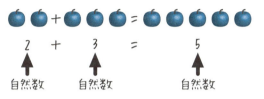

図 2.2：自然数 + 自然数 = 自然数

りません。

　図 2.3 を見てみましょう。左側の図は、リンゴ 3 つからリンゴ 2 つを取り除き、リンゴが 1 つ残った様子です。式で表せば、3 − 2 = 1 となります。ところが右側の図では、リンゴ 2 つからリンゴ 3 つを取り除こうとしています。これでは取り除くのに 1 つ足りず、絵で表すことができていません。つまり、この場合の答えは自然数の枠にはまらないものになるのです。

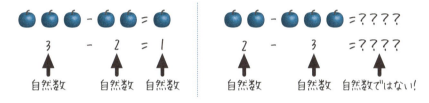

図 2.3：自然数 − 自然数 = 自然数とは限らない

　自然数を足し算すると、その答えもまた自然数となります。このとき、**自然数は足し算について閉じている**という表現をします。また、自然数は引き算をすると、その答えが自然数の枠からはみ出す場合があります。このとき、**自然数は引き算について閉じていない**という表現をします[*2]。

問 2-1　自然数は掛け算について閉じているでしょうか。

問 2-2　自然数は割り算について閉じているでしょうか。

正解は P.283

[*2]　開いているという表現はしませんので注意しましょう。

2-2 ▶ 数の種類その②
～自然数・整数・有理数・無理数・実数～

▶【整数】
足し算と引き算ができるように整えました

2-1 で紹介した自然数は、引き算ができない場合がありました。たとえば、「3 − 2 = 1」は答えが自然数である 1 ですが、「2 − 3 = ????」の答えは自然数にありません。そこで、どんな数でも引き算ができるようにした数の集合が **整数** です。

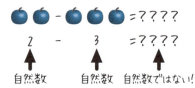

図 2.4：自然数は引き算できない場合がある

整数は図 2.5 のように、1 より 1 小さい数を 0、0 より 1 小さい数を − 1、− 1 より 1 小さい数を − 2……、として表記されます。つまり、0 は特別な存在ですが、0 よりも小さい数は自然数に「−（マイナス）」という記号を左に添えて表記されます。この「−」という記号を **負号** といい、負号のついた数を **負数**（ふすう）といいます。それに対して、自然数のようにマイナス記号のついていない数を **正数**（せいすう）といいます。

なお、正数であることを強調するために、あえて「+（プラス）」記号を正数の左側につけて +3 や +100 などと表記することがあります[*3]。このように、正数や負数を表す「+」や「−」記号を **符号**（ふごう）といいます。0 以上の数を指すときには **非負**（ひふ）の数といいます。

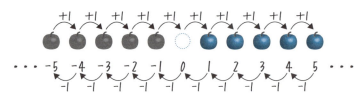

図 2.5：整数のしくみ・リンゴと毒リンゴ

[*3] 数学の世界では正の数と負の数を「+」（プラス）記号と「−」（マイナス）記号で表現していますが、会計の帳簿などは「▲」という記号や赤字で表現したりしています。

図 2.5 のリンゴは、正数を普通のリンゴ 🍎、負数を毒リンゴ 🍎、ゼロを何もない状態 ○ としています。リンゴを登場させたのは、正負の数を視覚的に表現するためです。

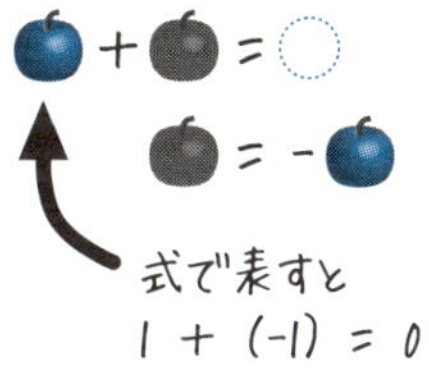

　詳しく負数の性質を説明するために、図 2.6 を用意しました。ある正数の負数とは、ある正数に負号をつけたものです。その性質は、**ある正数とその負数を足し算すると 0 になる**ということです。図 2.6 では、普通のリンゴと毒リンゴを合わせると消滅する、というように表現しています。

式で表すと
$1 + (-1) = 0$

図 2.6：負数と毒リンゴ

　「ある正数とその負数を足し算すると 0 になる」という負数の性質[*4]から、とても面白い数の性質を導くことができます。負数と負数を掛け算すると正数になるのですが、その性質は次のように導かれます。

$$1 + (-1) = 0 \quad \boxed{負数の定義}$$

$$[1 + (-1)] \cdot (-1) = 0 \cdot (-1) \quad \boxed{両辺に (-1) を掛けた}$$

$$1 \cdot (-1) + (-1) \cdot (-1) = 0 \quad \boxed{\begin{array}{l}左辺は (-1) を 1 と (-1) の\\それぞれに掛けた\\右辺は 0 に何を掛けても 0 に\\なる\end{array}}$$

$$-1 + (-1) \cdot (-1) = 0 \quad \boxed{(-1) \cdot 1 = -1} \quad \text{(1 に何を掛けても元の数になる)}$$

$$\underbrace{(+1) + -1}_{+1 - 1 = 0} + (-1) \cdot (-1) = (+1) + 0 \quad \boxed{両辺に (+1) を足した}$$

$$(-1) \cdot (-1) = +1 \quad \boxed{結論}$$

> **❓ ▶【正数・負数】**
> $A + (-A) = 0$ （正数）+（その正数の負数）= 0
> $(-A) \cdot (-A) = +A^2$ （負数）・（負数）=（正数）

[*4] 正確には、これが負数の**定義**として決められたものです。数学で「定義」とは、「『電波』とは、300 万メガヘルツ以下の周波数の電磁波をいう（電波法第 2 条）」とか、「負数とは、ある正数とその負数を足し算すると 0 になるものである」というように、こういうものだと人が決めた事実をいいます。つまり、「定義」は証明することができません。

● **例** 次の計算をしましょう。
(1) $3 - 5$　　(2) $1 - 100$　　(3) $0 - 15$
(4) $5 + (-1)$　(5) $-1 + 5$　(6) $(-1) + (-5)$
(7) $-2 \cdot 3$　　(8) $5 \cdot (-3)$　(9) $(-2) \cdot (-3)$

答　(1) $3 - 5 = -2$
引き算を入れ替えれば、$5 - 3 = 2$ となり、3 から 5 を引くのに 2 だけ足りないことになります。よって 2 に負号をつけた -2 が答え。

(2) $1 - 100 = -99$
(1) と同様、$100 - 1 = 99$ に負号をつけます。

(3) $0 - 15 = -15$
(1) と同様、$15 - 0 = 15$ に負号をつけます。

(4) $5 + (-1) = 5 - 1 = 4$
負数を足すときは、その正数を引き算します。

(5) $-1 + 5 = 5 - 1 = 4$
符号を保ったまま順序を入れ替えても構いません。

(6) $(-1) + (-5) = -(1 + 5) = -6$
負数どうしの足し算は、符号をとった数を足し算したものに負号をつけます。

(7) $-2 \cdot 3 = -(2 \cdot 3) = -6$
負数と正数を掛けると負数になります。

(8) $5 \cdot (-3) = -15$
(7) と同じです。

(9) $(-2) \cdot (-3) = +(2 \cdot 3) = 6$
負数と負数を掛けると正数になります。

問 2-3 次の計算をしましょう。
(1) $59 - 63$　　(2) $49 - 89$　　(3) $8 + (-5)$　　(4) $-5 + 10$
(5) $(-2) + (-8)$　(6) $-9 \cdot 2$　(7) $3 \cdot (-5)$
(8) $(-200) \cdot (-50)$　(9) $(-100) \cdot (-20)$　　正解は P.283

ここで整数の性質をもう少し詳しく見ていきましょう。図 2.7 は整数を、……、－5、－4、－3、－2、－1、0、1、2、3、4、5、……と左から右に並べたものです。この図を眺めると、自然数では引き算ができないものがある理由も見えてきます。この図で足し算をするということは、足される数を基準に、足す数の分だけ右に進むということです。引き算をするということは、引かれる数を基準に、引く数の分だけ左に進むということです。

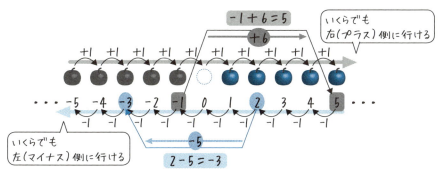

図 2.7：整数はいくらでも足したり引いたりできる

　自然数は 1、2、3、……と、数が大きくなる分にはいくらでも大きい数が用意されているので、表記に困ることはありません。ところが、どんどん引き算をしていって小さい数を表記するとなると、最小の数である 1 よりも小さい数は自然数にないので、表記できません。つまり図 2.7 でいうと、自然数は右にはいくらでも用意がありますが、左は 1 で止まってしまいますね。
　一方整数の場合、負数が用意されているので、いくら引き算をしてもその答えが用意されています。引き算をして左に進んでも、負数がいくらでも用意されていますから、引き算をした答えは必ず整数になります。このことから、整数は引き算について閉じている [*5] といえます。

問 2-4 整数は掛け算について閉じているでしょうか。

問 2-5 整数は割り算について閉じているでしょうか。

正解は P.283

[*5] **2-1** 参照。

2-3 ▶ 数の種類その③
～自然数・整数・有理数・無理数・実数～

難易度 ★★

> ▶【有理数】
> 割り算ができる「理」にかなった「有」りがたい「数」

　整数は足し算・引き算ともに、どんな整数の取り合わせでも答えが用意されていました。数学の言葉を使えば、整数は足し算と引き算について閉じている[*6]といえます。

　それでは掛け算・割り算についてはどうでしょうか？ 掛け算の場合、
・正数と正数の掛け算は正数、つまり整数
・正数と負数の掛け算は負数、つまり整数
・負数と正数の掛け算は負数、つまり整数
・負数と負数の掛け算は正数、つまり整数

となります。よって整数は掛け算について閉じているといえます。

　ところが、割り算についてはどうでしょうか？ 図2.8には、整数の割り算ができる場合とできない場合が示されています。

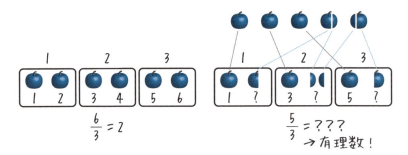

(a) 割り算ができるとき　　(b) 割り算ができないとき

図2.8：整数の割り算

　図2.8 (a) は、整数を整数で割って、整数が答えとなる例です。6つのリンゴを3等分すれば、1つあたりリンゴは2つとなります。図2.8 (b) は、整数を整

---

*6　2-1 参照。

数で割っていますが、割り切れない半端が出てしまい、答えは整数では表現できません。半端であっても数には違いありませんので、この割り算を表した分数そのものを数として認定し、**有理数**（ゆうりすう）と名づけました。このように、整数の割り算で表される数を有理数といいます。有理数は足し算、引き算、掛け算、割り算のすべてについて閉じています。

● **例** 次の計算をしましょう。
(1) $\dfrac{1}{2} + \dfrac{1}{3}$ (2) $\dfrac{1}{2} - \dfrac{1}{3}$ (3) $\dfrac{1}{2} \cdot \dfrac{2}{3}$ (4) $\dfrac{1}{2} \div \dfrac{3}{4}$

答 (1) $\dfrac{1}{2} + \dfrac{1}{3} = \dfrac{1 \cdot 3}{2 \cdot 3} + \dfrac{1 \cdot 2}{3 \cdot 2} = \dfrac{3}{6} + \dfrac{2}{6} = \dfrac{3+2}{6} = \dfrac{5}{6}$

分母が異なる有理数の足し算をするには、分母をそろえる必要があります。これを**通分**（つうぶん）といい、2つの分母の最小公倍数（本問の場合は 6）をそろえる分母の値とします。分母をそろえるため、それぞれの分数の分母・分子に同じ数を掛け、分母がそろえば、あとは分子を計算します。

(2) $\dfrac{1}{2} - \dfrac{1}{3} = \dfrac{1 \cdot 3}{2 \cdot 3} - \dfrac{1 \cdot 2}{3 \cdot 2} = \dfrac{3}{6} - \dfrac{2}{6} = \dfrac{3-2}{6} = \dfrac{1}{6}$

(1) に同じです。

(3) $\dfrac{1}{2} \cdot \dfrac{2}{3} = \dfrac{1 \cdot 2}{2 \cdot 3} = \dfrac{2}{6} = \dfrac{1}{3}$

分数の掛け算は、分子は分子どうし、分母は分母どうしで掛け算をします。

(4) $\dfrac{1}{2} \div \dfrac{3}{4} = \dfrac{\frac{1}{2}}{\frac{3}{4}} = \dfrac{\frac{1}{2} \cdot \frac{4}{3}}{\frac{3}{4} \cdot \frac{4}{3}} = \dfrac{\frac{1}{2} \cdot \frac{4}{3}}{\frac{\cancel{3}}{\cancel{4}} \cdot \frac{\cancel{4}}{\cancel{3}}} = \dfrac{1}{2} \cdot \dfrac{4}{3} = \dfrac{1 \cdot 4}{2 \cdot 3}$
$= \dfrac{4}{6} = \dfrac{2}{3}$

分数の割り算は、分母を消すために、割る数の分母と分子を入れ替えた**逆数**を分母と分子に掛けます。すると分母が消えて、分子には割る数の逆数が現れます。要するに、分数の割り算は逆数の掛け算です。

$$\dfrac{あ}{い} \div \dfrac{う}{え} = \dfrac{あ}{い} \cdot \underbrace{\dfrac{え}{う}}_{\frac{う}{え}の逆数}$$

2-4 ▶ 数の種類その④
～自然数・整数・有理数・無理数・実数～

▶【無理数】
分数で表すのが「無理」な「数」

　さらに厄介な数もありまして、分数で表すことができない数もあります。たとえば、2回掛け算をすると2になる数を$\sqrt{2}$と書いて、「ルート2」と呼びましょう。つまり、$\sqrt{2} \cdot \sqrt{2} = 2$ですね。さて、$\sqrt{2} = 1.41421356\cdots\cdots$となるのですが、これを分数で表すことはできません。このように、分数で表すことができない数を無理数（むりすう）といいます。

　無理数はルートをとった数だけでなく、他にも様々な種類のものがあります。円周率πは円の円周と直径の比で$\pi = 3.141592\cdots\cdots$です。自然対数の底（てい）$e$は、**6-7**で登場しますが、$e = 2.71828\cdots\cdots$という値です。

▶【平方根】
2回掛けると元の数になるもの

　ルートについて少し詳しく説明します。ルート（root）は英語で「根っこ」という意味で、2回掛けると元の数になるものです。$\sqrt{A}\sqrt{A} = A$となるような$\sqrt{A}$がAのルートで、平方根ともいわれます。

　平方根には次のような性質があります。$A, B \geq 0$として、

$$\sqrt{A^2} = A \quad \cdots \text{①ルートの定義}$$
$$\sqrt{AB} = \sqrt{A}\sqrt{B} \quad \cdots \text{②掛け算のルートはそれぞれのルートの掛け算}$$
$$\sqrt{\frac{A}{B}} = \frac{\sqrt{A}}{\sqrt{B}} \quad \cdots \text{③割り算のルートはそれぞれのルートの割り算}$$

● 例　次の計算をしましょう。

(1) $\sqrt{4}$　　(2) $\sqrt{18}$　　(3) $\sqrt{3} \cdot \sqrt{27}$　　(4) $\dfrac{1}{\sqrt{2}}$

(5) $\dfrac{1}{\sqrt{2}-1}$　　(6) $\sqrt{\dfrac{21+15}{5+7}}$

答 (1) $\sqrt{4} = \sqrt{2^2} = 2$

ルートの性質①より。

(2) $\sqrt{18} = \sqrt{9 \cdot 2} = \sqrt{9}\sqrt{2} = \sqrt{3^2}\sqrt{2} = 3\sqrt{2}$

ルートの性質②より、$\sqrt{9}$ と $\sqrt{2}$ の積に分け、性質①を使いました。

(3) $\sqrt{3} \cdot \sqrt{27} = \sqrt{3 \cdot 27} = \sqrt{3 \cdot 3 \cdot 3 \cdot 3} = \sqrt{3^2}\sqrt{3^2} = 3 \cdot 3 = 9$

$\sqrt{3} \cdot \sqrt{27} = \sqrt{81} = \sqrt{9^2} = 9$ としても構いませんが、できるだけ小さい数の計算で済ませたほうが間違いが少ないです。

(4) $\dfrac{1}{\sqrt{2}} = \dfrac{1 \cdot \sqrt{2}}{\sqrt{2}\sqrt{2}} = \dfrac{\sqrt{2}}{2}$

分母の平方根をすべて分子に引き取ってもらいたいときに、**有理化**と呼ばれるこの手法を用います。分母と分子に同じ平方根を掛けて、分母を有理数にします。

(5) $\dfrac{1}{\sqrt{2}-1} = \dfrac{\sqrt{2}+1}{(\sqrt{2}-1)(\sqrt{2}+1)} = \dfrac{\sqrt{2}+1}{(\sqrt{2})^2 - 1^2} = \dfrac{\sqrt{2}+1}{1}$
$= \sqrt{2} + 1$

平方根に有理数が加えられている分母の有理化は、プラスとマイナスの符号を入れ替えたものを分母と分子に掛けます。なお、分母の計算に、展開公式 $(A+B)(A-B) = A^2 - B^2$ を使うと楽です。

(6) $\sqrt{\dfrac{21+15}{5+7}} = \sqrt{\dfrac{36}{12}} = \sqrt{3}$

先にルートの中の足し算を計算します。$\sqrt{A+B}$ は $\sqrt{A} + \sqrt{B}$ とはならないことに気をつけましょう。

問 2-6 次の計算をしましょう。

(1) $\sqrt{64}$ (2) $\sqrt{128}$ (3) $\sqrt{7} \cdot \sqrt{14}$ (4) $\dfrac{3}{\sqrt{3}}$ (5) $\dfrac{\sqrt{3}+1}{\sqrt{3}-1}$

正解は P.284

2-5 ▶ 数の種類その⑤
～自然数・整数・有理数・無理数・実数～

> ▶【実数】
> 1本の線の上に「実」在する「数」

　いろいろな「数」の種類が登場しましたが、あとは実数と複素数（第6章で説明します）を取り上げればおしまいです。**実数**とは、1本の線の上に表すことができる数のことで、無理数や有理数など、これまでに説明した数をすべて網羅することができます。実数を表記する1本の直線を**数直線**といいます。当然、実数は四則計算について閉じて [*7] います。

　実数の性質を紹介しましょう。**稠密性**（ちゅうみつせい）とは、2つの値の間には、必ず値があるということを意味します。たとえば図2.9のように、0と1の間には$\frac{1}{2}$が、0と$\frac{1}{2}$の間には$\frac{1}{3}$が、0と$\frac{1}{3}$の間には$\frac{1}{4}$が、0と$\frac{1}{4}$の間には$\frac{1}{5}$があります。……というように、2つの値の間には必ず値があります。この稠密性は、有理数にまで数を限定しても保たれる性質です。

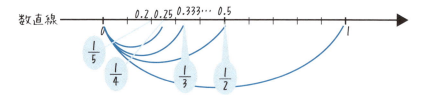

図 2.9：実数・有理数の稠密性

　実数はさらに強烈な性質を持っていて、**実数の連続性**というものがあります。これは、2つの値の間には、すきまなく数字が詰まっているということです。図2.10は$\sqrt{2}$の数直線上の場所を探ろうとしている様子を表しています。$\sqrt{2} = 1.4142$……ですから、1の位が1なので$1 < \sqrt{2} < 2$となり、数直線上では$\sqrt{2}$は1と2の間に来ます。さらに細かく小数第1位を見れば$1.4 < \sqrt{2} < 1.5$なので、数直線上では$\sqrt{2}$は1.4と1.5の間に来ます。さらに細かく小数第2位を見れば1.41

[*7] **2-1** 参照。

< $\sqrt{2}$ < 1.42 なので、数直線上では $\sqrt{2}$ は 1.41 と 1.42 の間に来ます。

このように数直線を拡大していけば、いくらでも拡大できることがわかります。いくらでも伸びるゴムひものようなものですね。つまり、2 つの値の間には数がぎっしり詰まっているということで、これが実数の連続性です。

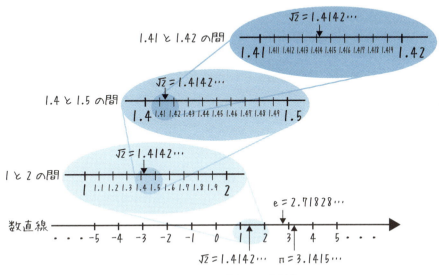

図 2.10：数直線と $\sqrt{2}$（実数の連続性）

以上、自然数、整数、有理数、無理数、実数を取り上げましたが、これらを分類すると図 2.11 のようになります。電気で登場する多くの測定器は、有限の桁数の実数で測定値を出しています。

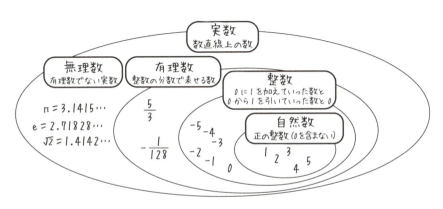

図 2.11：数の分類

2-6 ▶ 文字式その①：意味
~数字を文字で表す~

難易度 ★☆☆☆☆

> ▶【文字式の意味】
> 式の数を文字に置き換えると、計算の規則が明らかになる

　計算をするときに、数字を使っているうちは 1 つの問題ごとに式を用意しなければなりません。ここでは、八百屋さんの勘定の問題をあげてみます。図 2.12 のように、八百屋さんではリンゴが 1 つあたり 120 円で販売されています。

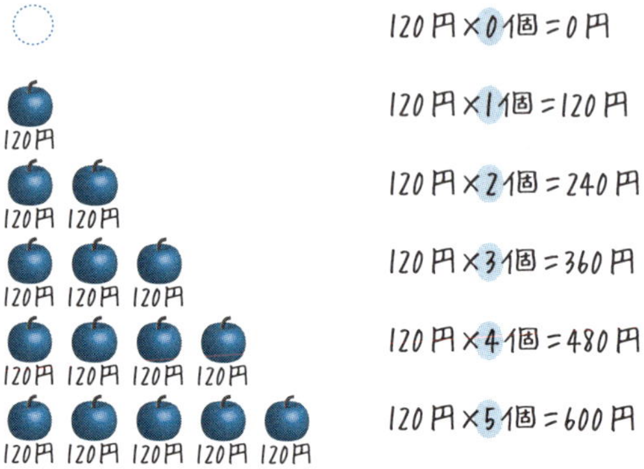

```
                    120 円 × 0 個 = 0 円
   🍎
  120円               120 円 × 1 個 = 120 円
   🍎 🍎
  120円 120円          120 円 × 2 個 = 240 円
   🍎 🍎 🍎
  120円 120円 120円    120 円 × 3 個 = 360 円
   🍎 🍎 🍎 🍎
  120円 120円 120円 120円  120 円 × 4 個 = 480 円
   🍎 🍎 🍎 🍎 🍎
  120円 120円 120円 120円 120円  120 円 × 5 個 = 600 円
```

図 2.12：数字を使ったリンゴの勘定

このとき、

```
0 個リンゴを買えば勘定は   120 円 × 0 個 =   0 円
1 個リンゴを買えば勘定は   120 円 × 1 個 = 120 円
2 個リンゴを買えば勘定は   120 円 × 2 個 = 240 円
3 個リンゴを買えば勘定は   120 円 × 3 個 = 360 円
4 個リンゴを買えば勘定は   120 円 × 4 個 = 480 円
5 個リンゴを買えば勘定は   120 円 × 5 個 = 600 円
                          ⋮
```

というように、リンゴの販売個数に応じて 1 つずつ計算式が必要となります。このように、数字による計算は具体的で明瞭なのですが、一般性に欠けてしまい、多くの情報を得るためには膨大な式が必要となります。この例では、各リンゴの個数に応じた勘定を知ろうと思えば、リンゴの個数に対して 1 つの式が必要になります。

一方、リンゴの個数を文字に置き換えると、あらゆる個数での勘定をたった 1 つの式で表すことができます。図 2.13 は 120 円のリンゴを A 個購入したときの勘定を表しています。120 円を A 倍すれば、合計代金を得ることができるので、$120 \times A$ 円が合計代金となります。

この $120 \times A$ 円という文字で表された式は、リンゴの個数を A という文字で表すことで、どんなリンゴの個数でも合計代金は $120 \times A$ 円であるということを示しています。たった 1 つの式で、無限通りの勘定を表記できるというのが、文字を使った**文字式**の優れた点です。

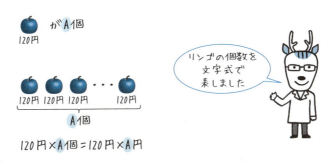

図 2.13：文字を使ったリンゴの勘定

問 2-7 八百屋さんでぶどうが 1 房 580 円で販売されていました。A 房購入したときの勘定はいくらでしょうか。ただし、消費税は代金に含まれていることとします。

正解は P.284

2-7 ▶ 文字式その②：記法
～書き方のルール～

> ▶【文字式の書式】
> ①「×」記号は省略または「・」
> ②「÷」記号は分数
> ③数字（係数）は前、文字はうしろ
> ④添え字は右下、指数は右上
> ⑤カッコの順番（日本式）［｛（　数式　）｝］

　文字を使う以上は書き方にいろいろと決め事をしておかないと、読むときにも書くときにも混乱が起こってしまいます。ここでは、数学の世界でどのように文字式の表記が統一されているかを紹介します。

①「×」記号は省略または「・」

　掛け算をするときの**クロス記号**「×」は文字式では使用しません[*8]。省略するか、**ドット記号**「・」を使用することになっています。

正しい例	悪い例
$3A$、$3 \cdot A$	$A \times 3$、$3 \times A$
$\dfrac{1}{2}x$、$\dfrac{1}{2} \cdot x$	$\dfrac{1}{2} \times x$、$x \times \dfrac{1}{2}$

②「÷」記号は分数

　基本的に文字式で「÷」記号は使用せず、分数で割り算を表記します。

正しい例	悪い例
$\dfrac{A}{2}$、$\dfrac{1}{2}A$	$A \div 2$
$\dfrac{V}{I}$	$V \div I$

[*8]　ベクトル解析という分野（本書では割愛）で登場する内積はドット記号「・」を、ベクトル積（外積ともいう）はクロス記号「×」を使います。ベクトル解析的には、文字式の掛け算は内積の考え方に含めたほうがよいため、「×」記号を使うことは好ましくありません。

③数字（係数）は前、文字はうしろ

文字に数字が「掛け算」されているとき、この数字を**係数**(けいすう)といいます。文字に「係(かか)る」「数」という意味です。この係数は、文字の前に書くというのが作法です。

正しい例	悪い例
$2A$、$2 \cdot A$	$A2$、$A \cdot 2$
$2\frac{V}{I}$、$2 \cdot \frac{V}{I}$	$\frac{V}{I}2$、$\frac{V}{I} \cdot 2$
$2\pi r$	$\pi 2r$、$r\pi 2$、$r2\pi$
$2\sqrt{3}\,VI$	$2VI\sqrt{3}$、$VI\sqrt{3}\,2$、$VI\,2\sqrt{3}$

なお、$\pi = 3.1415\cdots$や$\sqrt{3} = 1.7320508\cdots$のような、数値ではあるけれども文字を与えられた数値は、数字（係数）と文字の中間的存在として、数字（係数）と文字の間に書きます。

④添え字は右下、指数は右上

大量の文字を扱うときに、アルファベットやギリシャ文字では足りなくなる場合があります。その際、文字に数字や文字を添えて、大量に文字を用意することがあります。この数字や文字を**添え字**といい、x_1、x_2、x_N、E_{100}、$R_{27.5}$、$x_{1,2}$、$x_{i,j}$というように、右下に書くことになっています。

正しい例	悪い例
A^5	^5A
x_i	$_ix$
$2A^5$	A^52

文字を何回掛け算するかを指定する**指数**は右上に書くことになっています[*9]。たとえば、aを3回掛けたaaaはa^3と表記されます。

③の係数を前に、文字をうしろに書くルールは、添え字や指数と混同しないようにするためです。

⑤カッコの順番（日本式）

日本の（高校までの）数学教育では、カッコの順番は内側から、「**小カッコ**（ ）」、「**中カッコ** { } 」、「**大カッコ** [ ] 」の順に使われています。

実際に書けば [{ (数式) }] というようになります。

なお、欧米では { [(数式)] } という順番が標準的です。

[*9] ただし、高度な数学を扱うようになると、添え字を右上と右下の両方に表記する場合があります。
（例）$X^{(1)}_{i,j}$、$Y^{(n)}_{k,l}$

2-8 ▶ 文字式その③：使い道
~汎用化!?~

▶【文字式の使い道】
汎用性は抜群!

　文字式には計り知れないぐらいの使い道があります。ここでは、図によってその一例を紹介し、文字式の有用性を認識するきっかけにしましょう。

　図 2.15 に、1 個 120 円のリンゴと 1 匹 200 円のサバを購入する際の勘定を示しています。リンゴとサバの 2 種類の金額がありますので、具体的に計算を書き出すと膨大な量になりますね。

　図 2.15 の勘定に文字式を使えば、あらゆるリンゴとサバの組み合わせに対しても、その勘定はたった 1 行の数式で表記することができます。

　図 2.14 では、リンゴを A 個、サバを B 匹購入するときの勘定が文字式で示されています。リンゴは 1 個 120 円なので、A 個買うときの合計代金は $120\ A$ 円、サバは 1 匹 200 円なので、B 匹買うときの合計代金は $200\ B$ 円となります。

　以上より、リンゴを A 個、サバを B 匹買う場合の合計代金は $120\ A + 200\ B$ 円となります。

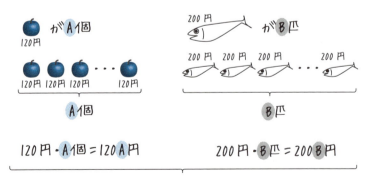

図 2.14：文字式によるリンゴとサバの勘定

図 2.15 ではリンゴが 0 個から 5 個、サバが 0 匹から 5 匹までの勘定が示されていますが、文字式では $120A + 200B$ 円というたった 1 行の式だけで、リンゴとサバの数がいくらであっても勘定を表記できたことになります。

　たとえば、リンゴを 500 個、サバを 2000 匹購入する場合の勘定は、$A = 500$、$B = 2000$ とすれば、

$$合計：120A + 200B \text{円} = 120 \cdot 500 + 200 \cdot 2000 \text{円} = 460000 \text{円}$$

というように、直ちに求めることができます。

　今、$A = 500$、$B = 2000$ として $120A + 200B$ という式にこれらの値を置き換えました。このように、式中で文字であったところを、数字や別の文字に置き換える操作を**代入**（だいにゅう）といいます。代入は、文字から数字に置き換えるだけでなく、文字から文字へと置き換えることもできます。

　たとえば、$A = 10 - x$、$B = x - 10$ として代入すれば、$120(10 - x) + 200(x - 10)$ という式が得られます。

問 2-8 リンゴを 1 個半、サバを 2 匹買うときの勘定はいくらですか。

正解は P.284

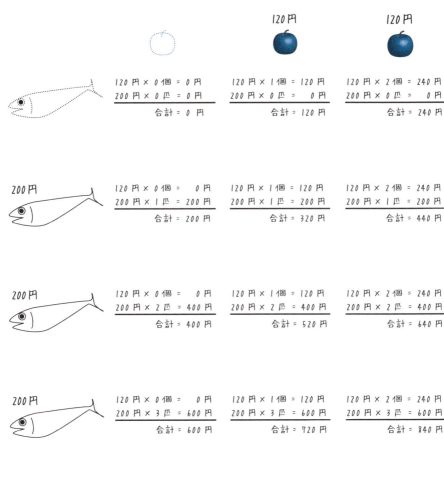

図 2.15：数字によるリンゴとサバの勘定

120円	120円	120円

```
120円 × 3個 = 360円      120円 × 4個 = 480円      120円 × 5個 = 600円
200円 × 0匹 =   0円      200円 × 0匹 =   0円      200円 × 0匹 =   0円
     合計 = 360円             合計 = 480円             合計 = 600円


120円 × 3個 = 360円      120円 × 4個 = 480円      120円 × 5個 = 600円
200円 × 1匹 = 200円      200円 × 1匹 = 200円      200円 × 1匹 = 200円
     合計 = 560円             合計 = 680円             合計 = 800円


120円 × 3個 = 360円      120円 × 4個 = 480円      120円 × 5個 = 600円
200円 × 2匹 = 400円      200円 × 2匹 = 400円      200円 × 2匹 = 400円
     合計 = 760円             合計 = 880円             合計 = 1000円


120円 × 3個 = 360円      120円 × 4個 = 480円      120円 × 5個 = 600円
200円 × 3匹 = 600円      200円 × 3匹 = 600円      200円 × 3匹 = 600円
     合計 = 960円             合計 = 1080円            合計 = 1200円


120円 × 3個 = 360円      120円 × 4個 = 480円      120円 × 5個 = 600円
200円 × 4匹 = 800円      200円 × 4匹 = 800円      200円 × 4匹 = 800円
     合計 = 1160円            合計 = 1280円            合計 = 1400円


120円 × 3個 = 360円      120円 × 4個 = 480円      120円 × 5個 = 600円
200円 × 5匹 = 1000円     200円 × 5匹 = 1000円     200円 × 5匹 = 1000円
     合計 = 1360円            合計 = 1480円            合計 = 1600円
```

2-9 ▶ 文字式の計算その①
~実は簡単、ただの計算~

▶【文字式の計算】
数字と何ら変わりはない

　文字式を含んだ計算式を見ると、数字のときに比べて抽象性が強く、わかりにくいと感じることがあります。ところが、実際に計算している部分は数字だけで、計算する際のルールも数字の場合と全く同じです。ここでは例を通して文字式の計算に慣れましょう。

● 例　次の計算をしましょう。
(1) $2a + 3a$　　(2) $2a - 3a$　　(3) $5a \cdot 6a$
(4) $5a \cdot 6b$　　(5) $\dfrac{8a}{2b}$　　(6) $\dfrac{9a^3}{3ab}$

答　(1) $2a + 3a = (2+3)a = 5a$

文字式の足し算は、同じ文字について係数を足し算します。このような文字式の中で同じ文字のことを同類項といい、同じ文字をまとめることを「同類項をまとめる」といいます。

(2) $2a - 3a = (2-3)a = -1 \cdot a = -a$

(1) と同様、同類項をまとめます。ただし、$-1 \cdot a$ は $-a$ と表記するのが普通です。$1 \cdot a$ も同様に a と表記します。

(3) $5a \cdot 6a = 5 \cdot 6 \cdot a \cdot a = 30a^2$

係数は係数どうしで掛け算をして、複数の同じ文字は $aa = a^2$ というように指数で表します。

(4) $5a \cdot 6b = 5 \cdot 6 \cdot a \cdot b = 30ab$

係数は係数どうしで掛け算をし、文字は互いに異なるものなので、そのままにしておきます。

(5) $\dfrac{8a}{2b} = \dfrac{\overset{4}{\cancel{8}}a}{\underset{1}{\cancel{2}}b} = \dfrac{4a}{b}$

係数は係数どうしで割り算をします。文字は互いに異なるものなので、そのままにしておきます。

(6) $\dfrac{9a^3}{3ab} = \dfrac{9aaa}{3ab} = \dfrac{\overset{3}{\cancel{9}}\overset{}{\cancel{a}}aa}{\underset{1}{\cancel{3}}\underset{1}{\cancel{a}}b} = \dfrac{3aa}{b} = \dfrac{3a^2}{b}$

係数は係数どうしで割り算をします。分母と分子に同じ文字があれば、約分をします。上の解答では $a^3 = aaa$ **とばらしてわかりやすくしていますが、慣れれば、** $\dfrac{9a^3}{3ab} = \dfrac{\overset{3}{\cancel{9}}a^{\overset{2}{\cancel{3}}}}{\underset{1}{\cancel{3}}\underset{1}{\cancel{a}}b} = \dfrac{3a^2}{b}$ **として、指数の部分だけを考えます。**

次に、計算問題をたくさん用意しました。**必ず紙と筆記用具を使って手を動かし、問題を解いて理解を進めてください。**スポーツや芸事と同じく、数学は練習をしないとできるようになりません。

問 2-9 次の計算をしましょう。

(1) $49x + 89x$　　(2) $59t - 63t$　　(3) $10A \cdot 72A$
(4) $\dfrac{1}{2}a \cdot 4b$　　(5) $\dfrac{15x}{81y}$　　(6) $\dfrac{10a^5 b}{3a^2 b^3}$
(7) $\dfrac{1}{2}a^2 \cdot \dfrac{1}{4ab}$　　(8) $\dfrac{A}{81B} \cdot \dfrac{6C}{A^2} \cdot \dfrac{15B}{2C}$　　(9) $\dfrac{a^2 b}{\sqrt{2}\,ab^3}$

正解は P.284

問 2-10 $A = 4$、$B = 3$ とするとき、次の各値を求めましょう。

(1) $2A + 3B + 5A$　　(2) $\dfrac{5A^3}{2A^2 B}$　　(3) $\dfrac{5A^3 B}{A^2 B}$
(4) $\dfrac{81AB}{AB^2}$　　(5) $\dfrac{AB}{A+B}$　　(6) $\dfrac{AB}{\sqrt{A^2+B^2}}$

ヒント (1) から (4) の問題は、先に文字式の計算を行ってから代入すると数字の計算が楽になります。

正解は P.285

2-10 ▶ 文字式の計算その②
〜ちょっと複雑な計算〜

難易度 ★★☆☆☆

> ▶【文字式の計算が複雑であれば】
> ① 負号に気をつける
> ② 分数の分母をそろえる
> ③ 小数は分数に直す

少し複雑な文字式の計算を練習しましょう。ここでも例を用いて説明をしていきます。上の①〜③のポイントに気をつけながら見ていきましょう。

● 例　次の計算をしましょう。
(1) $x - \dfrac{x-1}{3}$　(2) $\dfrac{2x-1}{3} - \dfrac{3-x}{2}$　(3) $0.1A - B - \dfrac{-A+B}{5}$

答　(1) $x - \dfrac{x-1}{3}$

$= \dfrac{3x}{3} - \dfrac{x-1}{3}$　← ②分母を3にそろえた

$= \dfrac{3x-(x-1)}{3}$　← ①負号に注意

$= \dfrac{3x-x+1}{3}$　← カッコを外した

$= \dfrac{2x+1}{3}$　← 分子を計算した

$-\dfrac{x-1}{3}$ の初めの負号は分子全体にかかっていることに注意します。$-\dfrac{x-1}{3} = \dfrac{-(x-1)}{3} = \dfrac{-x+1}{3}$ です。分母が異なる場合は通分してそろえます。

(2) $\dfrac{2x-1}{3} - \dfrac{3-x}{2}$

$= \dfrac{2(2x-1)}{6} - \dfrac{3(3-x)}{6}$　← ②分母を6にそろえた

52　2-10 ▶文字式の計算その②

$$= \frac{4x-2}{6} - \frac{9-3x}{6} \quad \Leftarrow \boxed{\text{分子のカッコを外した}}$$

$$= \frac{(4x-2)-(9-3x)}{6} \quad \Leftarrow \boxed{\text{①負号に注意}}$$

$$= \frac{4x-2-9+3x}{6} \quad \Leftarrow \boxed{\text{分子のカッコを外した}}$$

$$= \frac{7x-11}{6} \quad \Leftarrow \boxed{\text{分子の同類項をまとめた}}$$

(1)と同様、分母が違うので通分してそろえました。そろえる分母は、元のそれぞれの分母である 2 と 3 の最小公倍数 6 です。ここでも負号に注意しましょう。

(3) $0.1 A - B - \dfrac{-A+B}{5}$

$$= \frac{1}{10}A - B - \frac{-A+B}{5} \quad \Leftarrow \boxed{\text{③小数を分数に直した}}$$

$$= \frac{A}{10} - \frac{10B}{10} - \frac{2(-A+B)}{10} \quad \Leftarrow \boxed{\text{②分母を 10 にそろえた}}$$

$$= \frac{A - 10B - 2(-A+B)}{10} \quad \Leftarrow \boxed{\text{①負号に注意}}$$

$$= \frac{A - 10B + 2A - 2B}{10} \quad \Leftarrow \boxed{\text{分子のカッコを外した}}$$

$$= \frac{3A - 12B}{10} \quad \Leftarrow \boxed{\text{分子の同類項をまとめた}}$$

小数は分数に直して計算します。 $0.1 = \dfrac{1}{10}$

ここでもまた計算問題をたくさん用意しました。**必ず紙と筆記用具を使って手を動かし**、問題を解いて理解を進めてください。

問 2-11 次の計算をしましょう。

(1) $R - \dfrac{R+1}{5}$　(2) $\dfrac{2E-1}{3R} - \dfrac{3-E}{2R}$　(3) $0.1 V - \dfrac{-V + 1.5 RI}{3}$

正解は P.285

2-11 ▶ 文字式の計算その③
〜繁分数　分数の中に分数〜

難易度 ★★★☆☆

  ▶【繁分数】
分母を払う＝分母と分子に同じものを掛け算して分母を消す

　分数の計算では、分母が厄介になることが多いです。分数の分母に、さらに分数が入っているものを**繁分数**（はんぶんすう）といいます。たとえば、

$$\dfrac{1}{\dfrac{1}{2}+\dfrac{1}{3}} \text{ という数は、} \dfrac{1}{\dfrac{1}{2}+\dfrac{1}{3}} = 1 \div \left(\dfrac{1}{2}+\dfrac{1}{3}\right)$$

ということです。繁分数は、分母と分子に同じ数を掛けて、分母の分数を消してしまえば簡単になります。$\dfrac{1}{\dfrac{1}{2}+\dfrac{1}{3}}$ の場合、分母の 2 と 3 の最小公倍数である **6** がキーナンバーです。分母と分子に 6 を掛ければ、

$$
\begin{aligned}
\dfrac{1}{\dfrac{1}{2}+\dfrac{1}{3}} &= \dfrac{1\cdot\dfrac{6}{6}}{\dfrac{1}{2}+\dfrac{1}{3}} &&\leftarrow \boxed{\text{分母・分子に 6 を掛けた}} \\
&= \dfrac{6}{\left(\dfrac{1}{2}+\dfrac{1}{3}\right)\times 6} &&\leftarrow \boxed{\text{分母と分子をそれぞれ計算}} \\
&= \dfrac{6}{\dfrac{1}{2}\times 6+\dfrac{1}{3}\times 6} &&\leftarrow \boxed{\text{分母のカッコを外す}} \\
&= \dfrac{6}{3+2} = \dfrac{6}{5}
\end{aligned}
$$

となって、すっきり答えが出ましたね。このように、分母・分子に同じ数を掛けて分母を取り払う操作を、「分母を払う」と表現します[*10]。

  ▶【分数線の場所】
割り算の場所

[*10] 方程式を解く際、分母を消去するために両辺に同じ数を掛ける操作も、「分母を払う」と呼ばれています。

繁分数は分数の中に分数があるため、繁分数全体の分母・分子がどれにあたるかをきちんと把握する必要があります。等号「＝」の真横に繁分数全体の分母と分子を分ける「—」を書きます。たとえば、$\dfrac{1}{\frac{1}{A}}$ と $\dfrac{\frac{1}{A}}{1}$ では意味が違います。

$\dfrac{1}{\frac{1}{A}} = 1 \div \dfrac{1}{A}$ で、1 が分子、$\dfrac{1}{A}$ が分母です。分母を払うために分母・分子に A を掛けて、$\dfrac{1}{\frac{1}{A}} = \dfrac{1}{\frac{1}{A}} \dfrac{A}{A} = \dfrac{A}{\frac{1}{A}A} = \dfrac{A}{1} = A$ となります。

一方 $\dfrac{\frac{1}{A}}{1}$ は、$\dfrac{\frac{1}{A}}{1} = \dfrac{1}{A} \div 1$ で、$\dfrac{1}{A}$ が分子、1 が分母です。どんな数も 1 で割れば元の数になるので、$\dfrac{\frac{1}{A}}{1} = \dfrac{1}{A}$ となります。

● **例**　$\dfrac{1}{\frac{1}{A}+\frac{1}{B}}$ という繁分数を整理してください。

答　厄介な分母を払いましょう。分母と分子に AB を掛けて、

$$\dfrac{1}{\frac{1}{A}+\frac{1}{B}} = \dfrac{1}{\frac{1}{A}+\frac{1}{B}} \dfrac{AB}{AB} \quad \Leftarrow \boxed{\text{分母・分子に } AB \text{ を掛けた}}$$

$$= \dfrac{AB}{\left(\frac{1}{A}+\frac{1}{B}\right)AB} \quad \Leftarrow \boxed{\text{分母と分子をそれぞれ計算}}$$

$$= \dfrac{AB}{\frac{1}{A}AB+\frac{1}{B}AB} \quad \Leftarrow \boxed{\text{分母のカッコを外す}}$$

$$= \dfrac{AB}{\frac{1}{A}AB+\frac{1}{B}AB} \quad \Leftarrow \boxed{\text{分母を計算}}$$

$$= \dfrac{AB}{B+A} = \dfrac{AB}{A+B} \quad \Leftarrow \boxed{\text{分母をアルファベット順に入れ替える}}$$

問 2-12 次の計算をしましょう。

(1) $\dfrac{1}{2} - \dfrac{1}{3}$　(2) $\dfrac{1}{\frac{1}{2}-\frac{1}{3}}$　(3) $\dfrac{1}{1+\frac{1}{A}}$　(4) $\dfrac{1}{1+\dfrac{1}{1+\frac{1}{A}}}$

正解は P.286

COLUMN 文字式に使う文字

数学で最初に文字式を習うと、A、B、a、b、x、yなど、アルファベットを使っての表記を教わることが多いと思います。さらに進むと、たくさんの文字が必要となり、アルファベットが足りなくなります。そこで、α（アルファ）、β（ベータ）、ε（イプシロン）などのギリシャ文字も登場したりします。

この文字式、どうも日本人には馴染みにくいところがあり、アルファベットを使うことが多いせいか、どうにも文字式が無意味に見えてしまうようです。たとえばオームの法則は、電圧 V〔V〕、電流 I〔A〕、抵抗 R〔Ω〕に対して $V = I \cdot R$ と書けます。日本人からすれば、V、I、Rはアルファベットだと認識するのですが、たとえば英語を母語とする人であれば、Vは Voltage（電圧）の V、I は Intensity（「電流」の強さ）の I、R は Resistance（抵抗）の R と認識できるようです。そして $V = I \cdot R$ という式は、(Voltage) = (Intensity)・(Resistance) というように認識しやすいそうです。

数学や電気工学で登場する量の頭文字は欧米の言葉が当てられているものがほとんどですので、英語が母語でなければちょっと不利ですね。そこで提案ですが、文字式に漢字を用いてはいかがでしょうか。オームの法則ならば、

　「圧＝流・抵」

と表記できますね。小学校では1006字の漢字を習うそうですが、アルファベットの26文字を思えば、漢字のほうがたくさんありますので便利ではないでしょうか。漢字文化圏外の方々からはあんまり歓迎されないでしょうけれど。

第 3 章

一次方程式

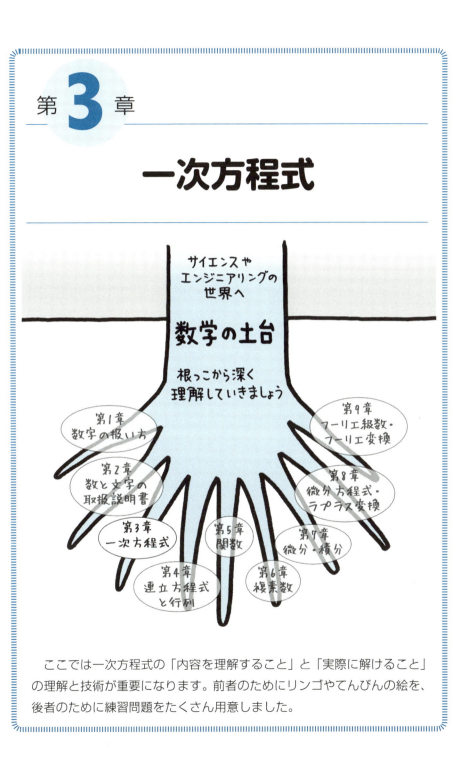

　ここでは一次方程式の「内容を理解すること」と「実際に解けること」の理解と技術が重要になります。前者のためにリンゴやてんびんの絵を、後者のために練習問題をたくさん用意しました。

3-1 ▶ 方程式とは何か
～そもそも方程式とは～

この第3章では**一次方程式**について説明します。「一次」「方程式」は数学の専門用語ですが、ここでは「方程式」の説明をします（「一次」は **3-2** 参照）。先に方程式のイメージをつかんでおきましょう。

▶【方程式】
未知数を含んだ**等式**のこと

さて、**方程式**という専門用語の説明をするために、さらに2つの専門用語が出てきました。**未知数**（みちすう）とは、「未」だ「知」られていない「数」のことです。第2章で文字式の取扱方法を勉強しましたが、円周率 $\pi = 3.14159\cdots\cdots$ や自然対数の底 $e = 2.71828\cdots\cdots$ のように、値が決まっていたりわかっていたりする文字ではなく、条件が与えられているけれども未だ値がわかっていない文字を未知数といいます。慣れるまでの間、本書では、未知数というものを明示的[*1]にするために、はてなボックス ❓ が未知数であるということにします。

未知数に対して課せられる条件は、**等式**で与えられます[*2]。等式とは、書いて字の如く、「等」しい「式」です。**等号** = で、右側と左側の数が同じであることを記述しますが[*3]、この等号「=」によって書かれた式が「等式」です。

絵で方程式を見てみましょう。図3.1は、リンゴの数について方程式をつくった様子です。左側には、はてなボックス ❓ とリンゴ 🍎 が3つあります。右側には、リンゴ 🍎 が5つあります。左右の絵が等号「=」で関係づけられて、左のリンゴの数と、右のリンゴの数が等しいという条件が課せられています。この条件が等式として記述されていて、未知数であるはてなボックス ❓ に対する「方程式」となります。

勘の鋭い読者の方でしたら、このはてなボックス ❓ がリンゴ2つ分に相当することがすぐに思い浮かぶことでしょう。実際、図3.2のように、左右から

[*1] 明示的：物事がそうであるということを、（あえて）はっきりとさせること。この場合ははてなボックスを用いることで、この絵が未知数であることを強烈に印象づけています。
[*2] この条件が未知数を決定したり、未知数が取り得る範囲を限定したりします。
[*3] 等号「=」は「$A = A$」を満たすものだと決められています。

「左右のリンゴの数が等しい」ということが、等号「=」を使って「等式」として書かれている。左側には、「未知数」であるはてなボックス が含まれているため、この等式は「方程式」となる。

図 3.1：一次方程式の例（絵）

等しくリンゴを 3 つ取り除いても等号は成立するので、はてなボックス の中身はリンゴ 2 つ分であることがわかります。このように具体的に未知数を求める行為を「**方程式を解く**」といいます。

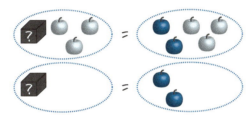

図 3.2：「方程式を解く」という行為のイメージ

「方程式」がどんなものかを絵的に説明しましたが、複雑でたくさんの問題を解く際にいちいち絵を描いていたのでは、時間がかかって仕方がありません。そこで、方程式を記述するのに第 2 章で紹介した「文字式」を使います。図 3.1 の絵で描いた方程式を、文字式を使って表してみましょう。はてなボックス の代わりに、x という文字を未知数とし、これに 3 を加えたものが 5 に等しくなるということを式で表せば、

$$x + 3 = 5$$

となります。こっちのほうがはるかに早く書くことができますね。

問 3-1 図 3.1 のリンゴとはてなボックスを使って方程式を書いたときと、その方程式を文字式で書いたときと、どちらが楽か、実際に紙とペンで試してみましょう。

正解は P.287

難易度 ★★★★★

3-2 ▶ 一次方程式の「一次」とは
～じゃあ次数って何?～

ここでは次数（じすう）について詳しく説明します。ただ、次数について詳しく理解できていなくても、一次方程式の問題を解くうえであまり気にならない方は、**3-6**から読んでいただいても、当面、差支えはありません。

> ▶【次数】
> **同じ文字どうしを掛け算している回数**

次数は、ある文字に注目したときに、その文字をいくつ掛け算しているかを示す数です。たとえば、「x^2」はxについて2次となります。また、「$100\ x^2$」には「x^2」に100という数字が係っていますが、xという文字の数には関係ありませんので、「x^2」も「$100\ x^2$」もxについて2次であるといえます。また、「$100\ x^2$」の100ように、注目している文字に係っている数を係数（けいすう）といいます。

たとえば、図3.3に示されるような、$x + 3 = 5$のxについての次数は1です。図3.4は$2x + 3 = 5$で、xの次数は1です（係数は2ですが、次数に関係はありません）。

このように、注目している文字（図3.3や図3.4ではx）の次数が1である方程式を、**一次方程式**といいます。

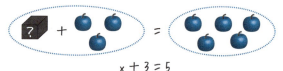

図3.3：方程式の次数＜これは一次方程式＞

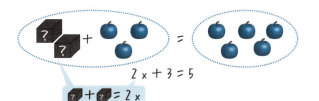

図 3.4：方程式の次数＜これも一次方程式＞

ところが、図 3.5 の場合は一次方程式になりません。はてなボックス ? どうしが掛け算されて、つまり 2 個のはてなボックス ? が使われて $?^2$ が含まれている式となっています。この式は、はてなボックス ? の次数が 2 であることから、はてなボックス ? についての二次方程式と呼ばれています。

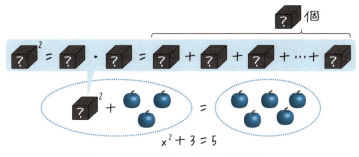

図 3.5：方程式の次数＜これは二次方程式！＞

同じように、はてなボックス ? が 3 つ掛け算してあって、式に $?^3$ が使われている式（次数が 3）は、はてなボックス ? についての 3 次方程式と呼ばれています。

もっと高い次数（高次といいます）でも同じで、たとえば $?^{10800}$ を含んで次数が 10800 である方程式は、はてなボックス ? についての 10800 次方程式ということになります。

さらに一般化して、$?^n$ を含んで次数が n である方程式は、はてなボックス ? についての n 次方程式と呼ばれています。

3-3 ▶ 単項式と多項式・係数と定数
〜項は足し算で分割されている〜

難易度 ★★★★★

ここで、方程式で使われている文字式での慣習を紹介します。式の中での名前の呼び方や、文字や数字の分類・区別などをきちんと整理しておくと、後々専門書を読むのに便利です。

> ▶【項】
> 文字式を足し算で区切ったときにできる、これ以上分けられない最小のもの（構成要素）

難しく感じるかもしれませんが、絵で見ると簡単です。図 3.6 のように、$8x^6 + 105x^5y + 3x^2y^2 + 2y^9$ を足し算の記号「+」で区切ると、4 つの項「$8x^6$」「$105x^5y$」「$3x^2y^2$」「$2y^9$」に分解できますね。この足し算の記号「+」で区切った最小の要素を項（こう）と呼んでいるだけなのです。

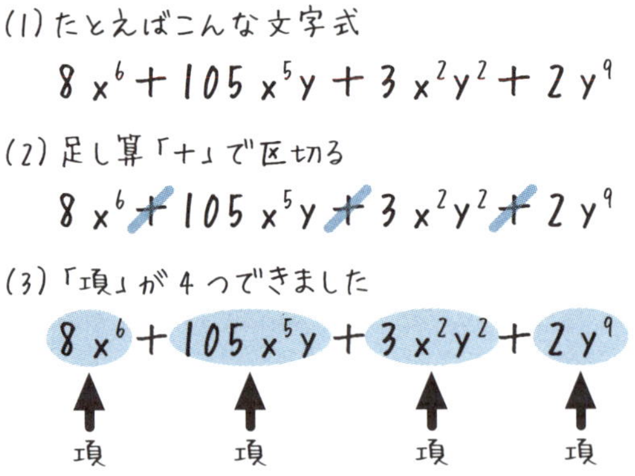

(1) たとえばこんな文字式
$$8x^6 + 105x^5y + 3x^2y^2 + 2y^9$$

(2) 足し算「+」で区切る
$$8x^6 \cancel{+} 105x^5y \cancel{+} 3x^2y^2 \cancel{+} 2y^9$$

(3) 「項」が 4 つできました
$$\underbrace{8x^6}_{項} + \underbrace{105x^5y}_{項} + \underbrace{3x^2y^2}_{項} + \underbrace{2y^9}_{項}$$

図 3.6：式を「項」に分解しよう

呼びやすいよう、項には名前が順番につけられています。図 3.7 のように、初めの項は第 1 項、次は第 2 項、第 3 項……という順に名前がつけられていて、数式の解説をするときに「この式の第 3 項に注目すれば……」などというように使用されています。

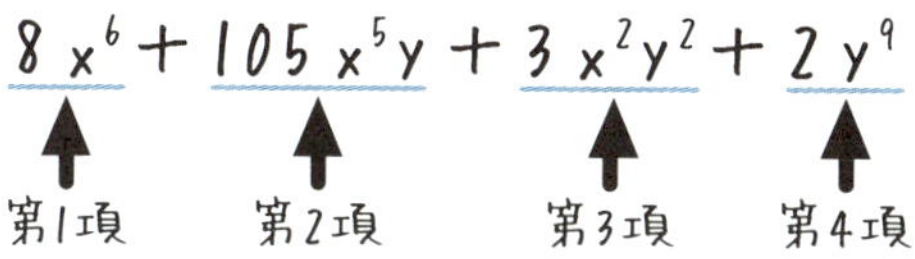

$$8x^6 + 105x^5y + 3x^2y^2 + 2y^9$$

　　第1項　　第2項　　第3項　　第4項

図3.7：「項」の名前

> ▶【単項式と多項式】
> 単項式：項が1つしかない式
> 多項式：項が複数ある式

単項式（たんこうしき）と多項式（たこうしき）については上記の説明そのままなので、具体的に例を見てみましょう。

● 例　単項式：1　　$2x$　　$100x^{500}$　　$\dfrac{4}{3}\pi r^3$　　$abcdefgxyz$
　　　多項式：$x+1$　　$2x+100$　　x^2+x+1　　$a+b$
　　　　　　　$a+b+c+d+e+f$

問 3-2 次の各文字式を単項式と多項式に分類しましょう。また、多項式の場合、項がいくつあるかも答えましょう。

(1) π　　(2) πr^2　　(3) $ax+b$　　(4) $x^2+y^2+z^2$　　(5) -0.5

問 3-3 次の各多項式の第2項を答えましょう。

(1) $x+\pi$　　(2) $2x^3+x^2-1$　　(3) $ax+by+cz$
(4) $x^2+y^2+z^2$　　(5) ax

正解は P.287

3-4 ▶ 係数と定数
～係数は注目する文字によって変わる～

> ▶【係数と定数】
> 係数：注目している数や文字に係っている数
> 定数：一定に定まった値・数値・文字

　よく定数と係数という言葉が混同されます。定数（ていすう）とは、30.3 とか π のような、値が定まった数です。たとえ文字式であっても、「a は定数である」と断ってあれば、当然 a は定数として取り扱われます。たとえば、ax^5 の係数は a で、x についての次数は 5 です。

　一方、係数はある文字に注目して、単項式（1 つの項しかない式。3-3 参照）に分けたときに、注目した文字以外に係っている数のことをいいます。たとえば、x と y についての多項式 $100\ x^2 + 105\ xy + 108\ y^2$ を考えましょう。x^2 の係数は 100 で、y^2 の係数は 108 であることはすぐにわかります。ところが、xy の係数は 105 ですし、x の係数は $105\ y$、y の係数は $105\ x$ というように、注目する文字によって係数がどの部分になるかは変わってきます。さらに、係数が必ずしも定数になっているとも限りません。

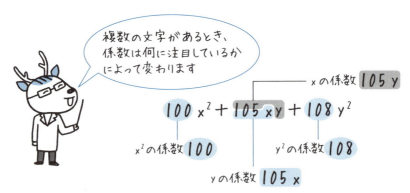

図 3.8：$100\ x^2 + 105\ xy + 108\ y^2$ の各係数

なお、**同じ文字についていろんな次数の項がある場合は、最高次数がその式の次数になります**。図 3.9 はいろんな方程式の次数が何次であるかを示した絵です。さらに、式を見やすく統一して書くために、**次数の高い項から低い項という順**で書くのが普通[*4]です。これを**降べき**（こうべき）**の順**といいます（いわゆる降順です）。その逆は**昇べき**（しょうべき）**の順**といいます（いわゆる昇順です）。

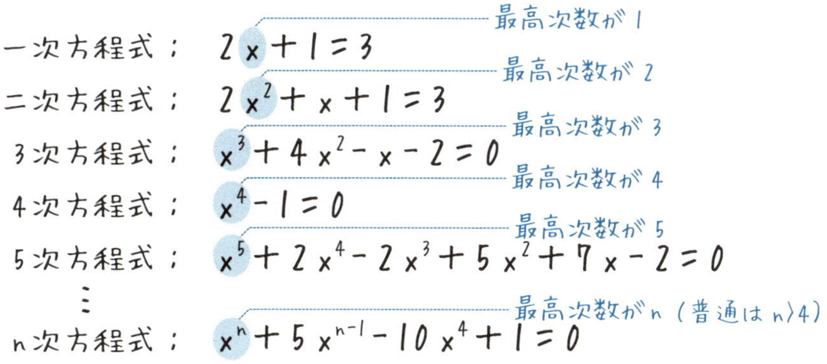

一次方程式 ; $2x + 1 = 3$ ——— 最高次数が 1
二次方程式 ; $2x^2 + x + 1 = 3$ ——— 最高次数が 2
3次方程式 ; $x^3 + 4x^2 - x - 2 = 0$ ——— 最高次数が 3
4次方程式 ; $x^4 - 1 = 0$ ——— 最高次数が 4
5次方程式 ; $x^5 + 2x^4 - 2x^3 + 5x^2 + 7x - 2 = 0$ ——— 最高次数が 5
⋮
n次方程式 ; $x^n + 5x^{n-1} - 10x^4 + 1 = 0$ ——— 最高次数が n（普通は n>4）

図 3.9 : 方程式の次数

● 例　次の 2 式は同じ 5 次方程式を「降べきの順」と「昇べきの順」で書いてみたものです。
降べきの順 : $x^5 + 2x^4 + 3x^3 + 2x^2 + x + 1$
昇べきの順 : $1 + x + 2x^2 + 3x^3 + 2x^4 + x^5$

問 3-4 文字式 $ax^2 + by^2 + 2xy + a^2$ について、次の各値を求めてみましょう。ただし、a、b は定数です。

(1) x^2 の係数　　(2) y の係数　　(3) xy の係数
(4) 第 2 項の係数 [*5]　(5) x についての次数
(6) y についての次数　(7) 定数だけになる項（**定数項**といいます）

正解は P.287

[*4] 高校までの数学では。
[*5] ヒント：定数でない文字は明らかに 1 つしかないので、注目すべき文字は明らか。

3-5 ▶ 恒等式と方程式
～未知数がどんな数でもよければ恒等式～

ここでは、方程式についての理解をより深めるために、等式について改めて詳しい解説をします。

等式とは、等号「=」を含む式で、たとえば $A = B$ という式は、A と B の値が等しいという意味です。等式の左側のこと（この場合「A」）を左辺（さへん）、右側のこと（この場合「B」）を右辺（うへん）、と呼びます。

等式のうち、未だ知られていない未知数を含むものが方程式ですが、方程式を語るうえで必要な考え方は2つ、「てんびん」と「はてなボックス」です。てんびんは、右のお皿と左のお皿の上の重さが等しくなったときに釣り合うことを教えてくれますから、等号「=」の役割を表しています。また、はてなボックスは未知の量である未知数を表記する役割を表しています。

てんびんの絵	式で表すと	説明
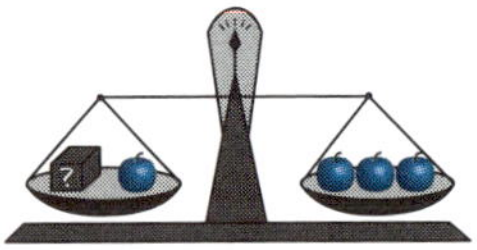	 $x + 1 = 3$	てんびんは釣り合っているので、「はてなボックスとリンゴ1つ」はリンゴ3つと等しいといえます。はてなボックスを x で表せば、この様子は $x + 1 = 3$ と表すことができます。
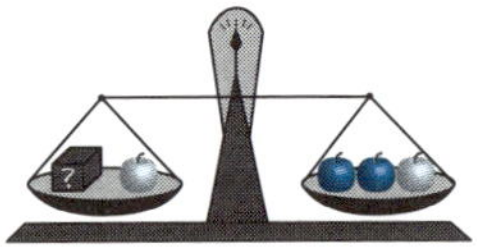	 $x + 1 - 1 = 3 - 1$	てんびんの左右両方からリンゴを1つずつ取り除いても、てんびんは釣り合ったままです。これは式でいうと、右辺と左辺からそれぞれ1を引くことになります。
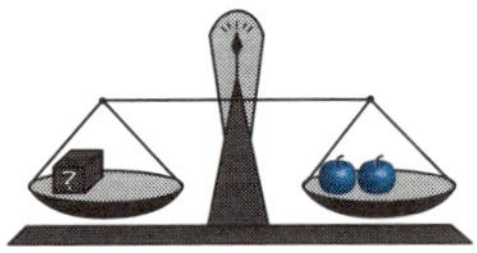	 $x = 2$	その結果、はてなボックスの重さがリンゴ2つ分であることがわかりました。式でいうと、$x = 2$ になります。

上の図表には、てんびんの釣り合いを利用して、未知であるはてなボッ

クスの重さを知る手順が書かれています。てんびんが釣り合えば、左右の重さが等しいことがわかります。その状態を保ったまま、片側だけにはてなボックスが1つだけ残るように操作すれば、はてなボックスの重さが反対側と同じであるとわかるのです。これは一次方程式 $x + 1 = 3$ の解法になり、その解は $x = 2$ となります。

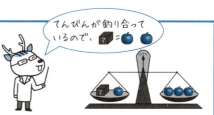

▶【方程式】
てんびん（等式）が釣り合うように、はてなボックス（未知数）を求める

一方、**恒等式**（こうとうしき）は未知数にどんな数を入れても成立するような等式です（つまり、未知でも何でもなくなるのですが）。たとえば、$a + a$ というものは $2a$ と書くことと決まっていますから、常に $a + a = 2a$ なのです。a にいろんな値を入れてみれば、どんな場合も成立することがわかります。

$a = 0$ でも（左辺）$= 0 + 0 = 0$、（右辺）$= 2 \cdot 0 = 0$ だから成立
$a = 1$ でも（左辺）$= 1 + 1 = 2$、（右辺）$= 2 \cdot 1 = 2$ だから成立
$a = 2$ でも（左辺）$= 2 + 2 = 4$、（右辺）$= 2 \cdot 2 = 4$ だから成立
$a = 3$ でも（左辺）$= 3 + 3 = 6$、（右辺）$= 2 \cdot 3 = 6$ だから成立
$a = -1$ でも（左辺）$= (-1) + (-1) = -2$、
　　　　　（右辺）$= 2 \cdot (-1) = -2$ だから成立

図3.10に、等式・方程式・恒等式がどんなものであるかとその範囲を示します。等式は単に等号を含むもので、「$A = B$」でも「$1 + 2 = 3$」でも等式と呼ばれます。方程式は等式に未知数を含んでいるので、「$x + 1 = 3$」は未知数 x を含んだ方程式です。この方程式の未知数は、$x = 2$ というただ1つの値しか取れません。ところが、恒等式「$a + a = 2a$」の a という文字は、どんな値でも等式は成立します。

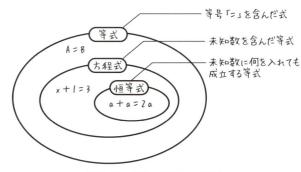

図3.10：等式・方程式・恒等式

3-6 ▶ 足し算と引き算
～必ず両方とも～

難易度 ★★☆☆☆

> ▶【足し算・引き算を含む一次方程式：移項】
> 足し算は引き算で消す
> 引き算は足し算で消す

　ここでは、はてなボックスに足し算や引き算が加わる場合の方程式を解く方法を説明します。足し算の場合、**3-5**で紹介したように、両辺から同じ数を引き算をすることで、片方をはてなボックスだけにしました。確認のために、もう1問解いてみましょう。

　表のようにして等式の中の数を反対側辺に符号を変えて移動させることを**移項**（いこう）といいます。**3-7**で説明しますが、移行すれば符号プラス（足し算）はマイナス（引き算）へ、マイナス（引き算）はプラス（足し算）へ変わります。

　次に、はてなボックスに引き算が含まれる場合の解き方を説明します。引き算をより理解するために、毒リンゴ🍎を登場させます。毒リンゴ🍎と普通のリンゴ🍏を足し合わせると、ゼロになって消滅するものとします。

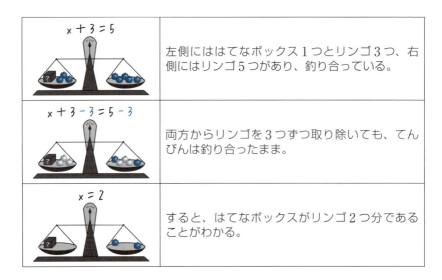

この毒リンゴは、数学でいう負の数に相当します。ちょうど図 3.11 のように、普通のリンゴと毒リンゴを合わせるとゼロになっています。これは数式でいえば、「A という数に $-A$ という A のマイナスの数を加えるとゼロになる」ということに相当します。

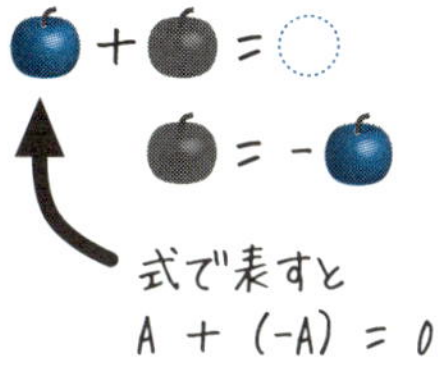

次の図表では、$x - 2 = 3$ という一次方程式を例に、引き算を伴う場合の解き方を説明します。

式で表すと
$A + (-A) = 0$

図 3.11：毒リンゴによる負の数の説明

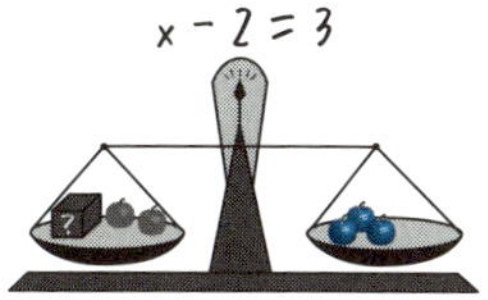 $x - 2 = 3$	左側にははてなボックス1つと毒リンゴ2つ、右側にはリンゴ3つがあり、釣り合っている。数式でいえば、左側は $x - 2$、右側は 3 となり、これらが釣り合って等しいから、$x - 2 = 3$ と書ける。
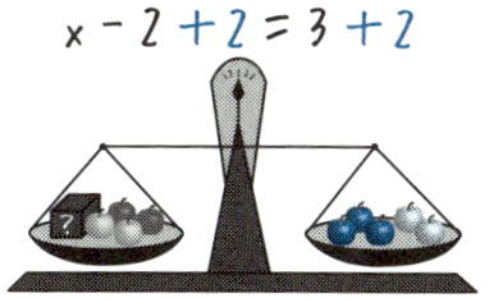 $x - 2 + 2 = 3 + 2$	両方にリンゴを2つずつ加えても、てんびんは釣り合ったまま。
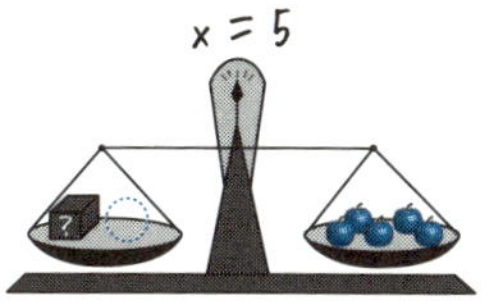 $x = 5$	すると、左側の毒リンゴと普通のリンゴが打ち消し合って、はてなボックスがリンゴ5つ分であることがわかる。

● **例** 次の方程式を解きましょう。

(1) $x + 2 = 4$　　(2) $x - 5 = 1$　　(3) $2x + 5 = x + 2$

答 (1) 両辺から 2 を引いて、$x + 2 - 2 = 4 - 2$ より $x = 2$

(2) 両辺に 5 を足して、$x - 5 + 5 = 1 + 5$ より $x = 6$

(3) 両辺から x を引いて $2x + 5 - x = x + 2 - x$ より $x + 5 = 2$
さらに両辺から 5 を引いて $x + 5 - 5 = 2 - 5$ より $x = -3$

問 3-5 次の計算をしましょう。

(1) $x + 100 = 5000$　(2) $x - 20 = 580$　(3) $50x + 5 = 49x + 2$

正解は P.288

3-7 ▶掛け算と割り算
~必ず両方とも~

> ▶【掛け算・割り算を含む一次方程式】
> 掛け算は割り算で消す
> 割り算は掛け算で消す

　ここでは、はてなボックス に掛け算や割り算が加わる場合の方程式を解く方法を説明します。

　掛け算の場合、両辺を同じ数で割り算し、片側ははてなボックス を1つだけにして方程式を解きます。ここでは、$2x = 8$ を例にその方法を図説します。

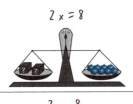	左側にははてなボックス2つが、右側にはリンゴ8つがあり、釣り合っている。すなわち数式でいえば、左側は $2x$、右側は 8 となり、これらが釣り合って等しいから $2x = 8$ と書ける。
	両方を等しく2等分して、その片方を取り除いてもてんびんは釣り合ったまま。
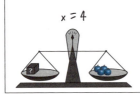	すると、左側がはてなボックス1つだけとなり、リンゴ4つ分であることがわかる。

　次に割り算の場合ですが、掛け算の場合の真逆です。割り算の場合、両辺を同じ数で掛け算し、片側をはてなボックス を1つだけにして方程式を解きます。ここでは、$\frac{1}{2}x = 3$ を例にその方法を図説します。

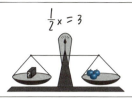 $\frac{1}{2}x = 3$	左側にははてなボックスが半分、右側にはリンゴ3つがあり、釣り合っている。すなわち数式でいえば、左側は $\frac{1}{2}x$、右側は3となり、これらが釣り合って等しいから $\frac{1}{2}x = 3$ と書ける。
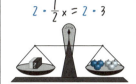 $2 \cdot \frac{1}{2}x = 2 \cdot 3$	両方等しく、お皿にあった倍の量のはてなボックスとリンゴを載せても、てんびんは釣り合ったまま。
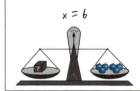 $x = 6$	すると、左側がはてなボックスが1つだけとなり、リンゴ6つ分であることがわかる。

● 例　次の方程式を解きましょう。

(1) $2x = 6$　　(2) $\frac{x}{5} = 2$　　(3) $3x = -12$

答　(1) 両辺を2で割って

$\frac{2x}{2} = \frac{6}{2}$ より $x = 3$

(2) 両辺に5を掛けて

$\frac{x}{5} \cdot 5 = 2 \cdot 5$ より $x = 10$

(3) 両辺を3で割って

$\frac{3x}{3} = \frac{-12}{3}$ より $x = -4$

問 3-6　次の方程式を解きましょう。

(1) $3x = 9000$　　(2) $5x = 95$　　(3) $12345679x = 111111111$
(4) $\frac{x}{2} = 5$　　(5) $\frac{x}{4} = -2$　　(6) $\frac{x}{-5} = -3$

正解は P.288

3-8 ▶ 方程式の解
~数学と電気の立場は違う~

ここでの内容は「数学」を学ぶうえでは必要ありませんが、「電気」で使う「数学」を使いこなすためには必須です。

> ▶【数値の答え方】
> 「数学」では「分数」で答える　例：$\frac{1}{3}$
> 「電気」では「小数」で答える　例：0.333

たとえば、次の一次方程式の解を求めてみましょう。

$$3x = 1$$

左辺の $3x$ は 3 と x の掛け算だから、掛け算の反対に両辺を 3 で割り算をすれば、

$$\frac{3x}{3} = \frac{1}{3} \text{より、} x = \frac{1}{3}$$

と導かれます。この $3x = 1$ という方程式の答えは分数になっていますが、これは絶対的に正しいもので、数学を専門にする方はこの通りに答えなくてはなりません。

ところが実用面で、ものの長さを測ったり、電流の大きさを計測したり、具体的な量を分数で表すのがふさわしくない場合があります[*6]。ものさしや電流計で測定される量は、分数では表されません。図 3.12 のような針で示すタイプの測定器[*7]の目盛は、等間隔に刻んでいないと、人間には読みにくいものです。たとえば、$\frac{1}{3}$ などというところに目盛を打たないことは想像しやすいと思います。

実際の電気関連で扱う数値は、**有効桁数は 3 桁で事足りるのがほとんど**です。特に断らない限り、有効桁数を 3 桁としている本も多く、**本書でも断らなければ有効桁数は 3 桁**とします。ただし、公式を分数で表記したり、途中式を分数で計算したりということはあります。そうすれば、先ほどの方程式の答えは、

[*6] 詳しくは **1-1** 参照。
[*7] 電気計測という分野では、「指示電気計器」と呼ばれます。

$$x = \frac{1}{3} = 0.333333\cdots\cdots = 0.\underbrace{3}_{1}\underbrace{3}_{2}\underbrace{3}_{3桁目}\overset{四捨五入}{3333\cdots\cdots} = 0.333$$

として、小数で表記することが、電気工学として標準的なものとなります。この場合は、有効桁数を 3 桁として上から 3 桁の有効数字を残すために、4 桁目を四捨五入しています。

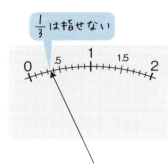

図 3.12：規則的な目盛上において、分数は針で指示できない

● **例**　**方程式 $7x = 11$ において、次の (1) 〜 (3) を求めましょう。**
(1) 数学的な解　(2) 電気工学的な解　(3) 有効数字 6 桁の解

答　(1) 両辺を 7 で割って、$x = \dfrac{11}{7}$

(2) 割り算を実行して有効桁数を 3 桁にすれば、

$$x = \frac{11}{7} = 1.57142857\cdots\cdots = \underbrace{1}_{1}\underbrace{5}_{2}\underbrace{7}_{3桁目}\overset{四捨五入}{142857\cdots\cdots} = 1.57$$

(3) 有効桁数を 6 桁にするために、7 桁目で四捨五入すれば、

$$x = \frac{11}{7} = 1.57142857\cdots\cdots = \underbrace{1}_{1}\underbrace{5}_{2}\underbrace{7}_{3}\underbrace{1}_{4}\underbrace{4}_{5}\underbrace{2}_{6桁目}\overset{四捨五入}{857\cdots\cdots} = 1.57143$$

問 3-7　方程式 $13x = 9$ において、次の (1) 〜 (3) を求めましょう。

(1) 数学的な解　(2) 電気工学的な解　(3) 有効数字 5 桁の解

正解は P.288

3-9 ▶ 一次方程式の解法①
～少し複雑な形をしている一次方程式を解こう～

　ここまでの **3-6** と **3-7** を読まれた読者の方は、四則演算のすべてのパターンを含むどんな一次方程式でも解くことが（原理的には）できるようになっています。ただ、複雑な形をしている一次方程式を見たときに、どうやって解けばよいか見当がつかず、戸惑ってしまうことはよくあります。しかし原理は同じなので、解くうえでのコツを知り、**3-9** と **3-10** を一通り理解できれば、解くのに難しいことはありません。

> ▶【四則演算が混じったもの】
> **未知数を左辺・数を右辺に移項**

$$\frac{1}{3}x = x - 2$$

という方程式を考えてみましょう。右辺にも左辺にも未知数 x がありますね。さらに、左辺は割り算、右辺は引き算と、四則計算が混在しています。この方程式を解こうと思ったら、最終形態である「$x = ???$」という形に近づけていこうとすればよいのです。

　そのための基本方針は、**未知数を左辺・数を右辺に持っていく（＝移項する）**ことです。未知数がすべて左辺にいき、数がすべて右辺にいけば、あとはそれぞれを整理して最終形態「$x = ???$」となるはずです。実際にやってみると、次のように解が導かれます。

$$\frac{1}{3}x = x - 2 \quad \text{未知数 } x \text{ は両辺にある}$$

$$\frac{1}{3}x - x = -2 \quad \text{未知数 } x \text{ は左辺へ}$$

$$\left(\frac{1}{3} - 1\right)x = -2 \quad \text{左辺を整理}$$

$$-\frac{2}{3}x = -2 \quad \text{次は数を右辺だけに}$$

$$\left(-\frac{2}{3}x\right) \cdot (-3) = (-2) \cdot (-3) \quad \text{両辺に } (-3) \text{ を掛ける}$$

$$\left(\frac{2}{3}x\right) \cdot (-3) = +6 \quad \text{両辺を計算 注)} -\frac{2}{3}x = \frac{2}{-3}x$$

$$2x = +6 \quad \text{両辺を2で割る}$$

$$x = +3 \quad \text{答え（最終形態）}$$

　これで四則計算がいくら入っていても一次方程式を解くことができるようになりました。これをスラスラと解くにはひたすら練習するしかありません。楽器やスポーツなどの練習と同じだと思って、次の問で訓練しましょう。

問 3-8 次の一次方程式を解きましょう。

(1) $\dfrac{2}{3}x = x - 2$

(2) $\dfrac{5}{2}x = \dfrac{x}{2} + 2$

(3) $-\dfrac{1}{2}x = \dfrac{x}{3} + \dfrac{1}{2}$

(4) $1 - \dfrac{1}{2}x = \dfrac{x}{3} + \dfrac{1}{2}$

(5) $-\dfrac{1}{3}x = \dfrac{2x}{3} + \dfrac{1}{3}$

(6) $\dfrac{2x}{5} + \dfrac{1}{3} = 0$

正解は P.288

3-10 ▶ 一次方程式の解法②
～ちょっとした小ネタ集～

ここでは、特に知っていなくても一次方程式を解くことはできるけれど、知っていると便利な計算上のテクニックを紹介します。

▶【10 の倍数が混じったもの】
0（ゼロ）を取って桁をずらす

たとえば $1200x = 30000$ という方程式は、$x = \dfrac{30000}{1200} = 25$ と解けばよいのですが、数が大きくて厄介ですね。そこで、両辺を 10 ずつ割っていくことを考えて、**下の位から同じ数だけゼロをとってもよい**ということを利用しましょう。1200 には 2 つ、30000 には 4 つゼロがありますから、最大で 2 つゼロが取れ、方程式は $12\cancel{00}x = 300\cancel{00}$ より $12x = 300$ となって、かなり計算をしやすくなります。ここから $x = \dfrac{300}{12}$ として、あとは約分するなり筆算するなりすれば、答えが導かれます。

▶【小数が混じったもの】
10 の倍数を掛けて桁をずらす or 電卓

小数が一次方程式に入っている場合、**両辺を 10 倍なり 100 倍なりして小数をなくす**と便利です。たとえば $0.3x = 0.05x - 1$ という方程式は、x を左辺に持っていって、$0.3x - 0.05x = -1$ より $0.25x = -1$、$x = \dfrac{-1}{0.25} = -4$ と、解を求めることはできます。

ところが、初めから $0.3x = 0.05x - 1$ の各係数のうち一番小さい 0.05 に注目して、これを何倍すれば整数になるかを考えれば、小数点を 2 桁ずらすために 100 倍すればよいことがわかります。両辺を 100 倍すると、$100 \cdot 0.3x = 100(0.05x - 1)$ となります。右辺にカッコがついているのは、右辺全体に 100 を掛ける必要があるからで、これを $100 \cdot 0.05x - 1$ などとしてしまうと、-1 が 100 倍になりませんね。それでは 100 倍した式を整理すると、$30x = 100 \cdot 0.05x - 100 \cdot 1$ より $30x = 5x - 100$、$25x = -100$ より $x = -\dfrac{100}{25} = -4$

となって整数だけの計算となり、楽になることがあります。

ただし、$-2.15x = 1.36x - 47.1$ のようなものは両辺を 100 倍しても $-215x = 136x - 4710$ より $-351x = -4710$ で、$x = \dfrac{-4710}{-351} = 13.4$ となります。最後の割り算は面倒で、試験や実務上は電卓を使うことが多いでしょうから、それなら初めから小数のまま計算しても人間の楽さ加減は変わりません。

▶【小数と分数が混じったもの】
桁をずらしてから分数も消す

$0.1x = \dfrac{1}{12}x + 1$ のように、小数と分数が混じっている方程式では、まず両辺を 10 倍して小数を消しましょう。$10 \cdot 0.1x = 10 \cdot (\dfrac{1}{12}x + 1)$ より $x = \dfrac{10}{12}x + 10$、$x = \dfrac{5}{6}x + 10$ となって x を左辺に移項し、$(1 - \dfrac{5}{6})x = 10$ が $\dfrac{1}{6}x = 10$ となります。最後に両辺に 6 を掛ければ、$x = 60$ が得られます。

▶【検算】
解を代入してみる

計算した結果があっているかを確かめる計算を**検算**（けんざん）といいます。方程式の場合、得られた**解**を再び未知数に代入して右辺と左辺をそれぞれ計算し、右辺と左辺が同じになれば、検算は合っているということになります。

先ほどの方程式 $0.1x = \dfrac{1}{12}x + 1$ の解は $x = 60$ なので、これを右辺と左辺それぞれに代入してみると、次のようになり、

（右辺）$= \dfrac{1}{12}\underbrace{x}_{x=60} + 1 = \dfrac{1}{12} \cdot 60 + 1 = 5 + 1 = 6$

（左辺）$= 0.1\underbrace{x}_{x=60} = 0.1 \cdot 60 = 6$

（左辺）＝（右辺）が示されました。複雑な方程式を確かめるのに有用ですね。

問 3-9 次の方程式を**できるだけ楽に**解きましょう。

(1) $150x = 6000$ (2) $0.01x = 0.1x + 9$ (3) $0.8x + 64 = \dfrac{14}{100}x$

正解は P.289

3-11 ▶ 一次方程式の解法③
～かなり複雑な形をしている一次方程式を解こう～

▶【大きな分数】
分母を払う

　分母が大きく[*8]なると、計算は面倒です。できるだけ分母を払って小さくしていきましょう。分母を払うには、分母と全く同じものを両辺に掛ければ簡単です。
　たとえば次の式の場合、

$$\frac{x+\frac{1}{3}}{x+\frac{1}{2}} = 3$$

両辺に $x+\frac{1}{2}$ を掛ければ、

$$\frac{x+\frac{1}{3}}{x+\frac{1}{2}}\left(x+\frac{1}{2}\right) = 3\cdot\left(x+\frac{1}{2}\right)$$

となります。ここで、$x+\frac{1}{2}$ の両側にカッコがあるのは、$x+\frac{1}{2}$ が x と $\frac{1}{2}$ の 2 項から成っていて、それ全体を掛けなければならないからです。こうすると、左辺も右辺もかなりすっきりして、

$$(左辺) = \frac{x+\frac{1}{3}}{\cancel{x+\frac{1}{2}}}\left(\cancel{x+\frac{1}{2}}\right) = x+\frac{1}{3}, \quad (右辺) = 3\cdot\left(x+\frac{1}{2}\right) = 3x+\frac{3}{2}$$

となります。だから、方程式は次のようになって、かなりすっきりします。

$$x+\frac{1}{3} = 3x+\frac{3}{2}$$

あとは未知数 x のある項を左辺に、他の数を右辺に移項すれば、

$$x-3x = \frac{3}{2}-\frac{1}{3} \text{から} -2x = \frac{7}{6} \text{となって、} x = -\frac{7}{12} = -0.583$$

と解が求まりました。

[*8] 数値としての大きさではなく、文字式の煩雑さ・量の多さのことです。

問 3-10 次の方程式を解きましょう。

(1) $\dfrac{3}{x+1} = 2$ (2) $\dfrac{1}{\dfrac{1}{x}+1} = 2$ (3) $\dfrac{1}{x+\dfrac{3}{2}} = \dfrac{1}{2x+\dfrac{1}{2}}$

正解は P.290

▶【文字がたくさん】
どの文字について解くかが重要。他の文字は数字と同じ扱い

　方程式の中に文字がいくつあっても未知数として指定されているものが一次であれば、一次方程式として解くことができます。たとえば、

$$V_1 + V_2 = R_1 I_1 + R_2 I_2 - R_3 I_3$$

という等式も、1つの文字に注目すれば一次方程式として解くことができます。V_1について解いてみましょう。V_1が左辺にあるので、その他の文字(V_2)を右辺に移項すれば、次式のようになり、

$$V_1 = R_1 I_1 + R_2 I_2 - R_3 I_3 - V_2$$

「$V_1 = ???$」という最終形態になりましたね。ここで注意しないといけないことは、最終形態の右辺に未知数であったV_1が入ってはいけないということです。

　ではこの式をI_1についての方程式として解くとどうなるでしょう？ I_1は右辺にあるので、$R_1 I_1$の項を左辺へ、その他の$V_1 + V_2$を右辺へ移項すれば、

$$- R_1 I_1 = R_2 I_2 - R_3 I_3 - (V_1 + V_2)$$

となります。両辺を$-R_1$で割れば、

$$I_1 = \dfrac{R_2 I_2 - R_3 I_3 - (V_1 + V_2)}{-R_1} = \dfrac{-R_2 I_2 + R_3 I_3 + V_1 + V_2}{R_1}$$

という解が得られます。なお、最後の等式では分母のマイナスを、分母分子に-1を掛けることで、分子へ移しました。

問 3-11 上記の方程式をI_3について解きましょう。　正解は P.290

3-12 ▶ 一次方程式の応用①
〜いわゆる文章問題〜

> ▶【文章問題】
> 求めたいものを未知数に設定する

　中学数学では苦手とされることの多い分野だそうですが、応用範囲は極めて広く、とても役に立つものなので、ぜひとも習得しましょう。本質は一次方程式を用いてできることの紹介なのですが、要するに**不確定な値・量を与えられた条件を基にして決定しよう**ということです。このときできる条件が一次方程式で表されたなら、これまで学んだ方法で解くことで、不確定だった値を確定できるようになります。

　ここでは、不確定だった量を未知数とし、与えられた条件に基づいて式を立てる「**立式（りっしき）**」を行う考え方・技術を学びます。

● **例**　箱の中にリスが何匹かいるようです。さらに 3 匹入ったところで箱を開けると、7 匹入っていました。最初、箱の中にリスは何匹いたでしょうか。

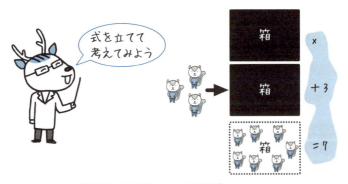

図 3.13：リス数についての方程式 $x + 3 = 7$

　答　一次方程式なんか使わなくてもわかるよ、と思われるかもしれませんが、立式の方法を勉強するうえではシンプルな例できちんと理解した

ほうがよいでしょう。立式の基本は求めたい量を未知数として[*9]、条件から式を立てることです。そこで、初めから箱の中にいるリスの数を x として未知数を決めます。その未知数 x が満たすべき条件は、そこに 3 匹のリスが加わると合計 7 匹になるということです。式で表せば、

$$x + 3 = 7$$

ですね。これを解けば、

$$x = 7 - 3 = 4$$

とリスの数が求まります。これが一次方程式を応用した具体例です。

● 例 「私は 5 年前、今の年齢の $\frac{7}{8}$ だった。」という人の今の年齢はいくつでしょうか。

答 少し難しい問題かもしれませんが、基本方針は同じです。求めたいものを未知数 x としましょう。つまり、この人の年齢を x とするのです。すると、5 年前の年齢は $x - 5$ になり、そのときの年齢は今の年齢の $\frac{7}{8}$ なので、$\frac{7}{8} x$ になります。よって、

$$x - 5 = \frac{7}{8} x$$

これを解けば、

$$\left(1 - \frac{7}{8}\right) x = +5 \text{ より } \frac{1}{8} x = 5 \text{ となって、} x = 5 \cdot 8 = 40$$

つまり、今は 40 歳ということがわかります。

問 3-12 秒速 13 m の電車が 76 m のトンネルをくぐり抜けるのに 7 秒かかりました。この電車の長さは何 m ですか。

ヒント 7 秒で(トンネルの長さ + 電車の長さ)だけ走らないといけない。

正解は P.291

[*9] 求めたい量でないものを未知数として求めたあとに、その得られた値から間接的に本来欲しかった量を求める方法もありますが、ここでは割愛します。

難易度 ★★★

3-13 ▶ 一次方程式の応用②
~電気の世界で一次方程式を使ってみよう~

▶【電気の世界では】
何が未知数なのかを確認しよう

電気の世界では、電圧や電流、抵抗などたくさんの量があり、それぞれに文字が割り振られています。状況によって求めたいものが変わってきますから、何が未知数なのか、問題文をよく読んで把握する必要があります。

● 例　電池の起電力を E〔V〕、電池の端子電圧を V〔V〕、電池から取り出した電流を I〔A〕、電池の内部抵抗を r〔Ω〕とするとき、これらは $E = V + Ir$ という関係にあります。このとき内部抵抗 r〔Ω〕を求めましょう。

答　電池の内部抵抗に関する問題ですが、電気的な説明は他の適切な書物[*10]に譲るとして、この問題は「$E = V + Ir$ という条件から未知数を r として解を求めよ」という問題と考えることができます。未知数である r が左辺に来るように式全体の左右を入れ替えて、

$V + Ir = E$

としましょう。V を右辺へ移項すれば、

$Ir = E - V$

となり、両辺を I で割れば、

$r = \dfrac{E - V}{I}$

という解が得られます。答えが文字式で表されていますが、右辺は r を含まない形にきちんとなっています。

[*10] たとえば、「文系でもわかる電気回路」(翔泳社刊)。

このように、実際に電気工学関連の世界で一次方程式を扱う際は、多くの種類の量を扱うために文字の種類も多くなってしまいます。そのため、問題として求めている量は何であるかを見失わないようにして、答えとして適切なものを導いていく必要があるのです。

● 例　平行平板コンデンサの静電容量 C〔F〕は、板の面積を S〔m^2〕、挟まっている誘電体の誘電率を ε〔F/m〕、板間の距離を d〔m〕とすれば、$C = \varepsilon \dfrac{S}{d}$ と表されます。この式から、
(1) S を求めましょう。(2) d を求めましょう。

答　電気的な内容は気にせず、問題の意味は $C = \varepsilon \dfrac{S}{d}$ という条件で、(1) S について解け、(2) d について解け、ということです。

(1) 条件式の左右を入れ替えて、
$$\varepsilon \frac{S}{d} = C$$
となります。求めたい S には ε が掛け算で、d が割り算でついています。その反対に、両辺を ε で割り算、d で掛け算すればよいのです。つまり両辺に $\dfrac{d}{\varepsilon}$ を掛けて、
$$\frac{\not{d}}{\not{\varepsilon}} \cdot \not{\varepsilon} \frac{S}{\not{d}} = \frac{d}{\varepsilon} \cdot C \text{ より、} S = \frac{d}{\varepsilon} \cdot C$$

(2) 条件式では求めたい d が分母に来ていますので、これを払うために両辺に d を掛けましょう。
$$d \cdot C = \not{d} \cdot \varepsilon \frac{S}{\not{d}} \text{ より、} dC = \varepsilon S$$
となります。あとは両辺を C で割れば、
$$d = \frac{\varepsilon S}{C}$$

問 3-13 電気回路での電圧 V〔V〕、電流 I〔A〕、抵抗 R〔Ω〕の関係は $V = IR$ ということが知られています（オームの法則）。このとき、電流 I と抵抗 R を求める式を導きましょう。

問 3-14 ホイートストンブリッジという装置は、4つの抵抗を組み合わせて零位法という測定法で精度よく抵抗を測定できるものです。3つの既知抵抗 R_1、R_2、R_3 と未知抵抗 R_x の間に $R_1 R_2 = R_3 R_x$ の関係があるとき、未知抵抗はどのように求めることができるでしょうか。

正解は P.291

COLUMN　方程式の強みと弱み

就職試験の面接で「あなたの強みは何ですか？」「あなたの弱みは何ですか？」ということがしばしば聞かれるそうです。方程式が面接で答えるとどうなるでしょうか？

面接官：あなたの強みは何ですか？
方程式：はい、私は様々な問題に幅広く対応できます。条件を基に私を立式して未知数を求めてもらえば、年齢や電車の長さだけでなく、電流の大きさや誘電率のような目に見えない量もわかるようになります！
面接官：ほぉ、それではあなたの弱みは何ですか？
方程式：そうですね、条件から立式できないと、問題解決に至らないことでしょうか。
面接官：では君が採用されたらわが社にとってどんなメリットがある？
方程式：メリットを未知数として条件を式にしてもらえれば答えが出るのですが。
面接官：……

「まえがき」の通り、ピュタゴラスは「万物は数である」といったのですが、世の中を数字で表すのも難しいのです。採用する方もされる方も大変です……。

第4章

連立方程式と行列

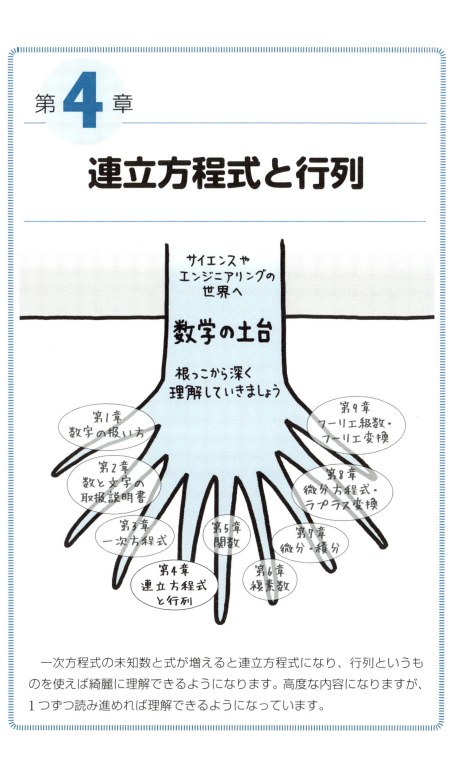

　一次方程式の未知数と式が増えると連立方程式になり、行列というものを使えば綺麗に理解できるようになります。高度な内容になりますが、1つずつ読み進めれば理解できるようになっています。

難易度

4-1 ▶ 連立一次方程式①
：何それ？
~式の数が増えただけ~

「連」れて「立」てる「方程式」と書いて**連立方程式**ですが、これは条件となる方程式が複数ある方程式のことをいいます。連立方程式の未知数の次数が全部1であれば、**連立一次方程式**となります。図4.1はその例を絵で表したものです。リンゴの数が等しくなるように、2種類の箱の中のリンゴの数を決める問題です。箱は、木製の箱と金属製の箱の2種類あります。文字式では、木製の箱を未知数 x、金属製の箱を未知数 y で表すことにします。これらの箱の中のリンゴの数は、2つの条件（あ）・（い）によって決められます。

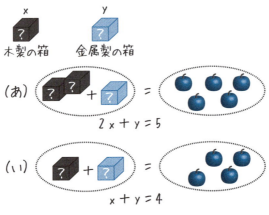

図 4.1：連立方程式の例

図4.1中に示された条件（あ）は、「木製の箱2つ分のリンゴ」と「金属製の箱1つ分のリンゴ」を合わせると5つになるというものです。条件（い）は、「木製の箱1つ分のリンゴ」と「金属製の箱1つ分のリンゴ」を合わせると4つになるというものです。それぞれの条件を式で表せば、

$2x + y = 5$ ……（あ）
$x + y = 4$ ……（い）

となります。**4-9** で述べますが、連立方程式の式の数（つまり条件式の数）が未

知数の数と同じであれば、未知数を具体的に求めて解を得る[*1]ことができます。

解き方はあとで勉強するとして、この方程式の解は、

$$x = 1$$
$$y = 3$$

となります。実際、絵であてはめてみて、これらの解が正しいことを確かめている様子を図 4.2 に示します。お皿の左側（式でいう左辺）に箱中のリンゴの数をあてはめれば（式でいう代入）、左右のお皿でリンゴの数が等しくなることがわかります。このように、第 3 章で学んだ一次方程式と同様、**検算**することもできます。すべての方程式を満たす未知数がその**連立方程式の解**となります。

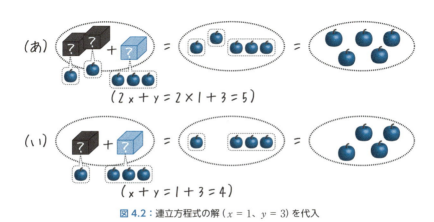

図 4.2：連立方程式の解（$x = 1$、$y = 3$）を代入

問 4-1 連立方程式 $\begin{cases} 7x + 5y = 290 \\ 4x + 3y = 170 \end{cases}$

の解が $x = 20$、$y = 30$ であることを確かめましょう（検算してください）。

正解は P.292

[*1] 「解なし」という解もありますが、これも後述します。

4-2 ▶ 連立一次方程式②
：文字の単位
～違う単位どうしは足し算できない～

　ここで、複数の文字を取り扱う連立方程式において、特に電気の世界で取り扱う際に重要なことを述べておきます。数学上はあまり気にしないかもしれませんが、電気の世界では必須の考え方です。連立方程式を立てたとき、その式の意味をより理解できるようになります。

　異なる2種類以上の文字が足し算[*2]されるとき、これらの中身は同じ単位でなければなりません。**1-5** と **1-6** でも説明はしていますが、連立方程式でももちろん同じです。連立方程式を解いて検算したときに、2つの異なる単位が足し算されるようであれば、その解は間違えています。

　たとえば図 4.1 の例で、x も y も単位はリンゴの数になるはずですが、単位を"〔単位〕"というように明記して、

$$\begin{cases} x = 1 〔ぶどうの数〕 \\ y = 3 〔リンゴの数〕 \end{cases}$$

というように異なる単位の解が現れると、条件（あ）では図 4.3 のように、左右のお皿が同じものにならないという結果が得られてしまいます。単に数値を計算すれば解として合っているのですが、実際問題、左側の「ぶどう 2 つとリンゴ 3 つ」と右側の「リンゴ 5 つ」というのは同じものでなくなります。このように、複数の文字を扱うときは、異なる単位どうしの足し算ができないということに、**特に文字が単位をもつ量である場合**には、注意を払う必要があります。

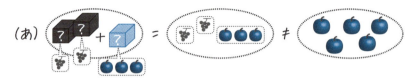

図 4.3：連立方程式の解で、単位を間違えると…

[*2] ここで引き算は足し算と同じ種類の操作に含めることができます。なぜなら、引き算という行為は、負の数を足し算することと同等だからです。

単位をもたない定数倍[*3]と足し算でできた式では、すべて文字の単位は同じでなくてはなりません。では、単位をもった量が未知数に係る場合を調べましょう。たとえば、図 4.2 と同じ連立方程式でも、2 つの単位のうち一方を異なる単位にして考えてみましょう。1 個のリンゴがリンゴジュース 2 本に相当するとして、

とします。そして、木製の箱　で表された未知数 x の単位はリンゴの個数〔個〕、金属製の箱　で表された未知数 y の単位はリンゴジュースの本数〔本〕である、とします。絵で表せば、図 4.4 のようになります。

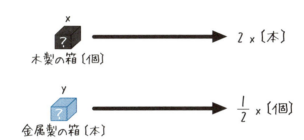

図 4.4：リンゴ 1 個でリンゴジュース 2 本・リンゴジュース 1 本でリンゴ $\frac{1}{2}$ 個

そして条件（あ）をリンゴジュースの本数、条件（い）をリンゴの個数で表現することにしましょう。すると、式での表現や見た目は全く同じでも、次ページの**図 4.5 に示す問題は、図 4.2 の問題とは完全に内容の異なる問題となります**。

図 4.5 の条件（あ）は、木製の箱　1 つと金属製の箱　1 つを合わせると、【リンゴジュースの本数】になるということを意味します。条件（い）は、木製の箱　1 つと金属製の箱　2 つを合わせると、【リンゴの個数】になるということを意味します。ここで、木製の箱　と金属製の箱　では単位が違いますから、式で表現する際は、単位を、

という関係に基づいて換算する必要があります。木製の箱　はリンゴの個数を

[*3] 単位をもたない数を掛けても、元の単位は変わりません。　（例）$3 \times (5\ \text{cm}) = 15\ \text{cm}$

表しますから、リンゴジュースの本数を表すのなら、(木製の箱 ? × 2)〔本〕となります。この「× 2」という掛け算する値は、リンゴ 1 個からリンゴジュースの 2 本へと換算するという意味で、2〔本 / 個〕という単位を与えることができます。

同様に、金属製の箱 ? はリンゴジュースの本数を表しますから、リンゴの個数を表すのなら、(金属製の箱 ? × $\frac{1}{2}$)〔個〕となります。この「× $\frac{1}{2}$」という掛け算する値は、リンゴジュースの 1 本からリンゴ $\frac{1}{2}$ 個へと換算するという意味で、$\frac{1}{2}$〔個 / 本〕という単位を与えることができます。

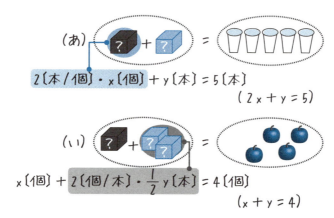

図 4.5：図 4.2 と連立方程式の形は同じでも問題の意味は全く違う

条件 (あ) と条件 (い) を連立方程式として表記すれば、

$2x + y = 5$ ……(あ)
$x + 2 \cdot \frac{1}{2} y = 4$ ……(い)

となり、これ自体は図 4.2 と同じ形なので、答えの数値は、

$x = 1$、$y = 3$

と同じになります。ところが、単位が異なることに注意してください。x はリンゴの数、y はリンゴジュースの本数を単位としていましたから、絵で描いたときには異なる問題になってます。

図 4.6 のように、木製の箱 ■ にリンゴ 1 個を代入（$x = 1$）、金属製の箱 ■ にリンゴジュース 3 本を代入（$y = 3$）し、リンゴ 1 個をリンゴジュース 2 本に換算すれば、これらの解が正しいことがわかります。文字に係っている係数が単位をもつことで掛け算されたときに単位が変わり、単位が換算されていますね。このように連立方程式を立てるときには、足し算をする際に単位をそろえる必要があり、その行為をしばしば「次元をそろえる」といいます。

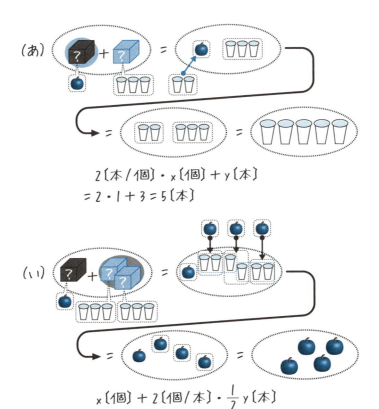

図 4.6：未知数の係数が、単位を換算してくれている様子

4-3 ▶ 連立一次方程式③ ：いろんな解き方
~気合でなんとかなります~

ここでは具体的に連立一次方程式を解く方法を紹介していきます。気合でなんとかなるものなので、手を動かして練習しましょう。

> ▶【加減法】
> 係数をそろえる

連立方程式を解くには、どんどん未知数の数を減らしてくことが基本です。次の連立方程式を見てください。

$$\begin{cases} 2x + 3y = 5 & \cdots\cdots (あ) \\ x + y = 4 & \cdots\cdots (い) \end{cases}$$

加減法（かげんほう）と呼ばれる方法は、未知数の係数を同じにそろえて、式全体を足したり引いたりすることで未知数を消去していく方法です。たとえば、式（あ）と式（い）の未知数 x の係数をそろえてみましょう。式（い）全体を 2 倍すれば、x の係数は式（あ）でも式（い）でも同じになりますね。実際、

$$\begin{cases} 2x + 3y = 5 & \cdots\cdots (あ) \\ 2x + 2y = 8 & \cdots\cdots (い) \times 2 \end{cases}$$

となります。ここで、上の式から下の式を引き算する、つまり（あ）－（い）× 2 を実行すれば、

$$\begin{array}{r} 2x + 3y = 5 \quad \cdots\cdots (あ) \\ -)\ 2x + 2y = 8 \quad \cdots\cdots (い) \times 2 \\ \hline 0 + 1\cdot y = -3 \quad \cdots\cdots (あ)-(い)\times 2 \end{array}$$

となって、

$$y = -3$$

という結果が得られます。この結果を式（い）に代入[*4]すれば、

[*4] 式（あ）に代入しても同じ結果が得られますが、式（い）のほうが式が簡単なため、少ない計算回数で答えにたどり着くことができます。

$x + (-3) = 4$ より、$x = 4 - (-3) = 4 + 3 = 7$

となります。以上をまとめて、$\begin{cases} x = 7 \\ y = -3 \end{cases}$ という答えが得られます。

> ▶【代入法】
> **文字を消しまくる**

加減法で解いた同じ問題を**代入法**という手法で解いてみます。これは、未知数を別の未知数で表現して代入し、消去していく方法です。たとえば、y という文字を消去することを考えて、式（い）を、

$y = 4 - x$

というように、y 以外の文字で $y = ***$ という表し方をします。これをもう片方の式（あ）に代入すれば、

$2x + 3(4 - x) = 5$

となって、これは x という 1 つの未知数をもった普通の一次方程式です。これを解けば、

$2x + 12 - 3x = 5$ より、$-x = 5 - 12$ から $x = 7$

が得られます。これを式（あ）または式（い）に代入すれば、$y = -3$ もすぐに得られます。

問 4-2 図 4.1 と同じ連立方程式 $\begin{cases} 2x + y = 5 & \cdots\cdots \text{(あ)} \\ x + y = 4 & \cdots\cdots \text{(い)} \end{cases}$ を加減法と代入法で解きましょう。

正解は P.292

4-4 ▶ 連立一次方程式④ : どうやって使うか
~やっぱり単位に気をつけて~

難易度 ★★★☆☆

　中国で3世紀に書かれた「孫子算経」という書物に、次のような問題があります。

> 1つのかごのなかに、「きじ」と「うさぎ」が入っていて、頭は35頭、足は94本ある。「きじ」と「うさぎ」はそれぞれ何匹入っているか？[*5]

　第3章で学んだように、基本方針は「求めたいものを未知数に設定する」ということです。それに加えて気をつけないといけないのが単位です。頭の数〔頭〕と足の数〔本〕は単位が異なります。

　まずは基本方針に従って、求めたい「きじ」と「うさぎ」の数をそれぞれ x、y と置きましょう。次に問題文の1つ目の条件「頭は35頭」と2つ目の条件「足は94本」を式で表しましょう。

　頭の数と「きじ」と「うさぎ」の数 x、y は単位が同じで、ちょうどこれらを合計すれば頭の数と等しくなりますから、次の式が得られます。

$$x + y = 35 \quad \cdots\cdots （あ）$$

　次に、「足は94本」という条件を使うために、「きじ」の数 x と「うさぎ」の数 y を使って、足の数を表しましょう。「きじ」は1羽あたり足が2本ありますから、「きじ」の足の数は $2x$〔本〕です。「うさぎ」は1匹あたり足が4本ありますから、「うさぎ」の足の数は $4y$〔本〕です。これらを合計すれば足の数と等しくなるので、

$$2x + 4y = 94 \quad \cdots\cdots （い）$$

という式が得られます。以上から、

$$\begin{cases} x + y = 35 & \cdots\cdots （あ） \\ 2x + 4y = 94 & \cdots\cdots （い） \end{cases}$$

という連立方程式が得られました。これを解けば、

$$\begin{cases} x = 23 \\ y = 12 \end{cases}$$

という結果が得られます。よって答えは、「きじ」が23羽、「うさぎ」が12羽となります。

[*5] 世間一般には鶴と亀の足数を求める「鶴亀算」としてよく知られています。

問 4-3 上記の連立方程式を実際に解いてみてください。　　正解は P.292

　もう少し詳しくこの問題を調べてみるために、単位にカッコをつけ、〔単位〕というように付記してみます。式 (あ) は頭の数を表しているので〔頭〕、式 (い) は足の数を表しているので〔本〕という単位で式全体が表されています。ここで、x も y も頭の数なので、これを足の本数に換算するために、1 頭あたりの足の本数〔本 / 頭〕を掛ける必要があります。以上から、式に単位を付記して詳細を見ると、

$$\begin{cases} x〔頭〕 + y〔頭〕 = 35〔頭〕 & \cdots\cdots (あ) \\ 2〔本 / 頭〕\cdot x〔頭〕 + 4〔本 / 頭〕\cdot y〔頭〕 = 94〔本〕 & \cdots\cdots (い) \end{cases}$$

となります。式 (い) の「$2〔本 / 頭〕\cdot x〔頭〕$」という部分を、文字式と単位に分けて考えれば、

$$2〔本 / 頭〕\cdot x〔頭〕 = 2\cdot x〔(本 / 頭)\cdot 頭〕 = 2\,x〔本〕$$

となりますね。第 2 項も同様にして、

$$2\,x〔本〕 + 4\,y〔本〕 = 94〔本〕 \quad \cdots\cdots (い)$$

というように、すべての項で単位が〔本〕にそろうことになります。

　このように、複数の文字が文字式の中に存在するとき、足し算をするのに単位がそろっていることは必須となります[*6]。

問 4-4 (電気理論などで、オームの法則やキルヒホッフの法則を学習されている方向けの問題。未習の方はスキップしても問題ありません)

抵抗が $R_1 = 4\ \Omega$、$R_2 = 3\ \Omega$、$R_3 = 2\ \Omega$、電圧が $V_1 = 8\ V$、$V_2 = 7\ V$ である電気回路でキルヒホッフの法則を適用したところ、電流 I_1〔A〕、I_2〔A〕についての、

$$\begin{cases} V_1 - V_2 = R_1 I_1 - R_2 I_2 & \cdots\cdots (あ) \\ V_2 = R_2 I_2 + R_3 I_3 & \cdots\cdots (い) \\ I_1 + I_2 = I_3 & \cdots\cdots (う) \end{cases}$$

という方程式が得られました。このとき、式 (あ)、(い)、(う) は何の単位で書かれているか調べましょう (こういった単位を調べることを**次元解析**といいます)。　　正解は P.292

[*6] 難しい言い方をすれば、「すべての項の単位は同じ」ということです。

4-5 ▶ 行列①：要素と足し引き
～行と列は横と縦～

▶【行列の要素】
（行，列）＝（横，縦）

行列というものは、数字を行と列、つまり、縦と横に並べたものです。行列を使えば、膨大な数の式をひとまとめにできたりして、とても便利です。特に、連立一次方程式は非常にスマートな形で表されます。

まずは、行列の表記方法から説明します。図 4.7 のように、行列は数字を縦と横に並べて表記され、その大きさ（サイズ）を「（行数）×（列数）」というように表します。また行列を表す文字として A、B、X、……など、大文字のアルファベットが当てられることが多いです。

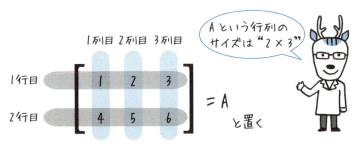

図 4.7：行列の要素

行列を構成する数字たちを「成分」（または要素）と呼びます。各要素の場所は（行の位置，列の位置）で表します。たとえば、図 4.7 の行列 A で 4 という数字は 2 行目の 1 列目にありますから (2, 1)、要素は 4 ということになります。すべての成分が同じ行列が 2 つあれば、その 2 つの行列は等しいということを意味します。

● **例**　行列 $A = \begin{bmatrix} 1 & 2 & 3 \\ 4 & 5 & 6 \\ 7 & 8 & 9 \end{bmatrix}$ の $(1,2)$ 成分と $(2,3)$ 成分を求めましょう。

答 (1, 2)成分 =（1行目の2列目）= 2
(2, 3)成分 =（2行目の3列目）= 6

> ▶【行列の足し算・引き算】
> **各成分で行う**

行列の計算の手始めに、まずは足し算と引き算を行いましょう。これはとっても簡単で、行列の各成分を足し引きするだけです。

足し算 $\begin{bmatrix} あ & い \\ う & え \end{bmatrix} + \begin{bmatrix} ア & イ \\ ウ & エ \end{bmatrix} = \begin{bmatrix} あ+ア & い+イ \\ う+ウ & え+エ \end{bmatrix}$

引き算 $\begin{bmatrix} あ & い \\ う & え \end{bmatrix} - \begin{bmatrix} ア & イ \\ ウ & エ \end{bmatrix} = \begin{bmatrix} あ-ア & い-イ \\ う-ウ & え-エ \end{bmatrix}$

> ▶【行列の定数倍】
> **各成分に定数を掛ける**

行列 A を定数 a 倍した aA という行列は、A の行列の成分をすべて a 倍したものです。

● **例** $A = \begin{bmatrix} 1 & 2 \\ 3 & 4 \end{bmatrix}$、$B = \begin{bmatrix} 4 & 3 \\ 2 & 1 \end{bmatrix}$ とするとき、(1) $A+B$、(2) $A-B$、(3) $3A$ の値を求めましょう。

答 (1) $A + B = \begin{bmatrix} 1+4 & 2+3 \\ 3+2 & 4+1 \end{bmatrix} = \begin{bmatrix} 5 & 5 \\ 5 & 5 \end{bmatrix}$

(2) $A - B = \begin{bmatrix} 1-4 & 2-3 \\ 3-2 & 4-1 \end{bmatrix} = \begin{bmatrix} -3 & -1 \\ 1 & 3 \end{bmatrix}$

(3) $3A = 3 \begin{bmatrix} 1 & 2 \\ 3 & 4 \end{bmatrix} = \begin{bmatrix} 1 \times 3 & 2 \times 3 \\ 3 \times 3 & 4 \times 3 \end{bmatrix} = \begin{bmatrix} 3 & 6 \\ 9 & 12 \end{bmatrix}$

問 4-5 $A = \begin{bmatrix} 1 & 2 \\ 3 & 4 \end{bmatrix}$、$X = \begin{bmatrix} x & y \\ z & w+1 \end{bmatrix}$ という2つの 2×2 行列が $A = 3X$ という関係にあるとき、x、y、z、w の各値を求めましょう。

正解は P.293

4-6 ▶ 行列②：掛け算
～行と列は横と縦～

 ▶【行列の掛け算】
「→・↓」＝「行・列」

　行列の掛け算は少し複雑ですが、「→・↓」という要領がわかればとても覚えやすいです。行列と行列の掛け算をすると、行列ができます。図 4.8 に 2 × 2 行列どうしの場合の掛け算を示します。

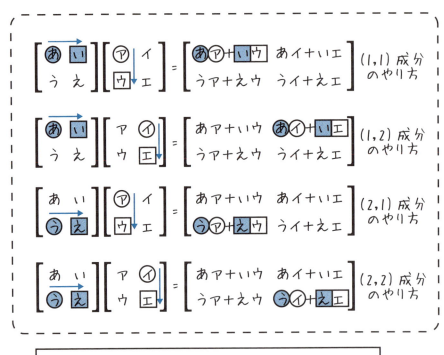

図 4.8：行列の掛け算 (2 × 2 行列)

要するに、行と列の各成分の掛け算を合計したものが、掛け算で得られた行列の答えの成分となります。そして、行列の掛け算は、実行できる場合とできない場合があります。左側の行列の列数と右側の行列の行数が一致していないと、掛け算する成分の数が合いませんね。一般に、($a \times b$) というサイズの行列と ($b \times c$) というサイズの行列を掛けると、($a \times c$) というサイズの行列ができます。

● 例　$A = \begin{bmatrix} 1 & 2 & 3 \\ 4 & 5 & 6 \end{bmatrix}$、$B = \begin{bmatrix} 1 & 2 \\ 3 & 4 \\ 5 & 6 \end{bmatrix}$ とするとき、AB を求めましょう。

答　$AB = \begin{bmatrix} 1 & 2 & 3 \\ 4 & 5 & 6 \end{bmatrix} \begin{bmatrix} 1 & 2 \\ 3 & 4 \\ 5 & 6 \end{bmatrix}$

$= \begin{bmatrix} 1 \cdot 1 + 2 \cdot 3 + 3 \cdot 5 & 1 \cdot 2 + 2 \cdot 4 + 3 \cdot 6 \\ 4 \cdot 1 + 5 \cdot 3 + 6 \cdot 5 & 4 \cdot 2 + 5 \cdot 4 + 6 \cdot 6 \end{bmatrix}$

$= \begin{bmatrix} 22 & 28 \\ 49 & 64 \end{bmatrix}$

※行列 A のサイズは 2×3、行列 B のサイズは 3×2 だから、掛け算してできる行列 AB のサイズは 2×2 になりますね。

● 例　$X = \begin{bmatrix} x \\ y \end{bmatrix}$、$A = \begin{bmatrix} 2 & -3 \\ 4 & 5 \end{bmatrix}$ とするとき、AX を求めましょう。

答　$AX = \begin{bmatrix} 2 & -3 \\ 4 & 5 \end{bmatrix} \begin{bmatrix} x \\ y \end{bmatrix} = \begin{bmatrix} 2x - 3y \\ 4x + 5y \end{bmatrix}$

問 4-6　$A = \begin{bmatrix} 1 & 2 \\ 3 & 4 \end{bmatrix}$、$B = \begin{bmatrix} 4 & 3 \\ 2 & 1 \end{bmatrix}$ とするとき、AB と BA を求めましょう。そして、AB と BA が等しくない（$AB \neq BA$ である）ことを確かめましょう。

正解は P.293

4-7 ▶ 行列③：行列を使って得すること
～連立方程式の場合～

▶【行列を使うと】
すごく一般的な話ができる

　未知数の数が多くなっても、行列を使えばとても綺麗に連立方程式を表すことができます。連立方程式の中で未知数の数を**元数**（げんすう）といいます。また、元数が n の連立一次方程式を **n 元連立一次方程式**といいます。

　それでは、こんな 3 元連立一次方程式を眺めてみましょう。

$$\begin{cases} 3x + 2y + z = 0 \\ -x + 5y + 2z = 3 \\ 2x + 3z = 2 \end{cases}$$

　未知数は x、y、z の 3 つですね。左辺にある、この 3 つの未知数に係る係数を抜き出してみると、次のようになります。

x の係数	y の係数	z の係数
3	2	1
-1	5	2
2	0	3

これを 3×3 の行列 A の各成分として、$X = \begin{bmatrix} x \\ y \\ z \end{bmatrix}$ という行列と掛け算をすれば、

$$AX = \begin{bmatrix} 3 & 2 & 1 \\ -1 & 5 & 2 \\ 2 & 0 & 3 \end{bmatrix} \begin{bmatrix} x \\ y \\ z \end{bmatrix} = \begin{bmatrix} 3x + 2y + z \\ -x + 5y + 2z \\ 2x + 3z \end{bmatrix}$$

となって、最初の連立方程式の左辺が各成分に現れます。次に、先の 3 元連立一次方程式の右辺の値を $B = \begin{bmatrix} 0 \\ 3 \\ 2 \end{bmatrix}$ という行列 1 つにまとめれば、

$$AX = B \leftrightarrow \begin{bmatrix} 3 & 2 & 1 \\ -1 & 5 & 2 \\ 2 & 0 & 3 \end{bmatrix} \begin{bmatrix} x \\ y \\ z \end{bmatrix} = \begin{bmatrix} 0 \\ 3 \\ 2 \end{bmatrix} \leftrightarrow \begin{bmatrix} 3x + 2y + z \\ -x + 5y + 2z \\ 2x + 3z \end{bmatrix} = \begin{bmatrix} 0 \\ 3 \\ 2 \end{bmatrix}$$

となり、$AX = B$ という式が最初の連立方程式と同じ意味をもつことがわかります。

このように、行列を使えばどんな大きなサイズの連立方程式も、極端に簡素な記述ができるようになります。

最終形態として、方程式の数が n、未知数が $\{x_1, x_2, x_3, \ldots, x_n\}$ の n 個である場合の n 元連立一次方程式を行列で書いてみましょう。方程式は、

$$\begin{cases} a_{11}x_1 + a_{12}x_2 + a_{13}x_3 + a_{14}x_4 + \cdots + a_{1n}x_n = b_1 \\ a_{21}x_1 + a_{22}x_2 + a_{23}x_3 + a_{24}x_4 + \cdots + a_{2n}x_n = b_2 \\ a_{31}x_1 + a_{32}x_2 + a_{33}x_3 + a_{34}x_4 + \cdots + a_{3n}x_n = b_3 \\ \vdots \\ a_{n1}x_1 + a_{n2}x_2 + a_{n3}x_3 + a_{n4}x_4 + \cdots + a_{nn}x_n = b_n \end{cases}$$

というように書けます。係数を行列の成分として次のようにすれば、

$$A = \begin{bmatrix} a_{11} & a_{12} & a_{13} & a_{14} & \cdots & a_{1n} \\ a_{21} & a_{22} & a_{23} & a_{24} & \cdots & a_{2n} \\ a_{31} & a_{32} & a_{33} & a_{34} & \cdots & a_{3n} \\ \vdots & \vdots & \vdots & \vdots & & \vdots \\ a_{n1} & a_{n2} & a_{n3} & a_{n4} & \cdots & a_{nn} \end{bmatrix}, \quad X = \begin{bmatrix} x_1 \\ x_2 \\ x_3 \\ \vdots \\ x_n \end{bmatrix}, \quad B = \begin{bmatrix} b_1 \\ b_2 \\ b_3 \\ \vdots \\ b_n \end{bmatrix}$$

$AX = B$ はこの n 元連立一次方程式と同じ意味を表すことができます。このとき、行列 A を**係数行列**といいます。

問 4-7 連立方程式

$$\begin{cases} 7x + 5y + z - w = 290 \\ 2x - 3y + z + w = 9 \\ 4x + 2y + w = 190 \\ 2y - z + 3w = 32 \end{cases}$$

を行列によって $AX = B$ と表します。このとき 4×4 行列 A、4×1 行列 X、4×1 行列 B をどのように選べばよいでしょうか。

正解は P.293

4-8 ▶ 行列④：行列と連立一次方程式
～掃き出していこう！～

行列によって連立一次方程式を表記すると、極めて規則的で、統一感のある解法を見ることができます。連立一次方程式を解くうえで有名な方法が、**ガウスの掃き出し法**（または「ガウスの消去法」）です。

> ▶【ガウスの掃き出し法】
> **対角の成分（行と列の番号が同じ、斜めの成分）を1、あとは全部0に変形する**

「習うより慣れろ」ということで、まずは手法を紹介します。

$$\begin{cases} 2x + 3y = 5 \\ x + y = 4 \end{cases}$$

という連立一次方程式を行列で書けば、

$$\begin{bmatrix} 2 & 3 \\ 1 & 1 \end{bmatrix} \begin{bmatrix} x \\ y \end{bmatrix} = \begin{bmatrix} 5 \\ 4 \end{bmatrix}$$

となります。このとき、左辺の行列に、右辺の値を付け加えた行列

$$\begin{bmatrix} 2 & 3 & | & 5 \\ 1 & 1 & | & 4 \end{bmatrix}$$

を、この行列で表された方程式の**拡大係数行列**といいます。計算の際、係数だけに注目できるのでとても便利です。なお、縦の線は見やすくなるように便宜上書いただけで、なくても構いません。

ここで、次の連立一次方程式を変形していくときに、必ず可逆（元に戻すことができる）な変形となるものを紹介します。

○ルール（基本変形）

- **あ** 1つの式を定数倍（ゼロ倍を除く）する
- **い** 1つの式に他の式の定数倍を加える
- **う** 2つの式を入れ替える

これらのルールに基づいて、「係数行列の対角の成分を1、あとは全部0に変形していく」という基本方針のもと、拡大係数行列を変形することで解を得るのが、**ガウスの掃き出し法**です。対角の成分とは、行と列が同じ番号の、斜めに位置する成分のことです。

先ほどの連立一次方程式（左側）と拡大係数行列（右側）を変形していった様子を次に示します。(1)は1行目の式、(2)は2行目の式を意味しています。

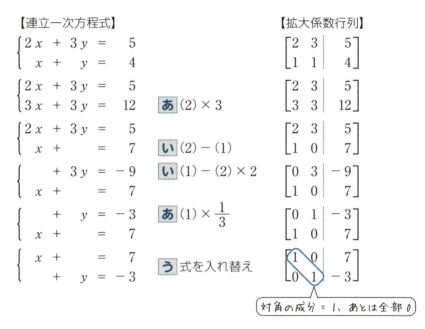

左側の連立一次方程式をすべて書き下すよりも、右側のように拡大係数行列の成分だけを計算するほうが簡素かつ楽でいいですね。このように、基本変形を繰り返して行列の成分の1を階段状に配置させる[*7]ことを**簡約化**（かんやくか）といいます。

問 4-8 連立方程式 $\begin{cases} x + y = 35 \\ 2x + 4y = 94 \end{cases}$ の拡大係数行列を求めて、ガウスの掃き出し法を使って解を求めましょう。

正解はP.294

[*7] 本当はもっと厳密な表現をしないといけませんが、イメージは「1を階段状に並べるように変形する」と考えて問題ありません。

4-9 ▶ 行列⑤：行列の階数と連立一次方程式
～階数が連立方程式と深く関係している～

連立方程式の式の数（つまり条件式の数）が未知数の数と同じであれば、未知数を具体的に求めて解を得ることができます。その理由や、そうならない場合を **4-9** と **4-10** で紹介していきます。

○【ケース①】ぴったり掃き出しできるとき：解ける

次の連立方程式をガウスの掃き出し法で解いてみましょう。

$$\begin{cases} 2x + 3y - z = -3 \\ -x + 2y + 2z = 1 \\ x + y - z = -2 \end{cases}$$

$$\begin{array}{ccc|c}
2 & 3 & -1 & -3 \\
-1 & 2 & 2 & 1 \\
1 & 1 & -1 & -2 \\
\hline
0 & 1 & 1 & 1 \\
0 & 3 & 1 & -1 \\
1 & 1 & -1 & -2 \\
\hline
1 & 1 & -1 & -2 \\
0 & 3 & 1 & -1 \\
0 & 1 & 1 & 1 \\
\hline
1 & 0 & -2 & -3 \\
0 & 0 & -2 & -4 \\
0 & 1 & 1 & 1 \\
\hline
1 & 0 & -2 & -3 \\
0 & 0 & 1 & 2 \\
0 & 1 & 1 & 1 \\
\hline
1 & 0 & -2 & -3 \\
0 & 1 & 1 & 1 \\
0 & 0 & 1 & 2 \\
\hline
1 & 0 & 0 & 1 \\
0 & 1 & 0 & -1 \\
0 & 0 & 1 & 2 \\
\end{array}$$

(1)+(3)×(−2)
(2)+(3)

(1)と(3)を入れ替え

(1)+(3)×(−1)
(2)+(3)×(−3)

(2)×(−$\frac{1}{2}$)

(2)と(3)を入れ替え

(1)+(3)×2
(2)+(3)×(−1)

※行列のカッコ記号"[ ]"は省略しました

この変形からすぐに、$\begin{cases} x = 1 \\ y = -1 \\ z = 2 \end{cases}$ なる解が得られます。簡約化の作業を行い、すべての行で対角にある成分（行と列の番号が同じ、斜めの成分）を1にできれば、連立一次方程式の解がただ1つに求まります。

【ケース②】掃き出しすぎてしまうとき：解なし

次の連立方程式をガウスの掃き出し法で解いてみましょう。未知数の数（xとyの2つ）よりも式の数（3つ）のほうが多いですね。

$$\begin{cases} x + y = 10 \\ x - 2y = -20 \\ 3x + y = 50 \end{cases}$$

$$\begin{array}{cc|c}
1 & 1 & 10 \\
1 & -2 & -20 \\
3 & 1 & 50 \\
\hline
1 & 1 & 10 \\
0 & -3 & -30 \\
0 & -2 & 20 \\
\hline
1 & 1 & 10 \\
0 & 1 & 10 \\
0 & 1 & -10 \\
\hline
1 & 0 & 0 \\
0 & 1 & 10 \\
0 & 0 & -20 \\
\hline
1 & 0 & 0 \\
0 & 1 & 10 \\
0 & 0 & 1 \\
\end{array}
\quad
\begin{array}{l}
\\
\\
\\
\\
(2)-(1) \\
(3)-(1)\times 3 \\
\\
(2)\times(-\frac{1}{3}) \\
(3)\times(-\frac{1}{2}) \\
\\
(1)-(2) \\
\\
(3)-(2) \\
\\
\\
(3)\times(-\frac{1}{20})
\end{array}$$

簡約化が完了した最後の拡大係数行列で3行目に注目しましょう。この成分は、

$$0x + 0y = 1$$

を意味しますが、これではxとyにどんな値を代入してもこの等式を成立させることはできません。つまり、この連立一次方程式に解はないということになります。答えは「解なし」となります。

○【ケース③】掃き出しきれないとき：解に自由度が残る

次の連立方程式をガウスの掃き出し法で解いてみましょう。式の数（2つ）よりも未知数の数（xとyとzの3つ）のほうが多いですね。

$$\begin{cases} x + y + z = 2 \\ 2x + 3y + z = 3 \end{cases}$$

$$\begin{array}{ccc|c}
1 & 1 & 1 & 2 \\
2 & 3 & 1 & 3 \\
\hline
1 & 1 & 1 & 2 \\
0 & 1 & -1 & -1 \\
\hline
1 & 0 & 2 & 3 \\
0 & 1 & -1 & -1
\end{array}
\begin{array}{l}
\\
\\
\\
(2)-(1)\times 2 \\
\\
(1)-(2) \\
\end{array}$$

簡約化が完了した拡大係数行列から、

$$\begin{cases} x + 2z = 3 \\ y - z = -1 \end{cases}$$

というように、未知数 x、y、z の値を決めきることができなくなります。未知数が3つ、式が2つで、未知数を1つ決めきれなくなるのです。そこで、たとえば z の値が c という定数である（$z = c$）と解の値を文字で表しておいて、最後の2つの式を、

$$\begin{cases} x = 3 - 2c \\ y = -1 + c \\ z = c \end{cases}$$

というように表します。そうすれば1つの未知数の任意性（$z = c$ の解が決まっていない）ということを除いて、解が求められたことになります。

このように、未知数の数が式の数よりも多い場合は、足りない式の数だけ未知数が決まりません。このような任意性をもちながらも、解を数式で書くことはできます。

○階数の導入

連立方程式の解の様子を分類するために、行列の**階数**（かいすう）というものを導入します。

$$\mathrm{rank}(A) = \text{行列 } A \text{ を簡約化したときの、ゼロでない行の数}$$

を行列の階数といいます。連立方程式の解がどうなるかに深く関わる数です。ここまでのケース①、ケース②、ケース③の各問題で係数行列 A と拡大係数行列 $[A|B]$ の階数を求めると、次のようになります。

(1) $\mathrm{rank}(A) = 3$, $\mathrm{rank}[A|B] = 3$

1	0	0	1つ
0	1	0	2つ
0	0	1	3つ

1	0	0	1	1つ
0	1	0	-1	2つ
0	0	1	2	3つ

(2) $\mathrm{rank}(A) = 2$, $\mathrm{rank}[A|B] = 3$

1	0		1つ
0	1		2つ
0	0		

1	0	0	1つ
0	1	10	2つ
0	0	1	3つ

(3) $\mathrm{rank}(A) = 2$, $\mathrm{rank}[A|B] = 2$

1	0	2	1つ
0	1	-1	2つ

1	0	2	3	1つ
0	1	-1	-1	2つ

4-10 ▶ 行列⑥:階数と連立一次方程式が解ける条件
～ぴったり掃き出しできるとき～

　4-9 の 3 つの例をもとに、**階数**で n 元連立一次方程式の解がどうなるかを分類していきましょう。ただし、**4-9** の 3 つの例では $n = 3$ でした。

> ▶【ケース①】ぴったり掃き出しできるとき
> ＜ただ 1 つの解が決まる＞
> 階数は $\text{rank}\,[A|B] = \text{rank}\,(A) = n$ という関係

　解が決まるということは、簡約化された行列の対角な成分(行と列の番号が同じ、斜めの成分)を 1 にできればよいですね。そのためには、行列の階数と未知数の数が同じでなければなりません。式で表せば、

$$\text{rank}\,(A) = n$$

となります。このとき、拡大係数行列も階数が等しく $\text{rank}\,[A|B] = \text{rank}\,(A)$ となることは **4-9** のケース①の答えからわかります。

> ▶【ケース②】掃き出しすぎてしまうとき
> ＜解なし＞
> 階数は $\text{rank}\,(A) < \text{rank}\,[A|B]$ という関係

　このときは **4-9** のケース②のように、簡約化された係数行列の一番下の行がすべて 0 になってしまいます。すると、どんな解ももてなくなってしまい、「解なし」となってしまいます。式で表せば、A の階数より $[A|B]$ の階数が大きいということですから、$\text{rank}\,(A) < \text{rank}\,[A|B]$ となります。

> ▶【ケース③】掃き出しきれないとき
> ＜解に任意性が残る（解はあるけれど、1つに決まらない）＞
> 階数は $\text{rank}[A|B] = \text{rank}(A)$ かつ $\text{rank}(A) < n$ という関係

　方程式の数が未知数の数よりも少ないと、掃き出しすぎて解が1つに決まらなくなります。**4-9**のケース③のように、$\text{rank}[A|B] = \text{rank}(A)$ であっても簡約化された拡大係数行列の1に対応する部分が未知数よりも少ないために、すべての未知数が決まらなくなります。階数の関係で表せば、$\text{rank}(A) < n$ となります。

　以上のことをふまえて、連立一次方程式の解がただ1つに決まる条件を階数で表せば、次のようになります。

> ▶【要するに：連立一次方程式が解けるということ】
> n 元連立一次方程式 $AX = B$ が解ける：$\text{rank}(A) = n$

　とても長々と階数と連立一次方程式の関係について説明しましたが、これでどんな大きな元数でも驚くことなく、これまでに学んだ理論を共通して使えるようになりました。このように、行列を勉強すると、とてつもなく一般的な議論ができて、すさまじく強力な武器になります。たとえば、複雑な電気回路について立てた連立一次方程式をコンピュータシミュレーションで解くにも、このような理論が必須になってきます。

問 4-9 次の各連立一次方程式の解を求めましょう。また、係数行列の階数も求めましょう。

(1) $\begin{bmatrix} 1 & 1 \\ 1 & -2 \\ 2 & 1 \end{bmatrix} \begin{bmatrix} x_1 \\ x_2 \end{bmatrix} = \begin{bmatrix} 50 \\ -20 \\ 20 \end{bmatrix}$

(2) $\begin{bmatrix} 1 & 2 & 3 \\ 5 & 6 & 7 \end{bmatrix} \begin{bmatrix} x_1 \\ x_2 \\ x_3 \end{bmatrix} = \begin{bmatrix} 4 \\ 8 \end{bmatrix}$

正解は P.294

4-11 ▶ 行列⑦ : 行列の応用その①
～線形代数への架け橋：行列式～

> ▶【行列式】
> 行列や連立一次方程式がどうなるかを決定づける式

　行列式は、連立一次方程式が解をもつかどうかを判定するのに極めて重要な式になります。行と列の大きさが同じである正方行列について「行列式という1つの値」が決められています。その決め方（定義）はいろいろあって結構難しいのですが、ここでは一番シンプルなものを紹介します。また、ここだけを読んでも何のために行列式を導入するのか全くわかりませんので、頑張って次の **4-12** とセットで読んでください。

　その前に、記法を1つ導入しておきます。$n \times n$ の正方行列 A が、

$$A = \begin{bmatrix} a_{11} & a_{12} & a_{13} & a_{14} & \cdots & a_{1n} \\ a_{21} & a_{22} & a_{23} & a_{24} & \cdots & a_{2n} \\ a_{31} & a_{32} & a_{33} & a_{34} & \cdots & a_{3n} \\ \vdots & \vdots & \vdots & \vdots & \ddots & \vdots \\ a_{n1} & a_{n2} & a_{n3} & a_{n4} & \cdots & a_{nn} \end{bmatrix}$$

というように書かれているとして[*8]、その2行目と3列目（上の色つきの成分）を取り除いた行列を A_{23} と書いて、

$$A_{23} = \begin{bmatrix} a_{11} & a_{12} & a_{14} & \cdots & a_{1n} \\ a_{31} & a_{32} & a_{34} & \cdots & a_{3n} \\ \vdots & \vdots & \vdots & \ddots & \vdots \\ a_{n1} & a_{n2} & a_{n4} & \cdots & a_{nn} \end{bmatrix}$$

と表します。他の行と列についても同じで、行列 A から i 行目と j 列目を取り除いて残る行列を A_{ij} と書き表します。

　この記法を使って行列式の定義を紹介します。

[*8] これだけたくさん書くと面倒くさいので、$A = [a_{ij}]$ などと略記すると楽です。

○行列式の定義

$n \times n$ の正方行列 A に対して、行列式を $\det(A)$ や $|A|$ と表し、

$n = 1$ のとき：
$$|A| = a_{11}$$

$n = 2$ のとき：
$$|A| = (-1)^{1+1} a_{11} |A_{11}|$$
$$\quad + (-1)^{2+1} a_{21} |A_{21}|$$

$n = 3$ のとき：
$$|A| = (-1)^{1+1} a_{11} |A_{11}|$$
$$\quad + (-1)^{2+1} a_{21} |A_{21}|$$
$$\quad + (-1)^{3+1} a_{31} |A_{31}|$$

$n = 4$ のとき：
$$|A| = (-1)^{1+1} a_{11} |A_{11}|$$
$$\quad + (-1)^{2+1} a_{21} |A_{21}|$$
$$\quad + (-1)^{3+1} a_{31} |A_{31}|$$
$$\quad + (-1)^{4+1} a_{41} |A_{41}|$$

・・・・・・・・（途中省略）・・・・・・・

n のとき：
$$|A| = (-1)^{1+1} a_{11} |A_{11}|$$
$$\quad + (-1)^{2+1} a_{21} |A_{21}|$$
$$\quad + (-1)^{3+1} a_{31} |A_{31}|$$
$$\quad + (-1)^{4+1} a_{41} |A_{41}|$$
$$\quad + \cdots\cdots$$
$$\quad + (-1)^{n+1} a_{n1} |A_{n1}|$$

と決めます。具体的にどんな式になるか、求めていきましょう。

$n = 2$ のとき：
$$|A| = (-1)^{1+1} a_{11} |A_{11}| + (-1)^{2+1} a_{21} |A_{21}|$$
$$= 1 \cdot a_{11} |[a_{22}]| + (-1) \cdot a_{21} |[a_{12}]|$$
$$= a_{11} a_{22} - a_{21} a_{12}$$

$n=3$ のとき：
$$|A| = (-1)^{1+1}a_{11}|A_{11}| + (-1)^{2+1}a_{21}|A_{21}|$$
$$+ (-1)^{3+1}a_{31}|A_{31}|$$
$$= 1 \cdot a_{11} \left|\begin{bmatrix} a_{22} & a_{23} \\ a_{32} & a_{33} \end{bmatrix}\right| + (-1) \cdot a_{21} \left|\begin{bmatrix} a_{12} & a_{13} \\ a_{32} & a_{33} \end{bmatrix}\right|$$
$$+ 1 \cdot a_{31} \left|\begin{bmatrix} a_{12} & a_{13} \\ a_{22} & a_{23} \end{bmatrix}\right|$$
$$= a_{11}(a_{22}a_{33} - a_{23}a_{32}) - a_{21}(a_{12}a_{33} - a_{13}a_{32})$$
$$+ a_{31}(a_{12}a_{23} - a_{13}a_{22})$$
$$= a_{11}a_{22}a_{33} - a_{11}a_{23}a_{32} - a_{21}a_{12}a_{33} + a_{21}a_{13}a_{32}$$
$$+ a_{31}a_{12}a_{23} - a_{31}a_{13}a_{22}$$

$n=4$ のとき：
$$|A| = (-1)^{1+1}a_{11}|A_{11}| + (-1)^{2+1}a_{21}|A_{21}|$$
$$+ (-1)^{3+1}a_{31}|A_{31}| + (-1)^{4+1}a_{41}|A_{41}|$$
$$= 1 \cdot a_{11} \left|\begin{bmatrix} a_{22} & a_{23} & a_{24} \\ a_{32} & a_{33} & a_{34} \\ a_{42} & a_{43} & a_{44} \end{bmatrix}\right| + (-1) \cdot a_{21} \left|\begin{bmatrix} a_{12} & a_{13} & a_{14} \\ a_{32} & a_{33} & a_{34} \\ a_{42} & a_{43} & a_{44} \end{bmatrix}\right|$$
$$+ 1 \cdot a_{31} \left|\begin{bmatrix} a_{12} & a_{13} & a_{14} \\ a_{22} & a_{23} & a_{24} \\ a_{42} & a_{43} & a_{44} \end{bmatrix}\right| + (-1) \cdot a_{41} \left|\begin{bmatrix} a_{12} & a_{13} & a_{14} \\ a_{22} & a_{23} & a_{24} \\ a_{32} & a_{33} & a_{34} \end{bmatrix}\right|$$
$$= \cdots\cdots （あまりに長くなるので省略）$$

このように行列式は、$n=1$ のときの値を出発点として、1つ大きい n での行列式を出していくことができます[*9]。n の数が増えるととんでもなく膨大な長さの式になってしまいますが、頑張って **4-13** まで読み進めると、とんでもなく美しい数学を見ることができるようになります。

● **例** 行列 $A = \begin{bmatrix} 1 & 3 \\ 2 & 4 \end{bmatrix}$ の行列式を求めてみましょう。

答 $|A| = \begin{vmatrix} 1 & 3 \\ 2 & 4 \end{vmatrix} = 1 \cdot 4 - 3 \cdot 2 = -2$

ここで、$\left|\begin{bmatrix} 1 & 3 \\ 2 & 4 \end{bmatrix}\right|$ は $\begin{vmatrix} 1 & 3 \\ 2 & 4 \end{vmatrix}$ と書きました。そのほうが見やすいので今後も同

[*9] このような決め方を帰納的定義といいます。

様にします。

○行列式の基本性質

行列式の意味はさておき、その面白い性質を紹介します。また、行列の成分を全部書くのは面倒なので、

$$a_1 = \begin{bmatrix} a_{11} \\ a_{21} \\ \vdots \\ a_{n1} \end{bmatrix},\ a_2 = \begin{bmatrix} a_{12} \\ a_{22} \\ \vdots \\ a_{n2} \end{bmatrix},\ a_n = \begin{bmatrix} a_{1n} \\ a_{2n} \\ \vdots \\ a_{nn} \end{bmatrix}$$

という行列の列成分だけを取り出した**列ベクトル**という表記を使います。行列 A は $A = [a_1, a_2, \cdots\cdots, a_n]$ と表記できます。対角成分がすべて 1 であとの成分は全部 0 の正方行列を**単位行列**といい、

$$I = \begin{bmatrix} 1 & 0 & 0 & \cdots\cdots & 0 \\ 0 & 1 & 0 & \cdots\cdots & 0 \\ 0 & 0 & 1 & \cdots\cdots & 0 \\ 0 & 0 & 0 & \cdots\cdots & 0 \\ \vdots & \vdots & \vdots & \ddots & \vdots \\ 0 & 0 & 0 & \cdots\cdots & 1 \end{bmatrix}$$

で表します。簡単に確かめられますが、$AI = IA = A$ という、どんな行列を掛けても元通りになる、数字の 1 と同じような性質があります。また、行列 A の行と列を入れ替えた行列を A の**転置行列**といい、${}^tA$ と表記します。

> ▶【行列式の基本性質】
> ①**線形性**：
> b, c を任意の実数、v を任意の列ベクトルとして、
> $|a_1, a_2, \cdots\cdots, ba_j + cv, \cdots\cdots, a_n|$
> $= b|A| + c|a_1, a_2, \cdots\cdots, v, \cdots\cdots, a_n|$
> ②**2 つの列を入れ替えると符号が変わる**：
> $|a_1, a_2, \cdots\cdots, a_j, a_{j+1}, \cdots\cdots, a_n|$
> $= -|a_1, a_2, \cdots\cdots, a_{j+1}, a_j, \cdots\cdots, a_n|$
> ③**単位行列の行列式は 1**：$|I| = 1$
> ④**転置行列の行列式**：$|{}^tA| = |A|$
>   この性質から、①と②は行に対しても成立します。

4-12 ▶ 行列⑧
:行列の応用その②
～線形代数への架け橋:逆行列～

ここはまず **4-11** を読まないと理解できないので、焦らずのんびり読んでください。

> **▶【あれ？割り算は？】**
> ない

さて、行列について足し算、引き算、掛け算を紹介してきましたが、割り算を紹介していませんね。引き算が足し算の逆であるように、割り算は掛け算の逆です。ところが、行列の場合はいつも掛け算の逆ができるとは限らないので、普通の数字で使っている「割り算」という言葉はありません。その代わりに非常に似た性質をもつ、**逆行列**というものがあります。

まず、$n \times n$ 行列 A の逆行列 B とは、

$$AB = BA = I$$

となる行列 B のことで、A^{-1} と表記します。逆行列が見つかれば、連立一次方程式の解は簡単に表記できます。$x = \begin{bmatrix} x_1 \\ x_2 \\ \vdots \\ x_n \end{bmatrix}$, $b = \begin{bmatrix} b_1 \\ b_2 \\ \vdots \\ b_n \end{bmatrix}$ と列ベクトルで表して、$Ax = b$ という連立方程式の係数行列 A の逆行列 A^{-1} が見つかったとしましょう。両辺の左側から[*10]A^{-1}を掛ければ、

$$A^{-1}Ax = A^{-1}b$$
$$Ix = A^{-1}b$$
$$x = A^{-1}b$$

より、簡単に解 $x = A^{-1}b$ が得られます。

[*10] 一般に、行列 X, Y に対して XY と YX は等しくないので、掛け算の向きに注意。

> **▶【逆行列の求め方】**
> rank$(A) = n$ であれば、$[A|I]$ を簡約化すると $[I|A^{-1}]$ となる

$[A|I]$ を簡約化して左側に単位行列が現れると、$[I|A^{-1}]$ となることが知られています。rank$(A) = n$ であれば、簡約化したときに左側が単位行列になりますね。これは、**逆行列が存在する条件が** rank$(A) = n$ **である**ことを意味しています。具体的に逆行列を求めてみましょう。

● 例　$A = \begin{bmatrix} 1 & 2 & 1 \\ 2 & 3 & 1 \\ 1 & 2 & 2 \end{bmatrix}$ の逆行列を求めましょう。

答

$$
\begin{array}{ccc|ccc}
1 & 2 & 1 & 1 & 0 & 0 \\
2 & 3 & 1 & 0 & 1 & 0 \\
1 & 2 & 2 & 0 & 0 & 1 \\
\hline
1 & 2 & 1 & 1 & 0 & 0 \\
0 & -1 & -1 & -2 & 1 & 0 \\
0 & 0 & 1 & -1 & 0 & 1 \\
\hline
1 & 2 & 0 & 2 & 0 & -1 \\
0 & -1 & 0 & -3 & 1 & 1 \\
0 & 0 & 1 & -1 & 0 & 1 \\
\hline
1 & 2 & 0 & 2 & 0 & -1 \\
0 & 1 & 0 & 3 & -1 & -1 \\
0 & 0 & 1 & -1 & 0 & 1 \\
\hline
1 & 0 & 0 & -4 & 2 & 1 \\
0 & 1 & 0 & 3 & -1 & -1 \\
0 & 0 & 1 & -1 & 0 & 1 \\
\end{array}
$$

$(2)+(1)\cdot(-2)$
$(3)+(1)\cdot(-1)$

$(1)+(3)\cdot(-1)$
$(2)+(3)$

$(2)\cdot(-1)$

$(1)+(2)\cdot(-2)$

以上の簡約化より、$A^{-1} = \begin{bmatrix} -4 & 2 & 1 \\ 3 & -1 & -1 \\ -1 & 0 & 1 \end{bmatrix}$

問 4-10 例 の結果を使って連立方程式 $\begin{bmatrix} 1 & 2 & 1 \\ 2 & 3 & 1 \\ 1 & 2 & 2 \end{bmatrix} \begin{bmatrix} x_1 \\ x_2 \\ x_3 \end{bmatrix} = \begin{bmatrix} 1 \\ 2 \\ 3 \end{bmatrix}$ を解きましょう。

ヒント　逆行列さえ知っていれば、$x = A^{-1}b$

正解は P.295

4-13 ▶ 行列⑨
：行列の応用その③
〜線形代数への架け橋：逆行列とクラメールの公式〜

難易度 ★★★★★

ここでは、連立一次方程式のびっくりするほど美しい性質と、行列式を導入した意味がここでやっとわかります。

> ▶【行列式と連立一次方程式の解】
>
> 次のことは全部同値：
> $Ax = b$ の解が1つに決まる
> $\leftrightarrow \mathrm{rank}(A) = n$
> $\leftrightarrow |A| \neq 0$ [*11]

この性質から、広い視野で一次方程式を理解することができます。

> ▶【一次方程式の解】
>
> **普通の一次方程式**
> 一次方程式 $ax = b$ は、$a \neq 0$ のとき解をもち、その解は $x = \dfrac{b}{a} = a^{-1}b$ である。
>
> **n元連立一次方程式**
> n 元連立一次方程式 $Ax = b$ は $|A| \neq 0$ のときに解をもち、その解は $x = A^{-1}b$ である。

　数学の強力なところは、こういった「一般性」です。初めは第3章で変数1つの一次方程式の解き方を学びました。ここまで通読された読者の方は、変数が n 個になった場合の連立一次方程式の解き方や、解をもつ条件まで理解できたことになります。数学のものすごく強力なところは、n 個の連立一次方程式での理論において、変数1つの一次方程式の理論をひっくり返すのではなく、包み込んでしまって「一般化」してしまうところなのです。行列式を導入することで、変数1つの一次方程式と、行列で書かれた変数 n 個の連立一次方程式が同視できるようになりましたね。

[*11] $a \neq b$ とは、a と b が等しくないという意味です。

> ▶【クラメールの公式】
>
> n 元連立一次方程式 $Ax = b$ を列ベクトルで、
>
> $$[a_1, a_2, \cdots\cdots, a_n] \begin{bmatrix} x_1 \\ x_2 \\ \vdots \\ x_n \end{bmatrix} = \begin{bmatrix} b_1 \\ b_2 \\ \vdots \\ b_n \end{bmatrix}$$
>
> と書けば、解は次のようになる。
>
> $$x_i = \frac{|a_1, \overset{(1)}{a_2}, \overset{(2)}{\cdots\cdots}, \overset{(i)}{b}, \cdots\cdots, \overset{(n)}{a_n}|}{|A|}$$
>
> ( ) 内の数字は列番号を表している。このとき、もちろん $|A| \neq 0$ が条件である。
>
> 要するに、i 番目の未知数の解は係数行列の i 列目を b に置き換えた行列式を、係数行列の行列式で割った値となる。

連立一次方程式を解くには、この公式よりも **4-8** で紹介したガウスの掃き出し法のほうが現実的ですが、クラメールの公式は解が式で表記できるという意味で理論上重要です。

● 例　**4-8** と同じ連立方程式をクラメールの公式で解いてみましょう。
$$\begin{bmatrix} 2 & 3 \\ 1 & 1 \end{bmatrix} \begin{bmatrix} x \\ y \end{bmatrix} = \begin{bmatrix} 5 \\ 4 \end{bmatrix}$$

答　わかりやすいように、右辺の値は色つきにしています。まずは係数行列の行列式を求めておきましょう。

$$\begin{vmatrix} 2 & 3 \\ 1 & 1 \end{vmatrix} = 2 \cdot 1 - 3 \cdot 1 = -1$$

クラメールの公式より、

$$x = \frac{\begin{vmatrix} 5 & 3 \\ 4 & 1 \end{vmatrix}}{\begin{vmatrix} 2 & 3 \\ 1 & 1 \end{vmatrix}} = \frac{5 \cdot 1 - 3 \cdot 4}{-1} = 7, \quad y = \frac{\begin{vmatrix} 2 & 5 \\ 1 & 4 \end{vmatrix}}{\begin{vmatrix} 2 & 3 \\ 1 & 1 \end{vmatrix}} = \frac{2 \cdot 4 - 5 \cdot 1}{-1} = -3$$

と解を求めることができます。ガウスの掃き出し法のほうが楽ですね。

COLUMN　行列式の性質と連立一次方程式の解き方

この本の校正に協力いただいた学生さん（理系の大学3回生です）とのやりとりで、「"行列式の性質"と"連立一次方程式を解くときの操作（ガウスの掃き出し法）"をよく混同してしまった」という話を聞きました。著者もその経験がありますし、同じように感じられた読者の方も多いのではないでしょうか。

その理由を考えてみましょう。n元連立一次方程式を$Ax = b$と書き、Aを簡約化してBが得られたとしましょう。このとき、$Ax = b$と$Bx = b$は同じ解をもつことは **4-8** で説明しました。そして、簡約化の3つのルール（基本変形）と **4-11** で説明した行列式の基本性質を照らし合わせると、少し似ています。ただし完全に同じではなく、簡約化によって行列式の値は変わってしまいます。たとえば、2つの行を入れ替えても方程式の解は変わりませんが、行列式の値は、性質(2)より、符号が入れ替わってしまいます。

行列式は正方行列Aに対して、ただ1つの実数$|A|$を決めているものです。行列式$|A|$を求める行為は、$Ax = b$の解を判定できるだけなのです。具体的に解を求めるには、「ガウスの掃き出し法」や「クラメールの公式」などを使います。

COLUMN　線形代数への架け橋

本章の最後のほうは、副題にもありますが、「線形代数」という内容をかなり高度に書いています。多くの電気数学の本では3×3の行列までで、行列式や逆行列の計算方法が書かれています。本書はあえて$n \times n$の場合でも不都合なく適用できるように構成しました。電気数学を武器として、資格試験の取得等のために方程式を解くのであれば、そんなことは不要かもしれません。ところが、3×3程度のサイズの行列では、なぜ行列式をそのように決めたのかとか、連立方程式の一般的な見方、より高いところから見た姿を知ることが難しいのです。

せっかく美しい数学があるのに、気がつかず武器だけにするのはもったいないと思い、思い切って、紙面や構成も工夫して掲載してみました。この導入があれば、より高度な線形代数を学び、一般線形回路網や多相交流、離散フーリエ変換等が必要になってきたときに、1から勉強するよりも断然楽になると思います。

「まえがき」にも書きましたが、数学は木の根っこのような部分で、とても大事な土台です。その強固な土台のおかげで電気工学はもちろん、多岐にわたる工学、自然科学は支えられています。本書を長く辞書的に使っていただきたいと思い、より高度なレベルへの接続を考慮した内容になっています。

第5章

関数

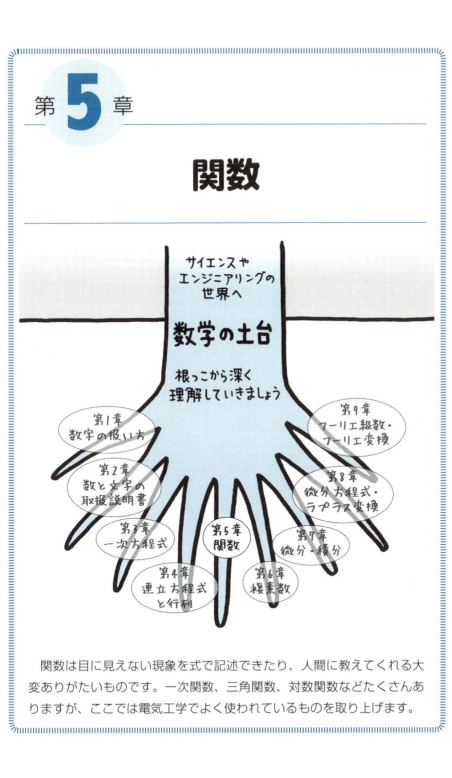

　関数は目に見えない現象を式で記述できたり、人間に教えてくれる大変ありがたいものです。一次関数、三角関数、対数関数などたくさんありますが、ここでは電気工学でよく使われているものを取り上げます。

5-1 ▶ そもそも関数って何?
～関数と写像①～

　関数は名前はとっつきにくいのですが、概念はとっても簡単です。関数の前に、まずは写像について説明します。写像（しゃぞう）とは、ある規則に従って入力されたものを変換して出力するものです。関数は、出力が数値になる写像です。

　図 5.1 に示すのは、ひらがなをカタカナに変換する写像 f です。入力はひらがなで、出力はカタカナになります。入力であるひらがな全体は定義域と呼ばれ、出力であるカタカナ全体は値域（ちいき）[*1] と呼ばれます。「写像 f がひらがな全体の集合からカタカナ全体の集合への写像である」ということは、数式で、

　　f：「ひらがな全体の集合」→「カタカナ全体の集合」

と書きます。また、ひらがなの「あ」がカタカナの「ア」に変換されるように、特定の要素の写像を表したい場合は、次のように書きます。

　　f：あ → ア　　または　　$f(あ) = ア$

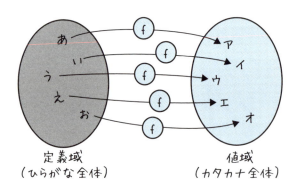

図 5.1：写像 f は「ひらがな」から「カタカナ」へ写す働きがある

　図 5.1 に示された写像の働きを具体的に式で書けば、

　　$f(あ) = ア、f(い) = イ、f(う) = ウ、f(え) = エ$

[*1] 正確には、写像の場合は終域といい、関数の場合に値域と呼びます。

などとなりますね。

この規則は気まぐれではダメで、たとえば、今日は $f(あ) = ア$ だけれど、翌日は気分が変わって $f(あ) = A$ などとなってはいけません。いつも f は同じ働きをするものでなければ写像とはいえません。

問 5-1 図 5.1 の写像 f で $f(お)$ を求めましょう。　　正解は P.296

> ▶【写像・関数】
> 写像：**入力を出力に変換する働きのこと**
> 関数：**写像の出力が数値**

写像 f の定義域と値域がそのまま逆になった働きをする写像を**逆写像**といい、f^{-1} と書きます[*2]。図 5.1 の逆写像は図 5.2 のように、カタカナからひらがなへ変換する働きをもつことになります。同様に、関数の定義域と値域が逆になった働きをする関数を**逆関数**といいます。

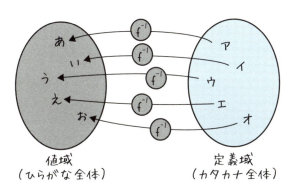

図 5.2：写像 f の逆は逆写像 f^{-1}

問 5-2 図 5.2 の逆写像 f^{-1} で $f^{-1}(ウ)$ を求めましょう。

正解は P.296

[*2] これは記法であって、$\frac{1}{f}$ ではないことに気をつけましょう。

5-2 ▶ 簡単な関数たち
〜関数と写像②〜

> ▶【一次関数】
> 入力が 1 次の式で変換されて出力される関数

5-1 の例は写像しかありませんでしたので、ここからは出力が数値になる関数を扱っていきます。関数の中でとても簡単なものの 1 つが**一次関数**で、変換が 1 次の式[*3]で表せるもののことです。言葉で書けば難しそうですが、絵で見ると簡単です。図 5.3 は入力された数値を 2 倍にして出力する一次関数 f を表しています。数式で書けば、

$$f: x \to 2x \quad \text{または} \quad f(x) = 2x$$

となります。式変形などのときには後者の書き方が便利ですので、多くの場合は後者が採用されます（本書でも今後そうします）。入力と出力の集合はどちらも実数で、実数の集合は R という記号で表記されます。

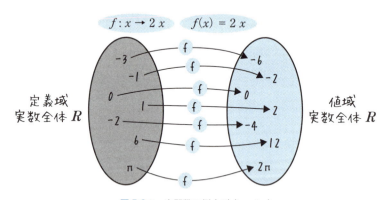

図 5.3：一次関数の例（$f(x) = 2x$）

> ▶【二次関数】
> 入力が 2 次の式で変換されて出力される関数

[*3] 式の次数については **3-2** および **3-4** 参照。

入力が2次の式によって変換される関数を**二次関数**といいます。たとえば、$f(x) = 2x^2 + 1$は、入力であるxに対しての2次式なので、二次関数となります。

● **例**　二次関数 $f(x) = x^2 - 1$ に対して $f(1)$ を求めましょう。

答　$x = 1$ を $f(x)$ の式に代入して、$f(1) = 1^2 - 1 = 0$

もっと高い次数の関数を以下に紹介します。3次以上の次数の場合は漢数字が使われていません。2次までの関数は、様々な特徴が多くの文献で取り扱われるため、固有名詞として漢数字を使っているようです。3次以上の次数は、数えるべき数字としてローマ数字となっています。

一次関数　$f(x) = a_1 x + a_0$
二次関数　$f(x) = a_2 x^2 + a_1 x + a_0$
3次関数　$f(x) = a_3 x^3 + a_2 x^2 + a_1 x + a_0$
　　　　　　$\vdots$
n次関数　$f(x) = a_n x^n + a_{n-1} x^{n-1} + \cdots + a_2 x^2 + a_1 x + a_0$

問 5-3　次の図は関数 $f(x) = 3x + 1$ がどんな働きをするかを表しています。このとき、空欄　あ・い・う・え　を埋めましょう。

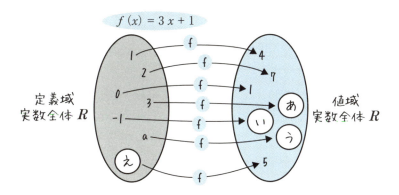

問 5-4　二次関数 $f(x) = x^2 - x + 1$ に対して次の各値を求めましょう。
(1) $f(1)$　　(2) $f(2)$　　(3) $f(-1)$　　(4) $f(a)$

正解は P.296

5-3 ▶ 関数とグラフ①
～入力と出力の関係を絵にしよう：座標の描き方～

ここまでで紹介したように、関数の意味自体は簡単でしたね。関数は電気工学はもちろん、自然科学でも必須の考え方です。

入力を温度や電流などの量に取り、出力も体積や電圧などに取ると、2 つの量を関係づけることができるようになりますね。こういった関係は関数で表されることになります。また、関数はグラフにすることで、その中身や物理的な意味をより理解しやすいように表現できます。

ここではグラフを書くための直交座標という考え方を、次の **5-4** ではグラフの書き方や関数をグラフに表す方法について説明します。

> ▶【直交座標】
> **2 つの軸を直交させて描く**

関数を 2 次元平面のグラフに描き表すためには、入力と出力の値を示す数直線[*4]が 2 本必要です。図 5.4 の 1 本の数直線を、2 本直交させたものを**直交座標**といい、図 5.5 に示します。横軸を関数の入力 x、縦軸を出力 y に取ることが多いのですが、軸の名前は他の文字でも構いません。

x と y の値を決めると、平面上の場所がただ 1 つに決まります。x と y の 2 つの値を (x, y) と書き表して、これで平面上の点を表すと便利です。例として図 5.5 では $(-4, -2)$、$(-2, 1)$、$(3, -2)$、$(4, 5)$ の 4 点が示されています。最初の $(-4, -2)$ の場合は x 軸が -4、y 軸が -2 である点を意味しています。また、直交座標の $(0, 0)$ の点を**原点**といい、アルファベットの O で表す[*5]習慣となっています。

図 5.4：軸が 1 つの数直線

[*4] 数直線については **2-5** 参照。
[*5] 原点を英語で Origin というからです。

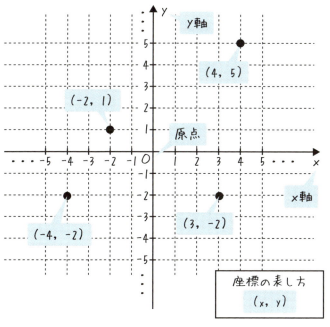

図 5.5：2つの数直線を軸として直交させた直交座標

問 5-5 次の図の直交座標に、点 $(1, 2)$、$(3, -2)$、$(5, 0)$、$(-2, 4)$、$(0, 3)$ の場所を記入しましょう。

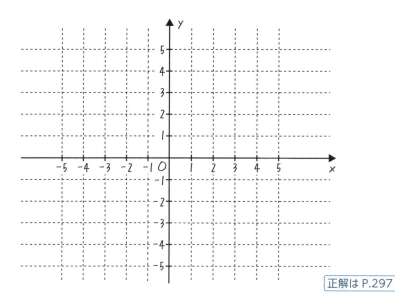

正解は P.297

5-4 ▶ 関数とグラフ②
～入力と出力の関係を絵にしよう：グラフの描き方～

x 軸と y 軸を直交座標の軸として、$y = f(x)$ の式は、x の値を決めると y の値を $y = f(x)$ と決めることができます。

たとえば $f(x) = 2x + 1$ の一次関数では、$x = -2$ のとき $f(-2) = 2 \times (-2) + 1 = -3$ だから、このとき $y = -3$ となり、点 $(-2, -3)$ となります。このようにして、x と y の関係をある程度列挙すると、次の表のようになり、これらを点として線でつなげば、図 5.6[*6] のようになります。

x	-4	-3	-2	-1	0	1	2	3	4
y	-7	-5	-3	-1	1	3	5	7	9

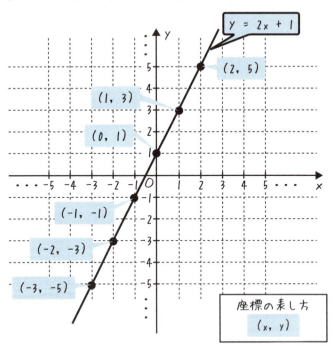

図 5.6：直交座標で一次関数 $y = 2x + 1$ を表す

[*6] 表は x が -4 から $+4$ までありますが、y の値がグラフからはみ出してしまう $x = -4, +3, +4$ での点は省略しています。

図 5.6 の一次関数をグラフにしたように、関数 $f(x)$ をグラフに描くには x と y の関係をある程度列挙して表をつくり、点を直交座標に描いていけば、どんな関数もグラフにすることができます。実際、コンピュータでグラフを描く際は、点が線に見えるぐらい x の刻みをとても細かくとってグラフを描画しています。人間の手でグラフを描く際にもいろんな知恵がありますが、詳しくは **7-7** で説明します。

> ▶【関数のグラフ】
> **表を書けばなんとかなる**

問 5-6 $f(x) = x^2 + 1$ の関数を $y = f(x)$ のグラフとして、次の図の直交座標に描きましょう。

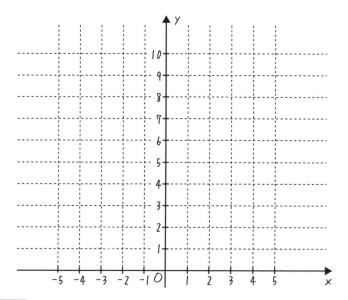

ヒント 次の表を埋めて、点を線でなめらかにつなぎましょう。折れ線になってはいけません（その理由は P.165 で説明します）。

x	-4	-3	-2	-1	0	1	2	3	4
y									

正解は P.297

5-5 ▶ 三角関数の前に三角比
～直角三角形の辺の比～

三角関数に苦手意識のある方は多いようですが、わかってしまえばそう難しいことはありません。その前に、もう少し単純な三角比について説明しておきます。三角比は、直角三角形の 3 つの辺のうち、2 つの辺の比を表します。

> ▶【三角比】
> 直角三角形の 2 つの辺の比のこと

まず、図 5.7 のような直角三角形で、「ある角度（注目角と呼ぶことにします）θ（シータ）」に注目したときの辺の名前を紹介します。一番長い辺を「斜辺（しゃへん）」、注目角 θ の向かい側の辺を「高さ」、注目角 θ のとなりの辺を「底辺（ていへん）」、と呼んでいます。

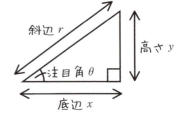

図 5.7：直角三角形の斜辺・高さ・底辺

三角形は辺が 3 つありますので、そこから 2 つ選んで比をとると、次の 6 つの比ができます。

$$\frac{高さ}{斜辺} \quad \frac{底辺}{斜辺} \quad \frac{高さ}{底辺} \quad \frac{斜辺}{高さ} \quad \frac{斜辺}{底辺} \quad \frac{底辺}{高さ}$$

高さを y、底辺を x、斜辺を r として文字式で表せば、

$$\frac{y}{r} \quad \frac{x}{r} \quad \frac{y}{x} \quad \frac{r}{y} \quad \frac{r}{x} \quad \frac{x}{y}$$

となりますね。この 6 種類の比のことを三角比（さんかくひ）と呼んでいます。この 6 つある三角比を区別するために、次のような 3 文字のアルファベットと注目角の大きさ θ で、三角比を表記します。

$$\sin\theta = \frac{y}{r} \quad \cos\theta = \frac{x}{r} \quad \tan\theta = \frac{y}{x}$$
（サイン）　　　（コサイン）　　　（タンジェント）

$$\csc\theta = \frac{r}{y} \quad \sec\theta = \frac{r}{x} \quad \cot\theta = \frac{x}{y}$$
（コセカント）　　（セカント）　　（コタンジェント）

これらの3文字のアルファベットは、普通の数式がイタリック体（s、i、n のような感じ）で書かれているのに対して、普通のローマン体（s、i、n のような感じ）で書かれています。もし三角比の記号をイタリック体で書いてしまうと、$\sin\theta$ は $sin\,\theta$ のようになり、$s \cdot i \cdot n \cdot \theta$（$s$ と i と n と θ の掛け算）と区別がつきにくくなるためです。

6つの三角比を全部覚えるのは大変ですが、sin、cos、tan の3つは最低限どの辺の比をとっているのか覚えてください[*7]。図5.8に、覚え方の一例を示します。それぞれ、s、c、t の筆記体を直角三角形になぞって書くと、ちょうど比に対応した辺上を通過してくれます。

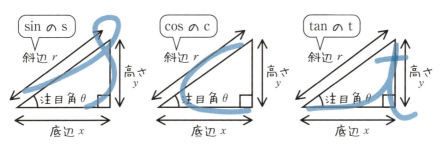

図 5.8：覚え方の1つ

● **例**　$\sin 30°$ はいくらですか。

答　右の図のように、$30°$ の角度をもつ直角三角形で注目角を $30°$ としましょう。斜辺を2とすれば（別にどんな値でも大丈夫です）、この直角三角形の辺は高さ：斜辺：底辺 $= 1 : 2 : \sqrt{3}$ の関係から底辺 $= \sqrt{3}$、高さ $= 1$ となります。よって $\sin\theta = \dfrac{\text{高さ}}{\text{斜辺}} = \dfrac{1}{2}$ となります。

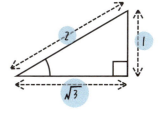

問 5-7　$\cos 30°$、$\tan 30°$、$\csc 30°$、$\sec 30°$、$\cot 30°$ を求めましょう。

正解は P.298

[*7]　そうすれば、csc、sec、cot はそれぞれ sin、cos、tan の逆数でよいので。

難易度

5-6 ▶ 三角関数事始め
～どんな角度でも OK ～

　直角三角形の直角でない角は、0°より大きく、90°より小さい角度しか取ることができません[*8]。つまり、三角比を関数として、入力にどんな値が入っても大丈夫なように、考え方を拡張する必要があります。入力の角度を0°より小さかったり90°より大きくしたり、どんな角度が入っても大丈夫にした三角比を**三角関数**といいます。

 ▶ 【三角関数】
　何度 (°) でも大丈夫

　三角比の場合は、直角三角形の辺の長さを使って定義しましたね。それが注目角が 0°から 90°の間でしか取れない制約となっているのです。図 5.9 のように、注目角が何度でもいいように（たとえば 150°とか 420°とか −200°とか）、半径 r の円上の座標 (x, y) で三角関数を定義します。x 軸方向から測った角 θ で伸ばした半直線と円が交わる点を、座標 (x, y) とします。

　5-5 で決めた三角比に対応して、三角関数を次のように決めます。

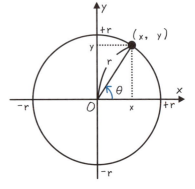

図 5.9：三角関数の定義

$$\sin \theta = \frac{y}{r} \qquad \cos \theta = \frac{x}{r} \qquad \tan \theta = \frac{y}{x}$$

$$\csc \theta = \frac{r}{y} \qquad \sec \theta = \frac{r}{x} \qquad \cot \theta = \frac{x}{y}$$

　5-5 の式と全く同じ表記ですね。それも当然で、θ が 0°から 90°までの間なら、直角三角形で決めることができる三角比と同じ値をとって、それ以外の範囲の角度に拡張するのですから。そうすれば、三角関数は、どんな角度を入力にし

[*8] 三角形の内角の和は 180°なので、直角でない角は 0°から 90°の間で制約されてしまいます。

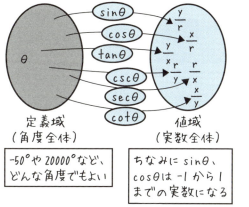

図 5.10：240°の三角関数の働き　　　図 5.11：240°の三角関数を求めてみよう

ても円上の座標に対応した実数を出力する関数となります。その働きのイメージは、図 5.10 のようなものです。

では、どんな角度でも値を持つことができる三角関数で、さっそく 240°での値を求めてみましょう。

まず、図 5.11 で x 座標から 240°のところの円上の座標を求めます。円の半径 $r = 1$ として[*9]、図 5.11 の色のついた部分の直角三角形に注目しましょう。この 30°と 60°の角を持つ直角三角形は、辺の比が $1 : 2 : \sqrt{3}$ であることが知られていますので、それを使って求める座標が $\left(-\frac{1}{2}, -\frac{\sqrt{3}}{2}\right)$ であることがわかります[*10]。これより、6 種類の三角関数を知ることができます。

$$\sin 240° = \frac{y}{r} = \frac{-\frac{\sqrt{3}}{2}}{1} = -\frac{\sqrt{3}}{2} \qquad \cos 240° = \frac{x}{r} = \frac{-\frac{1}{2}}{1} = -\frac{1}{2}$$

$$\tan 240° = \frac{y}{x} = \frac{-\frac{\sqrt{3}}{2}}{-\frac{1}{2}} = \sqrt{3} \qquad \csc 240° = \frac{r}{y} = \frac{1}{-\frac{\sqrt{3}}{2}} = -\frac{2}{\sqrt{3}}$$

$$\sec 240° = \frac{r}{x} = \frac{1}{-\frac{1}{2}} = -2 \qquad \cot 240° = \frac{x}{y} = \frac{-\frac{1}{2}}{-\frac{\sqrt{3}}{2}} = \frac{1}{\sqrt{3}}$$

[*9] 別にどんな値でもいいのですが、単純に 1 としました。半径を 2 としてもいいでしょう。
[*10] 詳しい求め方は先の **5-9** をご覧ください。

5-7 ▶ 弧度法と一般角
～1周：度数法は360°、弧度法は2π～

> ▶【弧度法】
> 角度は弧の長さで測ろう

日常で角度を表すときには、30°や240°などの表記である**度数法**（どすうほう）が使われるのが普通です。これは、360°を一周として定めた角度を表す方法です。360というのは割り切れる数がとても多いので、度数法は角度を分割するのにとても便利な記法なのです。

ところが、数式で表すときには360という大きい数を使うのは、計算上、ちょっと面倒です。そこで、わざわざ360という大きい数字を持ってこないで、自然に弧の長さで角度を決めようという発想で決められたのが**弧度法**（こどほう）というものです。1周を2π、つまり半径1の円周として角度を測る方法です。

図5.12に、弧度法での角度の決め方を示します。360°を2πとしていますので、180°でπ、90°で$\frac{\pi}{2}$というようになります。度数法での単位は「°」と書きますが、弧度法の場合、単位はradと書いてラジアンと読みます。

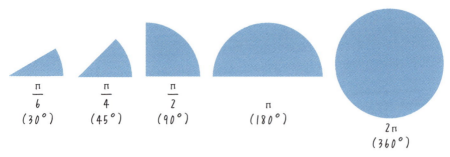

図5.12：弧度法の考え方（ケーキやパイの切り方ではなく、2πの切り方）

● **例** 20°は何radですか。

答 360°で2π〔rad〕だから、20°で、$2\pi \times \frac{20}{360} = \frac{\pi}{9}$〔rad〕

なお、電気工学の世界では弧度法の単位として 2π〔rad〕と単位付きで表記しますが、数学の世界では特に断らない限り、無単位であれば弧度法であることが共通の認識です。

> ▶【一般角】
> **人生が 2π 変われば元通り**

人生が $180°$ 回転すれば、真逆の方向を向くということで、全く違った人生を歩むことになるのですが、$360°$、弧度法でいえば 2π〔rad〕回転すると元と同じ向きに戻ってしまいます。つまり、ある角度 θ に対して、$360°$ を何度足しても同じ場所を指します。式で表せば、n を整数（…、-2、-1、0、1、2、…）として、

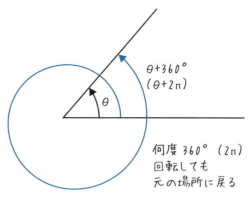

図 5.13：一般角の考え方

$$\theta + 360°n \cdots (あ)$$

は、図 5.13 のように同じ場所を指すことになります。弧度法で表せば、

$$\theta + 2\pi n \cdots (い)$$

となります。このように、2 次元平面の角度には、ある 1 つの角度で $360°$ ($= 2\pi$) の倍数違っていても、同じ場所を指す任意性があります。これをすべて表した式（あ）や式（い）の角度の表記を**一般角**といいます。

一般角で表された角度は同じ場所を指しますから、三角関数も同じ値を取ります。式で表せば、次のようになります。

$$\sin(\theta + 2\pi n) = \sin\theta,\ \csc(\theta + 2\pi n) = \csc\theta$$
$$\cos(\theta + 2\pi n) = \cos\theta,\ \sec(\theta + 2\pi n) = \sec\theta$$
$$\tan(\theta + 2\pi n) = \tan\theta,\ \cot(\theta + 2\pi n) = \cot\theta$$

問 5-8 $\sin 390°$ と $\cos \dfrac{19\pi}{6}$ の値を求めましょう。　　正解は P.298

ヒント　角度に $360°$ や 2π を足したり引いたりしても、三角関数の値は同じ。

5-8 ▶ 三平方の定理
~三角関数には不可欠~

三平方の定理は**ピュタゴラスの定理**とも呼ばれ、中学校の数学でも登場するほど重要なものですが、三角関数とは切っても切れない縁があります。普通は「関数」の章ではなく、「図形」「幾何学（きかがく）」の分野で扱われますが、電気数学ではあまり取り扱われない分野ですので、三角関数と関連して紹介します。

> ▶【三平方の定理（ピュタゴラスの定理）】
> 直角三角形で
> 「(斜辺)² = (底辺)² + (高さ)²」が成立する
>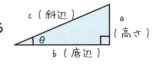

○証明

三平方の定理の証明方法は数百ほど知られていますが、絵的にわかりやすいものを紹介します。この証明は中国のもっとも古い数学書である「周髀算経（しゅうひさんけい）」[*11]が元ネタになっています。

図5.14のように、高さ a、底辺 b、斜辺 c の直角三角形を4つ、ぐるりと一周配置します。すると、内側に一辺の長さが c の正方形、外側に一辺の長さが $a+b$ の正方形ができます。

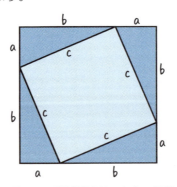

図5.14：周髀算経よりアイディア頂戴

---

*11 BC300年〜AC200年の間にまとめられたそうです。昔の人は賢かったのですね。

この大きな正方形の面積を 2 通りの方法で求めたのが図 5.15 です。左辺は正方形の辺の長さから、右辺は 4 つの直角三角形と内側の正方形から求めています。1 辺の長さが $a + b$ の正方形の面積は $(a + b)^2$ となります。高さが a、底辺が b の直角三角形の面積は「(底辺)・(高さ)÷ 2」、つまり $\frac{ab}{2}$ です。1 辺の長さが c の正方形の面積は c^2 です。以上の各面積の値から、次の式が成り立ちます。

$$(a + b)^2 = 4 \cdot \frac{ab}{2} + c^2$$

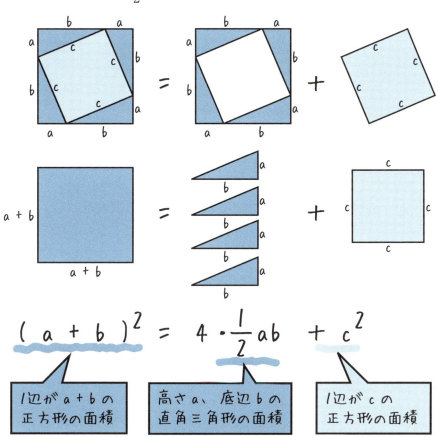

図 5.15：三平方の定理の証明

$(a + b)^2 = a^2 + 2ab + b^2$ [*12] を使えば、

$$a^2 + 2ab + b^2 = 4 \cdot \frac{ab}{2} + c^2$$

[*12] $(a + b)^2 = (a + b)(a + b) = (a + b)a + (a + b)b = a^2 + ba + ab + b^2 = a^2 + 2ab + b^2$

となって、両辺から $2ab$ を引けば、

$a^2 + b^2 = c^2$

となって、三平方の定理が得られます。（証明終わり）

● **例**　右図の直角三角形で、斜辺の長さを求めましょう。

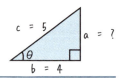

答　三平方の定理より、
　　$a^2 + b^2 = c^2$　だから、$a^2 = c^2 - b^2$
　　両辺の平方根を取れば、
　　$\sqrt{a^2} = \sqrt{c^2 - b^2}$ より　$a = \sqrt{c^2 - b^2}$
　　となります。各辺の長さを代入して、
　　$a = \sqrt{5^2 - 4^2} = \sqrt{25 - 16} = \sqrt{9} = \sqrt{3^2} = 3$

○**基本的な直角三角形の比**

　三角定規は 2 種類あって、内角の大きさが「45°・45°・90°」のものと、「30°・60°・90°」のものがあります。この 2 種類の直角三角形の辺の比はとても重要です。ここで三平方の定理を使って求めておきましょう。

○「45°・45°・90°」の辺の比

　図 5.16 のように、正方形を対角線で 2 分割すれば、「45°・45°・90°」の直角三角形ができます。正方形の長さが 1 であれば、この直角三角形の底辺と高さはどちらも 1 になります。このとき斜辺の長さは三平方の定理から、

$c = \sqrt{1^2 + 1^2} = \sqrt{1 + 1} = \sqrt{2}$

となります。つまり、内角が「45°・45°・90°」である直角三角形の辺の比は、$1 : 1 : \sqrt{2}$ となります。

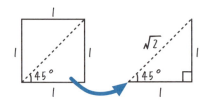

図 5.16：正方形を 2 分割 →「45°・45°・90°」の辺の比

○「30°・60°・90°」の辺の比

　図5.17のように、正三角形の内角は全部60°ですから、一番上の頂点から底辺に向かって垂直な線を下せば、頂点の角度は 30°に2分割されます。分割されたら「30°・60°・90°」という内角をもつ直角三角形ができますね。正三角形の1辺の長さを2とすれば、「30°・60°・90°」の底辺は正三角形の1辺の長さの半分で1となります。残る高さは三平方の定理から、

$$a = \sqrt{c^2 - b^2} = \sqrt{2^2 - 1^2} = \sqrt{4 - 1} = \sqrt{3}$$

と求めることができます。つまり、内角が「30°・60°・90°」である直角三角形の辺の比は、$1 : 2 : \sqrt{3}$ となります。

　以上から、注目角がそれぞれ30°、45°、60°のときでの直角三角形の辺の比を図5.18にまとめました。次の **5-9** で三角関

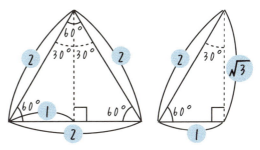

図 5.17：正三角形を2分割 →「30°・60°・90°」の辺の比

数の値を求めやすいように注目角が 30°と60°の直角三角形は全部の辺の長さを2で割って、注目角が45°の直角三角形は全部の辺の長さを $\sqrt{2}$ で割って、斜辺が1になるようにしています。

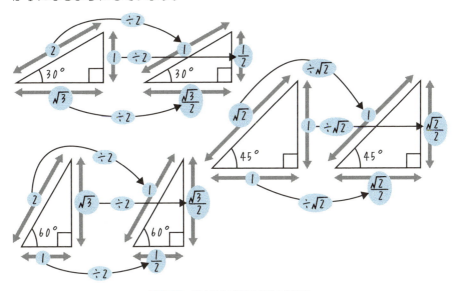

図 5.18：基本的な直角三角形の辺の比

5-9 ▶ 三角関数のグラフ①
〜まずは少しずつ表を埋めましょう〜

5-6 で三角関数がどのように決められているか紹介し、240°の場合のみ具体的な値の求め方を説明しました。ここでは、グラフを描くために三角関数の値をたくさん求めていきます。たくさん書いてありますが、規則がわかればとても簡単ですので、ぜひマスターしましょう。

▶【三角関数のグラフ】
表を書けばなんとかなる

どんな角度なら三角関数の値が求めやすいかですが、基本は **5-8** で紹介した注目角が 30°、45°、60°の倍数です。ここでもその倍数刻みで三角関数の値を求めていきます。まず、求めるべき角度の場所を図 5.19 に描きました。

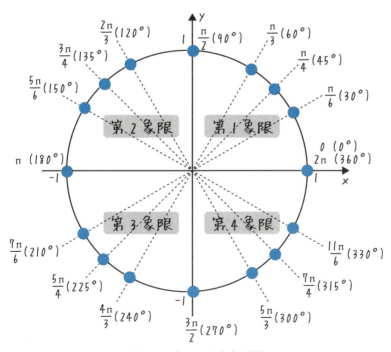

図 5.19：求めるべき角度の場所

これから図 5.19 に示された各角度での $\sin\theta$ と $\cos\theta$ の値を求めていきます[*13]。図 5.18 の斜辺が 1 になる直角三角形をそのまま使えるように、円の半径は 1 とし、**単位円**（たんいえん）にしています。また、図 5.19 に示されている**象限**（しょうげん）ごとに、ゆっくり分割して求めていきます。なお、$0° < \theta < 90°$ の領域を第 1 象限、$90° < \theta < 180°$ の領域を第 2 象限、$180° < \theta < 270°$ の領域を第 3 象限、$270° < \theta < 360°$ の領域を第 4 象限といいます[*14]。

○第 1 象限の付近 [0 ($0°$) と $\frac{\pi}{2}$ ($90°$)]

まず、x 軸と y 軸上にくる 0 ($0°$) と $\frac{\pi}{2}$ ($90°$) での三角関数の値を求めましょう。

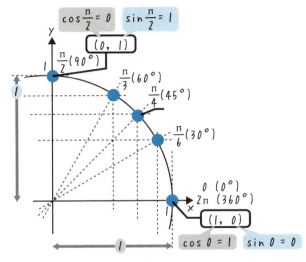

図 5.20：0 ($0°$) と $\frac{\pi}{2}$ ($90°$) での三角関数の値

図 5.20 のように、$\theta = 0$ ($0°$) のときの単位円上の座標は $(1, 0)$、$\theta = \frac{\pi}{2}$ ($90°$) のときの単位円上の座標は $(0, 1)$ です。また、円の半径は 1 ですから、三角関数の定義から、

[*13] なぜ三角関数のうち $\sin\theta$ と $\cos\theta$ だけかというと、**5-6** で $\tan\theta = \frac{y}{x}$ と定義しましたが、分母と分子を r で割れば $\tan\theta = \frac{y/r}{x/r} = \frac{\sin\theta}{\cos\theta}$ となって、$\sin\theta$ と $\cos\theta$ がわかれば $\tan\theta$ の値もわかるからです。また、$\sec\theta = \frac{r}{x} = \frac{1}{\cos\theta}$、$\csc\theta = \frac{r}{y} = \frac{1}{\sin\theta}$、$\cot\theta = \frac{x}{y} = \frac{1}{\tan\theta}$ より、これらの値も $\sin\theta$ と $\cos\theta$ からわかるのです。

[*14] ちなみに、x 軸、y 軸上は含まれません。

$$\sin\theta = \frac{y}{\underbrace{r}_{r=1}} = y、\cos\theta = \frac{x}{\underbrace{r}_{r=1}} = x$$

です。よって、次のように求まります。

$$\begin{cases} \sin 0 = 0 、\sin\frac{\pi}{2} = 1 \\ \cos 0 = 1 、\cos\frac{\pi}{2} = 0 \end{cases}$$

○第1象限の付近 [$\theta = \frac{\pi}{6}$ (30°)]

次に、$\theta = \frac{\pi}{6}$ (30°) での三角関数の値を求めます。図 5.21 のように、$\theta = \frac{\pi}{6}$ (30°) となる単位円上の点の座標は $\left(\frac{\sqrt{3}}{2}, \frac{1}{2}\right)$ となります。注目角が 30°の直角三角形で、斜辺を 1 にとれば、底辺が $\frac{\sqrt{3}}{2}$ で高さが $\frac{1}{2}$ となることから、この座標を得ることができますね。

この座標 $\left(\frac{\sqrt{3}}{2}, \frac{1}{2}\right)$ から三角関数の値は、次のように求められます。

$$\sin\frac{\pi}{6} = y = \frac{1}{2}、\cos\frac{\pi}{6} = x = \frac{\sqrt{3}}{2}$$

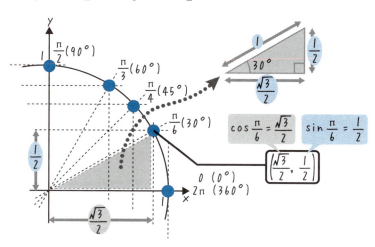

図 5.21：$\frac{\pi}{6}$ (30°) での三角関数の値

○第1象限の付近 [$\theta = \frac{\pi}{4}$ (45°)]

$\theta = \frac{\pi}{4}$ (45°) での三角関数の値を求める方法を図 5.22 に示します。$\theta = \frac{\pi}{4}$

（45°）となる単位円上の点の座標は $\left(\frac{\sqrt{2}}{2}, \frac{\sqrt{2}}{2}\right)$ となっていますね。注目角が45°の直角三角形で、斜辺を1にとれば、底辺が $\frac{\sqrt{2}}{2}$ で高さが $\frac{\sqrt{2}}{2}$ となることから、この座標を得ることができます。

この座標 $\left(\frac{\sqrt{2}}{2}, \frac{\sqrt{2}}{2}\right)$ から三角関数の値は、次のように求められます。

$$\sin\frac{\pi}{4} = y = \frac{\sqrt{2}}{2}、\cos\frac{\pi}{4} = x = \frac{\sqrt{2}}{2}$$

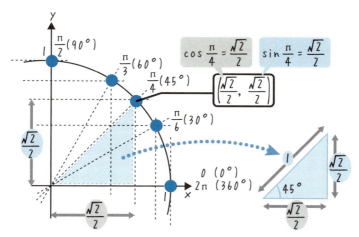

図 5.22：$\frac{\pi}{4}$（45°）での三角関数の値

○第1象限の付近 [$\theta = \frac{\pi}{3}$（60°）]

$\theta = \frac{\pi}{3}$（60°）での三角関数の値を求める方法を図 5.23 に示します。$\theta = \frac{\pi}{3}$（60°）となる単位円上の点の座標は $\left(\frac{1}{2}, \frac{\sqrt{3}}{2}\right)$ となっていますね。注目角が60°の直角三角形で、斜辺を1に取れば、底辺が $\frac{1}{2}$ で高さが $\frac{\sqrt{3}}{2}$ となることから、この座標を得ることができます。

この座標 $\left(\frac{1}{2}, \frac{\sqrt{3}}{2}\right)$ から三角関数の値は、次のように求められます。

$$\sin\frac{\pi}{3} = y = \frac{\sqrt{3}}{2}、$$

$$\cos\frac{\pi}{3} = x = \frac{1}{2}$$

以上の第1象限付近で求める際に使った絵を図 5.24 にまとめました。また、求めた三角関数の値を表 5.1 にまとめました。

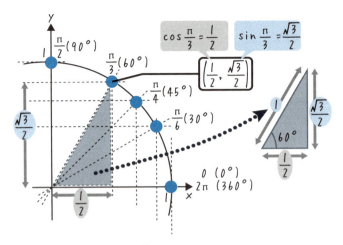

図 5.23：$\frac{\pi}{3}$（60°）での三角関数の値

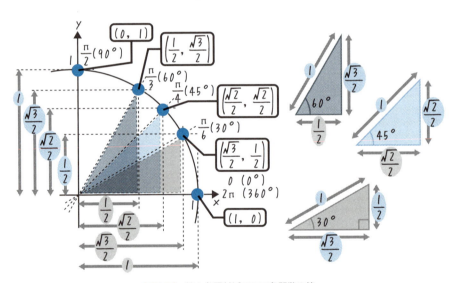

図 5.24：第 1 象限付近での三角関数の値

○第 2 象限の付近

第 1 象限での三角関数が求められたら、第 2 象限以後の値は第 1 象限での絵を使って簡単に求められていきます。

図 5.25 で $\frac{2\pi}{3}$（120°）での座標を調べると、y 座標は $\frac{\pi}{3}$（60°）のときと同じ高さで $\frac{\sqrt{3}}{2}$ となります。x 座標は $\frac{\pi}{3}$（60°）のときの座標をちょうど原点から反対に

同じ長さいったところになりますから、$-\dfrac{1}{2}$ となります。

よって $\dfrac{2\pi}{3}$（120°）での座標は $\left(-\dfrac{1}{2}, \dfrac{\sqrt{3}}{2}\right)$ となり、次のように求まります。

$$\sin\dfrac{2\pi}{3} = \dfrac{\sqrt{3}}{2}、\cos\dfrac{2\pi}{3} = -\dfrac{1}{2}$$

$\dfrac{3\pi}{4}$（135°）での座標も同様に、y 座標は $\dfrac{\pi}{4}$（45°）と同じ、x 座標は $\dfrac{\pi}{4}$（45°）の反対側だから $\left(-\dfrac{\sqrt{2}}{2}, \dfrac{\sqrt{2}}{2}\right)$ となり、

$$\sin\dfrac{3\pi}{4} = \dfrac{\sqrt{2}}{2}、\cos\dfrac{3\pi}{4} = -\dfrac{\sqrt{2}}{2}$$

と求まります。$\dfrac{5\pi}{6}$（150°）での座標も同様に、y 座標は $\dfrac{\pi}{6}$（30°）と同じ、x 座標は $\dfrac{\pi}{6}$（30°）の反対側だから $\left(-\dfrac{\sqrt{3}}{2}, \dfrac{1}{2}\right)$ となり、

$$\sin\dfrac{5\pi}{6} = \dfrac{1}{2}、\cos\dfrac{5\pi}{6} = -\dfrac{\sqrt{3}}{2}$$

と求まります。最後に、π（180°）では図から座標は $(-1, 0)$ とわかりますから、

$$\sin\pi = 0、\cos\pi = -1$$

と求まります。以上第 2 象限付近で求めた三角関数の値を表 5.1 にまとめます。

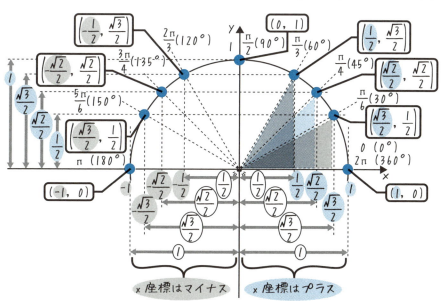

図 5.25：第 2 象限付近での三角関数の値

○第3象限の付近

　第3象限でも第2象限の座標をうまく使って三角関数の値を求めていきましょう。図 5.26 に座標を求めていく様子が描かれています。

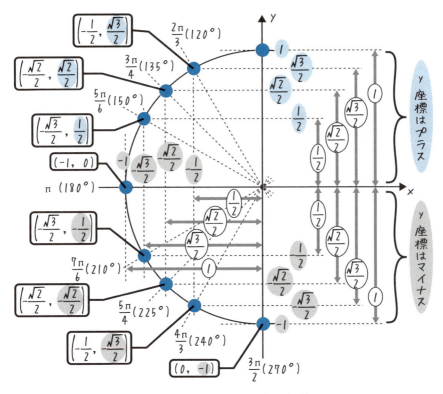

図 5.26：第3象限付近での三角関数の値

　まず、$\frac{7\pi}{6}$（210°）のときですが、$\frac{5\pi}{6}$（150°）の座標と x 座標は同じ、y 座標はプラスマイナスが逆になっていますね。よって $\frac{7\pi}{6}$（210°）の座標は $\left(-\frac{\sqrt{3}}{2},\ -\frac{1}{2}\right)$ となります。この座標から、

$$\sin\frac{7\pi}{6} = -\frac{1}{2},\ \cos\frac{7\pi}{6} = -\frac{\sqrt{3}}{2}$$

が得られます。

　$\frac{5\pi}{4}$（225°）のときも同様に、$\frac{3\pi}{4}$（135°）の座標と x 座標は同じ、y 座標はプラスマイナスが逆になります。よって $\frac{5\pi}{4}$（225°）の座標は $\left(-\frac{\sqrt{2}}{2},\ -\frac{\sqrt{2}}{2}\right)$ とな

ります。この座標から、

$$\sin\frac{5\pi}{4} = -\frac{\sqrt{2}}{2}, \cos\frac{5\pi}{4} = -\frac{\sqrt{2}}{2}$$

が得られます。

$\frac{4\pi}{3}$（240°）のときも同様に、$\frac{2\pi}{3}$（120°）の座標と x 座標は同じ、y 座標はプラスマイナスが逆になります。よって $\frac{4\pi}{3}$（240°）の座標は $\left(-\frac{1}{2}, -\frac{\sqrt{3}}{2}\right)$ となります。この座標から、

$$\sin\frac{4\pi}{3} = -\frac{\sqrt{3}}{2}, \cos\frac{4\pi}{3} = -\frac{1}{2}$$

が得られます。以上得られた三角関数の値を表 5.1 にまとめます。

◯第 4 象限の付近

第 4 象限でも第 3 象限の座標をうまく使って三角関数の値を求めていきましょう。図 5.27 に座標を求めていく様子が描かれています。

まず、$\frac{5\pi}{3}$（300°）のときですが、$\frac{4\pi}{3}$（240°）の座標と y 座標は同じ、x 座標はプラスマイナスが逆になっていますね。よって $\frac{5\pi}{3}$（300°）の座標は $\left(\frac{1}{2}, -\frac{\sqrt{3}}{2}\right)$ となります。この座標から、次のように求められます。

$$\sin\frac{5\pi}{3} = -\frac{\sqrt{3}}{2}, \cos\frac{5\pi}{3} = \frac{1}{2}$$

$\frac{7\pi}{4}$（315°）のときも同様に、$\frac{5\pi}{4}$（225°）の座標と y 座標は同じ、x 座標はプラスマイナスが逆になります。よって $\frac{7\pi}{4}$（315°）の座標は $\left(\frac{\sqrt{2}}{2}, -\frac{\sqrt{2}}{2}\right)$ となります。この座標から、次のように求められます。

$$\sin\frac{7\pi}{4} = -\frac{\sqrt{2}}{2}, \cos\frac{7\pi}{4} = \frac{\sqrt{2}}{2}$$

$\frac{11\pi}{6}$（330°）のときも同様に、$\frac{7\pi}{6}$（210°）の座標と y 座標は同じ、x 座標はプラスマイナスが逆になります。よって $\frac{11\pi}{6}$（330°）の座標は $\left(\frac{\sqrt{3}}{2}, -\frac{1}{2}\right)$ となります。この座標から、

$$\sin\frac{11\pi}{6} = -\frac{1}{2}, \cos\frac{11\pi}{6} = \frac{\sqrt{3}}{2}$$

が得られます。以上得られた三角関数の値を表 5.1 にまとめます。

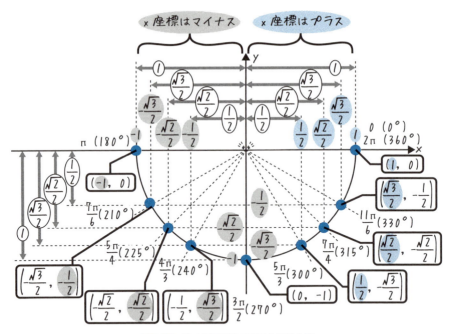

図 5.27：第 4 象限付近での三角関数の値

以上の第 1 象限から第 4 象限までで、30°、45°、60° 刻みの三角関数を求めていきました。表 5.1 にそのすべてをまとめます。なお、$\tan \theta = \dfrac{\sin \theta}{\cos \theta}$ と求められます。たとえば、

$$\tan \frac{\pi}{6} = \frac{\sin \dfrac{\pi}{6}}{\cos \dfrac{\pi}{6}} = \frac{\dfrac{1}{2}}{\dfrac{\sqrt{3}}{2}} = \frac{1}{2} \div \frac{\sqrt{3}}{2} = \frac{1}{2} \cdot \frac{2}{\sqrt{3}} = \frac{1}{\sqrt{3}}$$

$$\tan \frac{5\pi}{3} = \frac{\sin \dfrac{5\pi}{3}}{\cos \dfrac{5\pi}{3}} = \frac{-\dfrac{\sqrt{3}}{2}}{\dfrac{1}{2}} = -\frac{\sqrt{3}}{2} \div \frac{1}{2} = -\frac{\sqrt{3}}{2} \cdot \frac{2}{1} = -\sqrt{3}$$

となります。なお、$\theta = \dfrac{\pi}{2}$（90°）、$\dfrac{3\pi}{2}$（270°）のときは、$\cos \theta = 0$ となり、$\tan \theta = \dfrac{\sin \theta}{\cos \theta}$ の分母がゼロになってしまいます。割り算の意味を考えれば、分母がゼロになる値を決めることはできないため、$\theta = \dfrac{\pi}{2}$（90°）、$\dfrac{3\pi}{2}$（270°）での値は「なし」ということになります[*15]。

[*15] グラフを描けばわかりますが、$\theta = \dfrac{\pi}{2}$（90°）、$\dfrac{3\pi}{2}$（270°）の直前・直後で値は $\pm\infty$ に近づいていきます。無限大について、詳しくは第 7 章で説明します。

問 5-9 $\tan\theta$ の値が表 5.1 のようになることを確かめましょう。

正解は P.298

表 5.1：0 から 2π までの三角関数の表

		第 1 象限				第 2 象限			
θ 〔°〕	0	30°	45°	60°	90°	120°	135°	150°	180°
θ 〔rad〕	0	$\frac{\pi}{6}$	$\frac{\pi}{4}$	$\frac{\pi}{3}$	$\frac{\pi}{2}$	$\frac{2\pi}{3}$	$\frac{3\pi}{4}$	$\frac{5\pi}{6}$	π
$\sin\theta$	0	$\frac{1}{2}$	$\frac{\sqrt{2}}{2}$	$\frac{\sqrt{3}}{2}$	1	$\frac{\sqrt{3}}{2}$	$\frac{\sqrt{2}}{2}$	$\frac{1}{2}$	0
$\cos\theta$	1	$\frac{\sqrt{3}}{2}$	$\frac{\sqrt{2}}{2}$	$\frac{1}{2}$	0	$-\frac{1}{2}$	$-\frac{\sqrt{2}}{2}$	$-\frac{\sqrt{3}}{2}$	-1
$\tan\theta$	0	$\frac{1}{\sqrt{3}}$	1	$\sqrt{3}$	なし	$-\sqrt{3}$	-1	$-\frac{1}{\sqrt{3}}$	0

		第 3 象限				第 4 象限			
θ 〔°〕	180°	210°	225°	240°	270°	300°	315°	330°	360°
θ 〔rad〕	π	$\frac{7\pi}{6}$	$\frac{5\pi}{4}$	$\frac{4\pi}{3}$	$\frac{3\pi}{2}$	$\frac{5\pi}{3}$	$\frac{7\pi}{4}$	$\frac{11\pi}{6}$	2π
$\sin\theta$	0	$-\frac{1}{2}$	$-\frac{\sqrt{2}}{2}$	$-\frac{\sqrt{3}}{2}$	-1	$-\frac{\sqrt{3}}{2}$	$-\frac{\sqrt{2}}{2}$	$-\frac{1}{2}$	0
$\cos\theta$	-1	$-\frac{\sqrt{3}}{2}$	$-\frac{\sqrt{2}}{2}$	$-\frac{1}{2}$	0	$\frac{1}{2}$	$\frac{\sqrt{2}}{2}$	$\frac{\sqrt{3}}{2}$	1
$\tan\theta$	0	$\frac{1}{\sqrt{3}}$	1	$\sqrt{3}$	なし	$-\sqrt{3}$	-1	$-\frac{1}{\sqrt{3}}$	0

また、$\theta < 0$ や $\theta > 2\pi$ の場合は、一般角[*16] の考え方を使って三角関数の値を求めることができます。2π（360°）を足したり引いたりしても三角関数の値は変わらないので、$0 < \theta < 2\pi$（$0° < \theta < 360°$）の範囲で求めればよいことになります。たとえば $\cos(-120°)$ や $\sin\frac{13\pi}{6}$ は次のように求められます。

$$\cos(-120°) = \cos(-120° + 360°) = \cos(240°) = -\frac{1}{2}$$

$$\sin\frac{13\pi}{6} = \sin\left(\frac{13\pi}{6} - 2\pi\right) = \sin\left(\frac{13\pi}{6} - \frac{12\pi}{6}\right) = \sin\frac{\pi}{6} = \frac{1}{2}$$

[*16] **5-7** 参照。

5-10 ▶ 三角関数のグラフ②
~少し楽して表を埋める♪三角関数の相互関係~

▶ **【三角関数の相互関係】**
~一を聞いて三を知る。十は知れない~
$$\tan \theta = \frac{\sin \theta}{\cos \theta} \quad \sin^2 \theta + \cos^2 \theta = 1$$

実は、$\sin \theta$、$\cos \theta$、$\tan \theta$ の3つの値のうち1つがわかっていれば、残りの2つの値を知ることができます。

「$\tan \theta = \frac{\sin \theta}{\cos \theta}$」の他にもう1つ「$\sin^2 \theta + \cos^2 \theta = 1$」という関係式を紹介します。これは三平方の定理[*17]を三角関数を使って表しただけです。図5.28を使って説明しましょう。

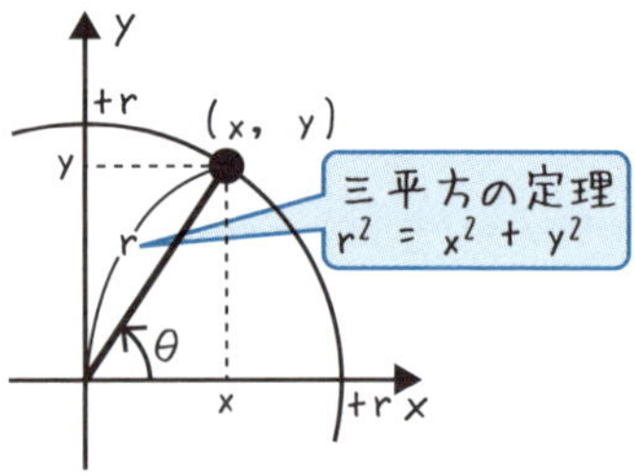

まず、三角関数の定義[*18]から半径 r の円上と角 θ が交わる点 (x, y) で、

$$\sin \theta = \frac{y}{r}、\cos \theta = \frac{x}{r}$$

図 5.28：三角関数と三平方の定理

ですね。示したい関係式の左辺をつくるために、$\sin^2 \theta$[*19] と $\cos^2 \theta$ を求めれば、

$$\sin^2 \theta = \left(\frac{y}{r}\right)^2 = \frac{y^2}{r^2}、\cos^2 \theta = \left(\frac{x}{r}\right)^2 = \frac{x^2}{r^2}$$

ですから、これらを足して三平方の定理「$r^2 = x^2 + y^2$」を使えば、

$$\sin^2 \theta + \cos^2 \theta = \frac{y^2}{r^2} + \frac{x^2}{r^2} = \frac{x^2 + y^2}{r^2} = \frac{r^2}{r^2} = 1$$

が導かれました。このように、三角関数どうしを関係づける式を**三角関数の相互関係**といいます。

● 例　$\cos \frac{7\pi}{4} = \frac{\sqrt{2}}{2}$ がわかったとして、$\sin \frac{7\pi}{4}$ と $\tan \frac{7\pi}{4}$ の値を三角関数の相互関係から求めましょう。

[*17] **5-8** 参照。
[*18] **5-6** 参照。
[*19] $\sin^2 \theta$ は $(\sin \theta)^2$ という意味です。$\sin(\theta^2)$ ではないので気を付けましょう。$\cos^2 \theta$ や $\tan^2 \theta$ など、他の三角関数でも同じです。

答 $\sin^2 \theta + \cos^2 \theta = 1$ より $\theta = \dfrac{7\pi}{4}$ として $\sin^2 \dfrac{7\pi}{4} = 1 - \cos^2 \dfrac{7\pi}{4} = 1 - \left(\dfrac{\sqrt{2}}{2}\right)^2 = 1 - \dfrac{2}{4} = \dfrac{1}{2}$、答えとしては $\sin \dfrac{7\pi}{4} = \pm\sqrt{\dfrac{1}{2}} = \pm\dfrac{\sqrt{2}}{2}$ が考えられますが[*20]、$\theta = \dfrac{7\pi}{4}$ の角度で y 座標はマイナスになるので、$\sin \dfrac{7\pi}{4} = -\dfrac{\sqrt{2}}{2}$ が選ぶべき答えです。角度の場所によって三角関数の値が異なる場合があるので注意しましょう。

次に、$\tan \theta = \dfrac{\sin \theta}{\cos \theta}$ で $\theta = \dfrac{7\pi}{4}$ とすれば $\tan \dfrac{7\pi}{4} = \dfrac{\sin \dfrac{7\pi}{4}}{\cos \dfrac{7\pi}{4}}$

$= \dfrac{-\dfrac{\sqrt{2}}{2}}{\dfrac{\sqrt{2}}{2}} = \dfrac{-\sqrt{2}}{2} \div \dfrac{\sqrt{2}}{2} = \dfrac{-\sqrt{2}}{2} \times \dfrac{2}{\sqrt{2}} = -1$ が求められます。

● **例** $\dfrac{\pi}{2} < \theta < \pi$（第 2 象限ですね）の範囲で $\cos \theta = -0.8$ であるとき、$\sin \theta$ の値を三角関数の相互関係から求めましょう。

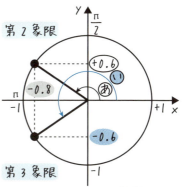

答 $\cos \theta$ の値がわかっていますので、$\sin \theta$ の値を求めることができます。さっきと同じように、
$\sin^2 \theta = 1 - \cos^2 \theta$
$= 1 - (-0.8)^2$
$= 1 - 0.64 = 0.36$
ですが、$\cos \theta = -0.8$ となる角度は右図のように 2 箇所あります。問題文に、$\dfrac{\pi}{2} < \theta < \pi$（第 2 象限）という指定がありますから、
$\sin \theta = +\sqrt{0.36} = 0.6$
が求めるべき答えだとわかります。

問 5-10 $0 < \theta < \dfrac{\pi}{2}$ となる θ が $\sin \theta = 0.6$ を満たすとき、$\cos \theta$ と $\tan \theta$ を求めましょう。　　　　　　　　　　　　　　　　　　正解は P.299

[*20] 未知数 x が $x^2 = a$ を満たすとき、答えとしては $x = +\sqrt{a}$ と $x = -\sqrt{a}$ があり、これらをまとめて $x = \pm\sqrt{a}$ と書きます。

5-11 ▶ 三角関数のグラフ③
~表からグラフを描きましょう~

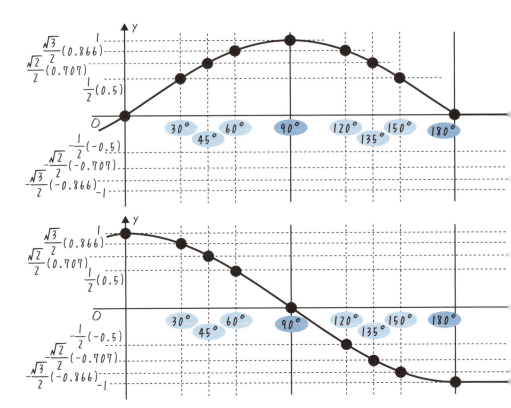

図 5.29：$y = \sin x$（上）、$y = \cos x$（下）のグラフ

表 5.2：0 から 2π までの三角関数の表

θ (°)	0	30°	45°	60°	90°	120°	135°	150°	180°
θ 〔rad〕	0	$\frac{\pi}{6}$	$\frac{\pi}{4}$	$\frac{\pi}{3}$	$\frac{\pi}{2}$	$\frac{2\pi}{3}$	$\frac{3\pi}{4}$	$\frac{5\pi}{6}$	π
$\sin \theta$	0	$\frac{1}{2}$	$\frac{\sqrt{2}}{2}$	$\frac{\sqrt{3}}{2}$	1	$\frac{\sqrt{3}}{2}$	$\frac{\sqrt{2}}{2}$	$\frac{1}{2}$	0
$\cos \theta$	1	$\frac{\sqrt{3}}{2}$	$\frac{\sqrt{2}}{2}$	$\frac{1}{2}$	0	$-\frac{1}{2}$	$-\frac{\sqrt{2}}{2}$	$-\frac{\sqrt{3}}{2}$	-1
$\tan \theta$	0	$\frac{1}{\sqrt{3}}$	1	$\sqrt{3}$	なし	$-\sqrt{3}$	-1	$-\frac{1}{\sqrt{3}}$	0

いよいよ三角関数のグラフを描きましょう。ここでは、横軸を x、縦軸を y として $y = \sin x$ と $y = \cos x$ のグラフを描きました。表 5.2 の値をとっていったものが図 5.29 のグラフになります。電気数学では極めて重要なグラフですので、これだけページを割きました。必ず描けるように理解しましょう。

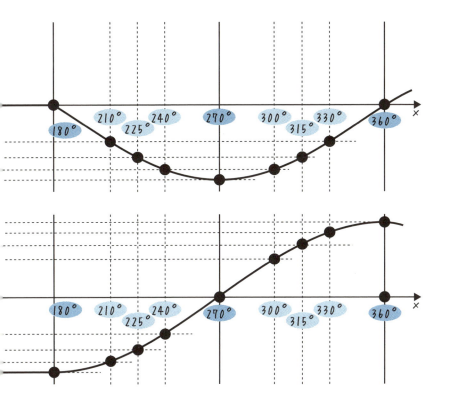

θ (°)	210°	225°	240°	270°	300°	315°	330°	360°
θ [rad]	$\dfrac{7\pi}{6}$	$\dfrac{5\pi}{4}$	$\dfrac{4\pi}{3}$	$\dfrac{3\pi}{2}$	$\dfrac{5\pi}{3}$	$\dfrac{7\pi}{4}$	$\dfrac{11\pi}{6}$	2π
$\sin\theta$	$-\dfrac{1}{2}$	$-\dfrac{\sqrt{2}}{2}$	$-\dfrac{\sqrt{3}}{2}$	-1	$-\dfrac{\sqrt{3}}{2}$	$-\dfrac{\sqrt{2}}{2}$	$-\dfrac{1}{2}$	0
$\cos\theta$	$-\dfrac{\sqrt{3}}{2}$	$-\dfrac{\sqrt{2}}{2}$	$-\dfrac{1}{2}$	0	$\dfrac{1}{2}$	$\dfrac{\sqrt{2}}{2}$	$\dfrac{\sqrt{3}}{2}$	1
$\tan\theta$	$\dfrac{1}{\sqrt{3}}$	1	$\sqrt{3}$	なし	$-\sqrt{3}$	-1	$-\dfrac{1}{\sqrt{3}}$	0

5-12 ▶ 三角関数のグラフ④
〜振幅・周期・波長・位相をずらそう！〜

難易度 ★★

　図 5.30 に示す振幅、周期、波長、位相はいずれも波の形を表すもので、三角関数に関わる重要な量を表すものです。

　振幅（しんぷく）は波の高さを表す量で、縦軸のゼロから一番大きい値（**最大値**）までの大きさです。**周期**（しゅうき）と**波長**（はちょう）は波の長さを表す量で、ある点からまた同じ状態に戻ってくるまでの長さを表します。グラフでは横軸を見ることになりますが、横軸が時間であれば周期、長さであれば波長と呼ばれます。**位相**（いそう）は波の状態を表す量で、周期的な振動や運動をするものが（空間的・時間的に）どの位置にあるかを表し、位相のうち、初期時刻や原点での値を**初期位相**（しょきいそう）といいます。図 5.30 では周期や波長と同じように位相が矢印で表現されていますが、周期や波長はそれぞれ時間、長さの単位で表すのに対し、位相は角度で表されます。

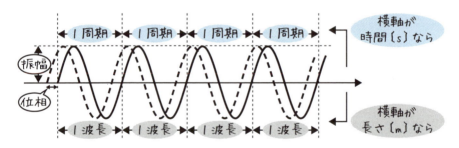

図 5.30：振幅・周期・波長・位相

　正確には三角関数が式（★）で書かれるとき、A を振幅、B を角周波数（かくしゅうはすう）または角波数（かくはすう）、C を初期位相、$Bx + C$ を位相といい、x が時間〔s〕なら B は角周波数 ω〔rad/s〕、x が長さ〔m〕なら B は角波数 k〔rad/m〕となります。次元解析[*21]をすれば、ωx は〔(rad/s)·s〕=〔rad〕、kx は〔(rad/m)·m〕=〔rad〕となって、位相 $Bx + C$ の〔rad〕と次元がそろうことがわかります。

$$y = A \sin(Bx + C) \quad (\bigstar)$$

[*21] **1-6**、**4-4** 参照。

○振幅

三角関数全体を定数倍すると振幅が変わります。図 5.31 は $y = \sin x$ と $y = 5 \sin x$ を描いたグラフで、表やグラフから、係数の 5 が振幅を表すことがわかります。要は、$\sin x$ の値は -1 から $+1$ の間を波打つので、それを A 倍すれば $-A$ から $+A$ の間を波打つことになるのです。

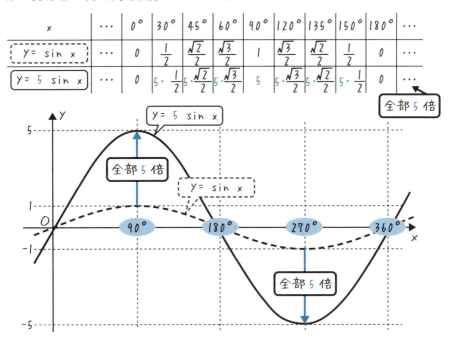

図 5.31：振幅を変える $y = 5 \sin x$

○周期・波長

三角関数の変数を定数倍すると周期と波長が変わります。図 5.32 は $y = \sin x$ と $y = \sin 2x$ を描いたグラフで、変数が 2 倍されると、$\sin$ の取る値も 2 倍速くやってきて、波の長さは半分になります。つまり、周期と波長は $\frac{1}{2}$ になるのです。

1 秒間に何回振動して波ができるかを**周波数**〔Hz〕(ヘルツ)、1 秒間に何 rad 波が進むかを**角周波数**(かくしゅうはすう)〔rad/s〕といいます。たとえば、周期が 0.2 s なら、5 周期で 0.2 s・5 = 1 s となります。つまり 1 s に波が 5 つあるので周波数は 5 Hz となります。1 周期で三角関数の波は 1 回転 2π (360°) するので、その間に $2\pi \cdot 5 = 10\pi$〔rad〕回転することになり、この場合、角周波数は 10π〔rad/s〕となります。一般に、周期 T〔s〕、周波数 f〔Hz〕、角周波

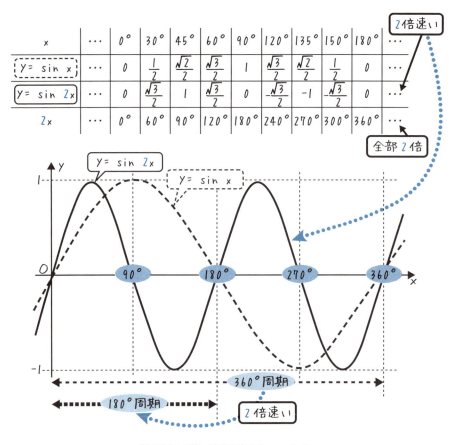

図 5.32：周期・波長を変える $y = \sin 2x$

数 ω 〔rad/s〕に対して、次の関係が成り立ちます。

$$Tf = 1, \quad \omega = 2\pi f$$

ここまでは時間でみた波の量でしたが、長さでみた波の量にも同じようなものがあります。1 m に何個波があるかを**波数**（はすう）〔m^{-1}〕、1 m に何 rad 波があるかを**角波数**（かくはすう）〔rad/m〕といいます。たとえば、波長が 0.2 m でしたら、5 波長で 0.2 m・5 = 1 m となります。つまり 1 m に波が 5 つあるので波数は 5〔m^{-1}〕です。1 波長で三角関数の波は 1 回転 2π（360°）するので、その間に $2\pi \cdot 5 = 10\pi$〔rad〕回転することになります。つまり角周波数は 10π〔rad/m〕となります。一般に、波長 λ〔m〕、波数 κ（カッパ）〔m^{-1}〕、角波数 k〔rad/m〕に対して次の関係が成り立ちます。

$\lambda \kappa = 1$、$k = 2\pi\kappa$

○位相

三角関数の変数を足し引きすると、位相がずれます。図 5.33 は $y = \sin x$ と $y = \sin(x - 30°)$ を描いたグラフで、変数が 30° 引かれると、sin の取る値は 30° 遅れてやってきて、グラフは 30° 右にずれることになります。変数が引き算されてグラフが右にずれることを「位相が遅れる」、足し算されてグラフが左にずれることを「位相が進む」といいます。

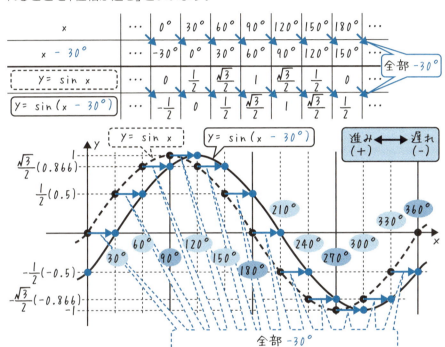

図 5.33：位相を変える $y = \sin(x - 30°)$

▶【振幅、周期、波長、位相】

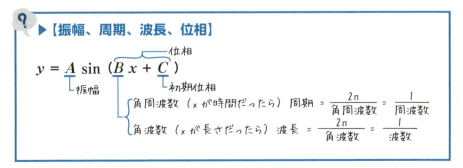

5-13 ▶ 三角関数の加法定理
～三角関数の計算でよく使う～

三角関数の入力が足し算、引き算で表されるとき、次の**加法定理**と呼ばれる関係式が得られます。

$$\sin(A + B) = \sin A \cos B + \cos A \sin B$$
$$\sin(A - B) = \sin A \cos B - \cos A \sin B$$
$$\cos(A + B) = \cos A \cos B - \sin A \sin B$$
$$\cos(A - B) = \cos A \cos B + \sin A \sin B$$

目がチカチカしそうですね。なぜそうなるのか結構難しいのですが、覚え方を紹介すると、

> **▶【加法定理の覚え方】**
> sin: **しん・こす・こす・しん**
> cos: **こす・こす・しん・しん**
> $$\sin(A \pm B) = \underset{\text{しん}}{\sin A}\underset{\text{こす}}{\cos B} \pm \underset{\text{こす}}{\cos A}\underset{\text{しん}}{\sin B}$$
> $$\cos(A \pm B) = \underset{\text{こす}}{\cos A}\underset{\text{こす}}{\cos B} \mp \underset{\text{しん}}{\sin A}\underset{\text{しん}}{\sin B}$$

となります[*22]。AとBを並べて、sinの加法定理は「しん・こす・こす・しん」、cosの加法定理は「こす・こす・しん・しん」という順にsinとcosを並べます。

加法定理は三角関数の基本的な計算に不可欠です。ここでは加法定理の利用例の1つとして、中途半端な角度の三角関数の値を求めてみましょう。30°、45°、60°刻みの三角関数の値は三角比から出しましたが、加法定理によって15° = 45° − 30°や75° = 30° + 45°での値も求めることができます。

[*22] ±という記号は、上の + のときには式中で +、下の − のときには式中で − の符号となります。∓はその逆です。このように、上の符号のときは上の符号、下の符号のときは下の符号を対応させる**複号同順**という約束が普通です。

● **例** $\sin 15°$、$\cos \dfrac{\pi}{12}$ の値を求めましょう。

答 $15° = 45° - 30°$ として加法定理を使えば、次のようになります。

$\sin 15° = \sin(45° - 30°) = \sin 45° \cos 30° - \cos 45° \sin 30°$

$\quad = \dfrac{\sqrt{2}}{2} \dfrac{\sqrt{3}}{2} - \dfrac{\sqrt{2}}{2} \dfrac{1}{2} = \dfrac{\sqrt{6}}{4} - \dfrac{\sqrt{2}}{4} = \dfrac{\sqrt{6} - \sqrt{2}}{4}$

同様にして、$\dfrac{\pi}{12} = \dfrac{\pi}{3} - \dfrac{\pi}{4}$ より、次のようになります。

$\cos \dfrac{\pi}{12} = \cos\left(\dfrac{\pi}{3} - \dfrac{\pi}{4}\right) = \cos \dfrac{\pi}{3} \cos \dfrac{\pi}{4} + \sin \dfrac{\pi}{3} \sin \dfrac{\pi}{4}$

$\quad = \dfrac{1}{2} \dfrac{\sqrt{2}}{2} + \dfrac{\sqrt{3}}{2} \dfrac{\sqrt{2}}{2} = \dfrac{\sqrt{2}}{4} + \dfrac{\sqrt{6}}{4} = \dfrac{\sqrt{2} + \sqrt{6}}{4}$

問 5-11 加法定理を使って次の値を求めましょう。

(1) $\sin 75°$ (2) $\cos \dfrac{5\pi}{12}$ (3) $\sin(-75°)$

(3) のヒント $\sin(0° - 75°) = \sin 0° \cos 75° - \cos 0° \sin 75° = 0 \cdot \cos 75° - 1 \cdot \sin 75° = -\sin 75°$ として (1) の答えを使えばよい。

正解は P.299

問 5-12 加法定理の $\sin(A + B) = \sin A \cos B + \cos A \sin B$ の式で、$A = B = \theta$ と置いて $\sin(2\theta)$ を求めましょう。同様にして、$\cos(2\theta)$ も求めましょう。この式を**倍角(ばいかく)の公式**といいます。

正解は P.300

5-14 ▶ 指数関数の前に指数
~指数と累乗根について詳しく~

難易度 ★★

今まで指数の性質についてあまり説明しませんでしたが、これも関数とすることができます。まず、指数とは、

$$2^5 = \underbrace{2 \cdot 2 \cdot 2 \cdot 2 \cdot 2}_{5個} = 32$$

というように、指数の数だけ掛け算を実行するものでした。この例の場合、5 が指数と呼ばれ、2 は底（てい）と呼ばれます。このとき、指数には次の指数法則が成立します。

▶【指数法則】
① $A^n \cdot A^m = A^{n+m}$　　掛け算は足し算
② $\dfrac{A^n}{A^m} = A^{n-m}$　　割り算は引き算
③ $(A^n)^m = A^{nm}$　　累乗（るいじょう）[*23] は掛け算

簡単に証明しましょう。

① $A^n \cdot A^m = \underbrace{A \cdot A \cdots A}_{n個} \cdot \underbrace{A \cdot A \cdots A}_{m個} = \underbrace{A \cdot A \cdots A}_{n+m個} = A^{n+m}$

② $\dfrac{A^n}{A^m} = \dfrac{\overbrace{A \cdot A \cdots A}^{n個}}{\underbrace{A \cdot A \cdots A}_{m個}} = \underbrace{A \cdot A \cdots A}_{n-m個} = A^{n-m}$

③ $(A^n)^m = (\underbrace{A \cdot A \cdots A}_{n個})^m = \underbrace{\underbrace{A \cdot A \cdots A}_{n個} \underbrace{A \cdot A \cdots A}_{n個} \cdots \underbrace{A \cdot A \cdots A}_{n個}}_{m個}$

$= \underbrace{A \cdot A \cdots A}_{n \cdot m個} = A^{nm}$

ではこれはどうでしょうか？

$$2^{1.5}$$

指数の部分に小数である有理数や、無理数などがきたときに、どんな値をも

[*23] 累乗（るいじょう）とは、指数を取る計算のことを指します。

つことになるのか考えてみましょう。まずこの例ですが、これがどんな値になるか調べてみましょう。

$$x = 2^{1.5}$$

として、両辺を2乗してみます。

$$x^2 = (2^{1.5})^2$$

指数法則の(3)を使えば、

$$x^2 = (2^{1.5})^2 = 2^3 = 8$$

より、

$$x = \sqrt{8} = 2\sqrt{2} \quad \text{つまり} \quad 2^{1.5} = 2\sqrt{2}$$

となります[*24]。このように、指数部分にどんな数がきても、その値は実数になりますし、指数法則も使うことができます。

それではこれはどうでしょう？

$$2^{\frac{1}{3}}$$

どんな値かを調べるために、$x = 2^{\frac{1}{3}}$ と置いて両辺を3乗すれば、

$$x^3 = (2^{\frac{1}{3}})^3 = 2^{\frac{1}{3} \cdot 3} = 2^1 = 2$$

となり、この数は $x^3 = 2$ を満たす x ということになります。3乗すれば2になる数を「2の3乗根（じょうこん）」といい、

$$x = \sqrt[3]{2}$$

と表記します。同じように、$x^n = A$ となる x を A の **n 乗根**といい、

$$x = \sqrt[n]{A}$$

と表します。指数で表せば、次のようになります。

$$x = \sqrt[n]{A} = A^{\frac{1}{n}}$$

なお、平方根（2乗根）は $n = 2$ の場合となります。ルート記号の左には何もなく、単に「$\sqrt{}$」であれば、$n = 2$ ということになっています。

[*24] $x = -2\sqrt{2}$ という解は考えません。**5-15** で説明される指数関数の定義から、底 x は正の値となります。あるいは、$2^1 < 2^{1.5} < 2^2$ と考えて $x = 2^{1.5} > 0$ というようにも理解できます。

5-15 ▶ 指数関数
〜絶対プラスの値になるよ〜

5-14 で、指数はどんな実数でも大丈夫だということがわかりました。そこで、A^x の指数部分 x を入力にした関数、**指数関数**を導入します。

> ▶【指数はどんな数でも大丈夫】
> **指数関数** $f(x) = A^x$
> x はどんな数（実数）でも大丈夫
> ただし $A > 0$ [*25]

指数関数の特徴をいくつか紹介します。$f(x) = A^x$ とすれば、

① $f(0) = 1$
② $f(x) > 0$
③ $f(x + y) = f(x)f(y)$
④ $f(x - y) = \dfrac{f(x)}{f(y)}$

となります。③と④は **5-14** で紹介した指数法則そのものですね。①と②の性質を説明します。

①は、指数部分がゼロであれば、返ってくる値は必ず1になるということを意味し、指数法則を使って次のように表すことができます。

$$A^0 = A^{n-n} = \dfrac{A^n}{A^n} = 1$$

②は、指数関数の取る値は必ずプラスになるということを意味しています。三角関数の $\sin\theta$ や $\cos\theta$ の値域[*26] が－1から1であるように、指数関数の値域は0より大きい実数となります。

[*25] 底の A は正の値でないと、x の値によって関数のプラスとマイナスがどんどん入れ替わり、グラフが描けなくなるためです。これは、関数の「連続性」というとても難しい数学的な問題ですので、本書では取り上げません。
[*26] 値域については **5-1** 参照。

● 例 $f(x) = 3^x$ とするとき、次の値を求めましょう。

(1) $f(2)$　　(2) $f(0)$　　(3) $f(-3)$　　(4) $f\left(\dfrac{3}{4}\right)$

答　(1) $f(2) = 3^2 = 9$
(2) $f(0) = 3^0 = 1$
(3) $f(-3) = 3^{-3} = 3^{0-3} = \dfrac{3^0}{3^3}$ [*27] $= \dfrac{1}{27}$
(4) $f\left(\dfrac{3}{4}\right) = 3^{\frac{3}{4}} = (3^{\frac{1}{4}})^3 = (\sqrt[4]{3})^3$

● 例　前ページの③④の、右辺と左辺をそれぞれ求めて、式が正しいことを確かめましょう。

答　③　(左辺) $= f(x+y) = A^{x+y} = A^x A^y$
　　　　(右辺) $= f(x)f(y) = A^x A^y$

④　(左辺) $= f(x-y) = A^{x-y} = \dfrac{A^x}{A^y}$
　　(右辺) $= \dfrac{f(x)}{f(y)} = \dfrac{A^x}{A^y}$

どちらも、(左辺) = (右辺) になりますね。

問 5-13　$f(x) = 3^x$、$g(x) = \left(\dfrac{1}{3}\right)^x$ とするとき、以下の問題を解きましょう。

(1) $f(1)$ と $f(2)$ はどちらが大きいでしょうか。

(2) $g(1)$ と $g(2)$ はどちらが大きいでしょうか。

(3) (1) と (2) から、底の大きさと関数の増減にどんな関係があるといえますか。

正解は P.300

---

*27 前ページの特徴④を使いました。

5-16 ▶ 指数関数のグラフ
〜グラフの基本は表です〜

難易度 ★★☆☆☆

> ▶【指数関数のグラフ】
> ・点 (0, 1) を通る
> ・底が 1 より大きいとき：右上がり（単調増加）
> ・底が 1 より小さいとき：右下がり（単調減少）

図 5.34 の左側は $y = 2^x$ のグラフ、右側は $y = \left(\dfrac{1}{2}\right)^x$ のグラフです。それぞれのグラフの下側にはキリのいい x と y の値が表になっています。その値での点を取っていくと、表の上のグラフができます。

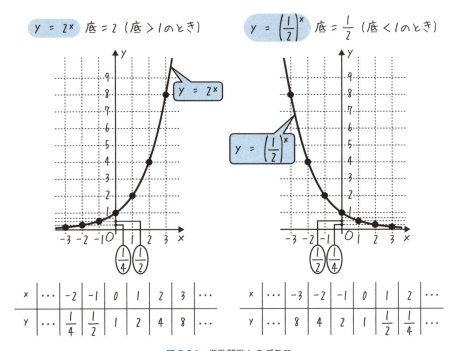

図 5.34：指数関数とのグラフ

図 5.34 の通り、指数関数は底が 1 より大きいときは、指数の値（x、つまり横軸の値）が大きくなるほど関数の値（y、つまり縦軸の値）が大きくなり、グラフ

は右上がりになります。また、グラフのどの領域でも右上がりになることを**単調増加**（たんちょうぞうか）といい、単調増加する関数を**単調増加関数**といいます。

逆に、指数関数は底が1より小さいときは、指数の値（x、つまり横軸の値）が大きくなるほど関数の値（y、つまり縦軸の値）が小さくなり、グラフは右下がりになります。グラフのどの領域でも右下がりになることを**単調減少**（たんちょうげんしょう）といい、単調減少する関数を**単調減少関数**といいます。

また、$A^0 = 1$ という指数の性質から、指数関数は必ず $x = 0$ のときに $y = 1$ となります。つまり、必ず点 $(0, 1)$ を通ることになります。

○補足：どうしてグラフをなめらかに描くのか

ここで、グラフをなめらかに描く、その理由を説明しておきましょう。図5.35は、指数関数 $y = 2^x$ のグラフと $x = 2$、$x = 3$ での関数の値を折れ線で結んだ様子です。$(2, 4)$ と $(3, 8)$ を直線で結んでいます。

$x = 2$ と $x = 3$ の間にある $x = 2.5$ での y の値は、$y = 2^{2.5} = 4\sqrt{2}$ で、およそ 5.66 です。すると、$(2.5, 4\sqrt{2})$ という点は折れ線上にはこないことが視覚的にわかりますね。このように、まばらにとった表の値を直線で結んでも、とった値の間が直線上の点となるとは限らないのです。

折れ線がグラフになる関数[*28]をつくることはできますが、指数関数のように、前後の振る舞いから類推して明らかに直線とはならないような関数やデータでは、**この点と点の間はこのように振る舞うだろうと類推して**、なめらかに描くのが普通です。

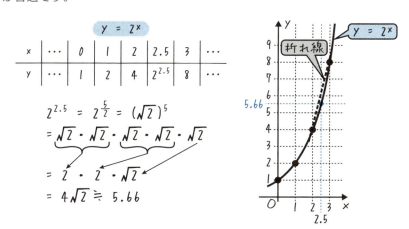

図 5.35：指数関数のグラフと折れ線

[*28] 折れる場所で微分（第7章の話）できないような関数です。

5-17 ▶ 対数関数の前に対数
～指数の反対は対数～

「対（つい）」の「数」と書いて**対数**（たいすう）ですが、何と「対」になっているかというと「指数」です。たとえば図 5.36 の一番上のように、2^3 は、

$$2^3 = \underbrace{2 \cdot 2 \cdot 2}_{3個} = 8$$

と計算され、指数である 3 は底の 2 を何回掛けるかを意味しています。これとは逆に、「8 という数字は 2 を何回掛ければよいか」という値を**対数**といい、**log**（ログ）という記号を使って $\log_2 8 = 3$ と表します。このとき 2 は**底**（てい）、8 は**真数**（しんすう）と呼ばれます。

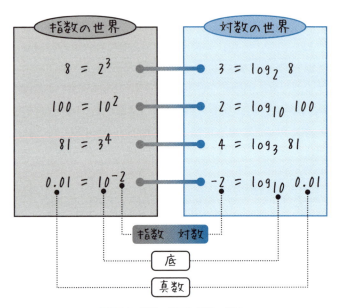

図 5.36：指数の世界と対数の世界

他の例が図 5.36 に示されていますが、対数での表示の仕方は図 5.37 のようになります。指数、対数は、プラスやマイナスのどんな値も取りますが、底と真数は必ずプラスの値を取らなければなりません。また、真数が必ずプラスの値になることを**真数条件**（しんすうじょうけん）といいます。

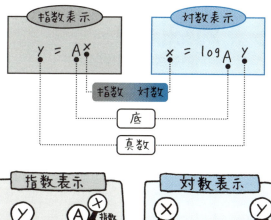

図 5.37：指数と対数

「指数」君はいつも数字の右肩に乗っかっていますが、これが下りてきたら「対数」君と呼ばれます。

> ▶【対数】
> 指数が下りてきたら対数

> ▶【常用対数】
> 底が 10 の対数

1-2 で紹介したように、指数表示では 10 の何乗かで大きな数字や小さな数字を表記します。そのため、実用上、対数の底は 10 だと便利なことが多いため、底が 10 である対数には**常用対数**（じょうようたいすう）という特別な名前がつけられています。増幅器の利得「dB（デシベル）」などは常用対数で表されます。

5-18 ▶ 対数関数
~対数関数と指数関数は逆~

難易度 ★★☆☆☆

> ▶【対数関数】
> 対数関数は指数関数の逆関数

指数関数の逆関数[*29]を**対数関数**といいます。絵で表すと、図 5.38 のように指数関数の逆が対数関数となります。

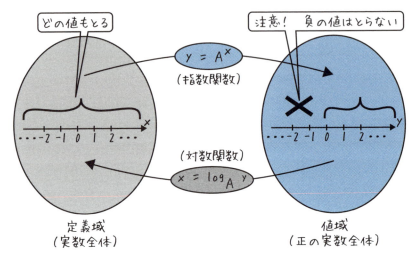

図 5.38：指数関数と対数関数

注意しないといけないことは、「指数関数の出力は必ずプラスを取る」ということです。これは「対数関数の入力は必ずプラスでないといけない」ということと同じ意味です。つまり、対数関数の定義域[*30]は正の実数全体となります。それに対して、出力のほうはどんな実数も取ることができるので、対数関数の値域は実数全体になります。式で書けば、次のようになります。

$$f(x) = \log_A x \quad は \quad f:(正の実数全体) \to (実数全体\ (\boldsymbol{R}))$$

[*29] 逆関数については **5-1** 参照。
[*30] 定義域、値域については **5-1** 参照。

● 例　次の各対数の値を求めましょう。
(1) $\log_2 32$　(2) $\log_{10} 0.1$　(3) $\log_5 1$

答　対数は、「底を何乗したら真数になるか」だから、
(1) $\log_2 32$ の底は 2、真数は 32 で、$32 = 2^5$ だから
$$\log_2 32 = 5$$
となります。あるいは、数式で $\log_2 32 = \log_2 2^5 = 5$ と書いても構いません。このことから、一般に $\log_A A^c = c$ となることがわかります。
(2) (1) と同様に、$0.1 = 10^{-1}$ だから、
$$\log_{10} 0.1 = \log_{10} 10^{-1} = -1$$
(3) $a^0 = 1$ (a はゼロでない数、$a = 5$ も当然 OK) であることから、
$$\log_5 1 = \log_5 5^0 = 0$$

(2) や (3) のように対数の値はゼロになったりマイナスになったりもします。また、このように対数を求めることを**対数を取る**などといいます。

問 5-14　次の各対数の値を求めましょう。　正解は P.300
(1) $\log_3 27$　(2) $\log_2 0.5$　(3) $\log_{1.5} 1$

● 例　増幅率 A_v の利得 G は常用対数によって $G = 20 \log_{10} A_v$ 〔dB〕と決められています。次の各々の増幅率で利得を求めましょう。
(1) $A_v = 10$　(2) $A_v = 1$　(3) $A_v = 0.1$

答　(1) $G = 20 \log_{10} A_v = 20 \log_{10} 10 = 20 \cdot 1 = 20$ dB
(2) $G = 20 \log_{10} A_v = 20 \log_{10} 1 = 20 \cdot 0 = 0$ dB
(3) $G = 20 \log_{10} A_v = 20 \log_{10} 0.1 = 20 \cdot (-1) = -20$ dB
このことから、増幅率が 1 より大きいときの利得はプラス、増幅率が 1 のときの利得はゼロ、増幅率が 1 より小さいときの利得はマイナスになることがわかります。

問 5-15　上の例を使っても構わないので、増幅率が 10 倍になると利得はいくら増えるか求めましょう。　正解は P.300

5-19 ▶ 対数関数の性質
～掛け算は足し算・割り算は引き算・底に注意～

▶【対数関数の性質】

①掛け算は足し算：$\log_A(NM) = \log_A N + \log_A M$

$$\log_A \underline{(NM)} = \underline{\log_A N + \log_A M}$$

　　　　掛け算の対数　＝　対数の足し算

①' 指数は下りる：$\log_A N^n = n \log_A N$

$$\log_A \underline{N^n} = \underline{n \log_A N}$$

　　　　指数の対数　＝　下りて掛け算

②割り算は引き算：$\log_A \left(\dfrac{N}{M}\right) = \log_A N - \log_A M$

$$\log_A \underline{\left(\dfrac{N}{M}\right)} = \underline{\log_A N - \log_A M}$$

　　　　割り算の対数　＝　対数の引き算

③底の変換：$\log_A N = \dfrac{\log_B N}{\log_B A}$

＜底が A の対数から、好きな底 B のみの対数に変換できる！＞

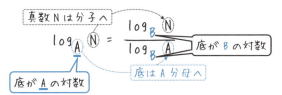

これらは対数の基本的な性質ですが、すべて指数の性質がもととなっています。簡単に証明していきましょう。

①掛け算は足し算

$$\underbrace{\log_A (NM)}_{=a \text{ と置く}} = \underbrace{\log_A N}_{=b \text{ と置く}} + \underbrace{\log_A M}_{=c \text{ と置く}}$$

として、指数の表示に戻すと、

$$A^a = NM \text{（あ）} \quad A^b = N \text{（い）} \quad A^c = M \text{（う）}$$

となります。（あ）より $NM = A^a$、（い）と（う）より $NM = A^b A^c = A^{b+c}$（指数法則）なので、この2式は等しく、

$$A^a = A^{b+c} \text{ より } a = b + c$$

$a = \log_A (NM)$、$b = \log_A N$、$c = \log_A M$ と置いたので、対数表示に戻せば①が示されます。

①' 指数は下りる

　これは①を何回も適用したものです。$N^n = \underbrace{N \cdot N \cdots N}_{n \text{ 個}}$ だから、

$$\log_A N^n = \underbrace{\log_A N + \log_A N + \cdots + \log_A N}_{n \text{ 個}} = n \cdot \log_A N$$

②割り算は引き算

$$\underbrace{\log_A \left(\frac{N}{M} \right)}_{=a \text{ と置く}} = \underbrace{\log_A N}_{=b \text{ と置く}} - \underbrace{\log_A M}_{=c \text{ と置く}}$$

として、指数の表示に戻すと、

$$A^a = \frac{N}{M} \text{（あ）} \quad A^b = N \text{（い）} \quad A^c = M \text{（う）}$$

となります。（あ）より $\frac{N}{M} = A^a$、（い）と（う）より $\frac{N}{M} = \frac{A^b}{A^c} = A^{b-c}$（指数法則）なので、この2式は等しく、

$$A^a = A^{b-c} \text{ より } a = b - c$$

$a = \log_A \left(\frac{N}{M} \right)$、$b = \log_A N$、$c = \log_A M$ と置いたので、対数表示に戻せば②が示されます。

③底の変換

底が A である対数「$\log_A N$」を底が B である対数「$\log_B ?$」というもので表したいとしましょう。そこで、

$$\log_A N = x \quad と置いて \quad A^x = N$$

とします。この両辺に $\log_B$ を取ると、

$$\log_B A^x = \log_B N$$

となります。①' より $\log_B A^x = x \log_B A$ だから、

$$x \log_B A = \log_B N$$

となり、$x = \log_A N$ と置いたのをこの式に戻して、

$$(\log_A N)(\log_B A) = \log_B N$$

より、

$$\log_A N = \frac{\log_B N}{\log_B A}$$

が示されます。左辺には底が A、右辺には底が B の対数だけしかありませんね。底の変換は、知られていない底の対数を常用対数のような、よく使用する対数へ変換するのに使われます。

● **例** 次の各値を求めましょう。

(1) $\log_3 21 + \log_3 \frac{1}{7}$ (2) $\log_2 4^{10}$
(3) $\log_{\sqrt{2}} 8$ (4) $\log_3 162 - \log_3 6$

答 (1) ①を逆に使って「対数の足し算」を「掛け算の対数」に直しましょう。

$$\log_3 21 + \log_3 \frac{1}{7}$$
$$= \log_3 \left(21 \cdot \frac{1}{7}\right) \quad \Leftarrow \boxed{①を使った}$$
$$= \log_3 3 = 1 \quad \Leftarrow \boxed{\log_3 3 = \log_3 3^1}$$

(2) ①' を使って指数を下に下ろしてくると楽です。

$\log_2 4^{10}$
$= 10 \log_2 4$ ← ①' を使った
$= 10 \log_2 2^2$
$= 10 \cdot 2 = 20$

(3) 底が $\sqrt{2}$ ではややこしいので、真数 8 に対して計算しやすい底、たとえば 2 に、底を変換しましょう。つまり、③で $A = 2$、$B = \sqrt{2}$ にすれば変換できますね。

$\log_{\sqrt{2}} 8$
$= \dfrac{\log_2 8}{\log_2 \sqrt{2}}$ ← ③を使った
$= \dfrac{\log_2 2^3}{\log_2 2^{\frac{1}{2}}}$ ← 分母と分子の対数をそれぞれ計算
$= \dfrac{3}{\frac{1}{2}} = 3 \cdot \dfrac{2}{1} = 6$

(4) ②を使えば、引き算を割り算に変換できますね。

$\log_3 162 - \log_3 6$
$= \log_3 \dfrac{162}{6}$ ← ②を使った
$= \log_3 27$
$= \log_3 3^3 = 3$

問 5-16 次の各値を求めましょう。

(1) $\log_2 24 + \log_2 \dfrac{1}{3}$ (2) $\log_2 8^5$
(3) $\log_{\sqrt{3}} 9$ (4) $\log_{\sqrt{3}} 162 - \log_{\sqrt{3}} 6$

正解は P.301

5-20 ▶ 対数関数のグラフ
〜グラフの基本はやっぱり表です〜

対数関数をグラフにして視覚的にとらえてみましょう。指数関数と同じく、表を書けばなんとかなります。

> ▶【対数関数のグラフ】
> ・点 (1, 0) を通る
> ・底が 1 より大きいとき：右上がり（単調増加）
> ・底が 1 より小さいとき：右下がり（単調減少）

図 5.39 は $y = \log_2 x$ のグラフ、図 5.40 は $y = \log_{\frac{1}{2}} x$ のグラフです。それぞれのグラフの下側にはキリのいい x と y の値が表になっています。その値での点を取ってなめらかにつなげば、上のグラフができます。

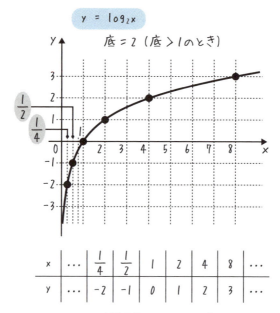

図 5.39：対数関数 $y = \log_2 x$ のグラフ

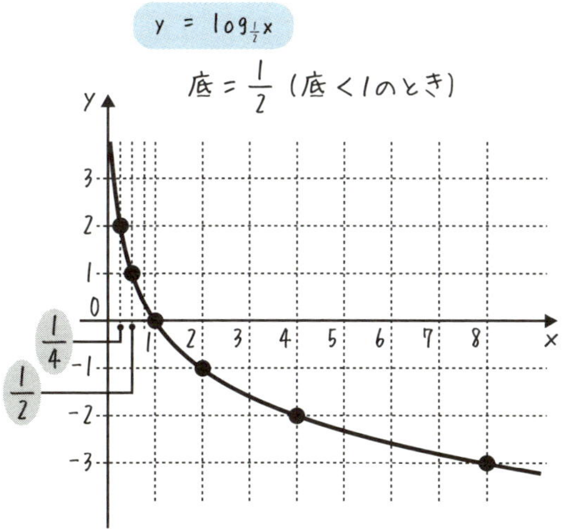

$y = \log_{\frac{1}{2}} x$

底 $= \frac{1}{2}$（底 < 1 のとき）

x	$\cdots$	$\frac{1}{4}$	$\frac{1}{2}$	1	2	4	8	$\cdots$
y	$\cdots$	2	1	0	-1	-2	-3	$\cdots$

図 5.40：対数関数 $y = \log_{\frac{1}{2}} x$ のグラフ

　対数関数のグラフを描くうえで気を付けないといけないのは、真数条件です。真数は必ずプラスの値ですから、$y = \log_2 x$ のグラフ、$y = \log_{\frac{1}{2}} x$ のグラフともに、真数条件から $x > 0$ の範囲でないと関数の値は決められません。したがって、横軸 x は 0 より大きい領域でグラフは描かれることになります。

　図 5.39 は底が 2 で 1 より大きい場合ですね。これは常に右上がりですから単調増加関数[*31]といえます。図 5.40 は底が $\frac{1}{2}$ で 1 より小さい場合ですね。これは常に右下がりですから単調減少関数[*32]といえます。

　いずれも、**5-17** での指数関数のグラフで $y = 2^x$ と $y = \left(\frac{1}{2}\right)^x$ の x と y の値を入れ替えたものとなります。グラフも、x 軸と y 軸を入れ替えたものになっていますね。これは、指数関数と対数関数が逆関数の関係にあるためです。

> **問 5-17** **5-17** の図 5.36、指数関数のグラフと比較して、x 軸と y 軸を入れ替えれば図 5.39 や図 5.40 が得られることを自分の中で確かめましょう。
>
> 正解は P.302

[*31] **5-17** 参照。
[*32] **5-17** 参照。

5-21 ▶片対数グラフ・両対数グラフ
～ワイドレンジ！～

> ▶【メモリに対数を取れば】
> 「ワイドレンジ」＝「広範囲」にグラフが描ける

　科学技術が進歩すると、測定できる範囲が大幅に広がり、1つのグラフに膨大な範囲のデータを記載したいときがあります。そんなときに役立つのが対数関数です。グラフのメモリに対数を取ることで、広範囲のデータを限られた範囲に描くときに便利になります。

　図5.41は、左が普通の方眼紙にデータを描いた様子、真ん中は縦軸を常用対数[*33]、右は縦軸も横軸も常用対数をとってデータを描いた様子です。3つのデータはすべて同じものとします。真ん中のように、メモリの片側だけ対数をとったグラフを**片対数**（かたたいすう）**グラフ**、右のように、メモリの両側とも対数

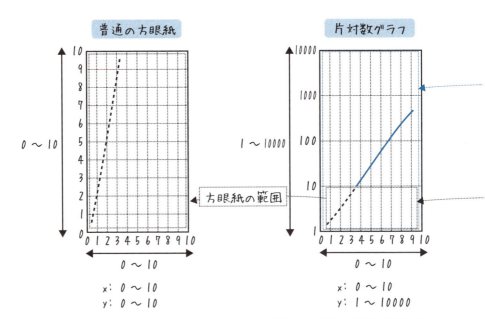

図5.41：方眼紙・片対数・両対数グラフ

[*33] 常用対数については **5-16** 参照。

をとったグラフを**両対数**（りょうたいすう）**グラフ**といいます。

さて、同じデータを3種類のグラフ用紙に書いてみましたが、対数をとったものはとても広範囲にデータを描くことができますね。両対数グラフで広い範囲を描くことができていたデータも、片対数グラフになると横軸のデータがすべて収まりません。さらに、普通の方眼紙になると、片対数グラフの縦軸のデータもすべて収まりません。このように、グラフのメモリの対数を取ることで、広範囲のデータを1枚のグラフに描くことができます。

○方眼紙の利用

一次関数と思われるデータを解析するときに、方眼紙はすごい威力を発揮します。データが、

$$y = ax + b$$

という一次関数だとして、グラフから a、b を読み取ることができるのです。$x = 0$ のときの y の値がわかれば、

$$y = a \cdot 0 + b = b$$

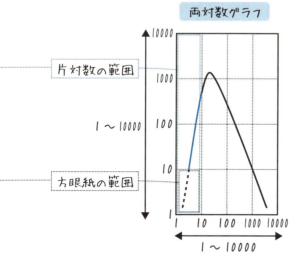

より、b の値と等しくなり、b の値を決定できます。このことから、b を **y 切片**（ワイせっぺん）あるいは単に**切片**（せっぺん）といいます。また、x の値が 1 増えると、たとえば $x = 1$ のとき、

$$y = a \cdot 1 + b = a + b$$

というように、$x = 0$ のときより a 増えています。よって、x が 1 増えたときに y がいくら増えたかがわかれば a を決定できます。a はグラフがどのぐらい急になっているかを表すので、**傾き**と呼ばれています。

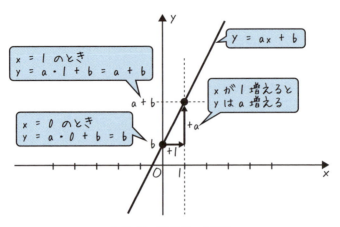

図 5.42：方眼紙と一次関数

○片対数グラフの利用

指数関数と思われるデータを解析するときに、片対数グラフはすごい威力を発揮します。データが、

$$y = A^{ax+b}$$

という指数関数だとして、片対数グラフから A、a、b を読み取ることができるのです。両辺の常用対数 $\log_{10}$ をとって、$\log_{10} y = \log_{10} A^{ax+b} = (ax + b) \log_{10} A = (a \log_{10} A)x + (b \log_{10} A)$ とできます。$Y = \log_{10} y$ として y の値の常用対数をとれば、

$$Y = (a \log_{10} A)x + (b \log_{10} A)$$

と、Y は x の一次関数となります。つまり、**指数関数を片対数グラフに描くと直線になる**ということです。よって、傾きから $a \log_{10} A$ が、切片から $b \log_{10} A$

が求まります。つまり、

$$a \log_{10} A = (傾き), \quad b \log_{10} A = (切片)$$

となります。ここで、グラフが $(x, y) = (0, y_0)$ を通るとすれば、$y_0 = A^{a \cdot 0 + b} = A^b$ より $b = \log_A y_0$ となるので、

$$\log_{10} A = \frac{(切片)}{b}$$

が求まり、A、a、b を決めることができます。

$$a = \frac{(傾き)}{\log_{10} A} = \frac{(傾き)}{(切片)/b} = \frac{(傾き)}{(切片)} b = \frac{(傾き)}{(切片)} \log_A y_0$$

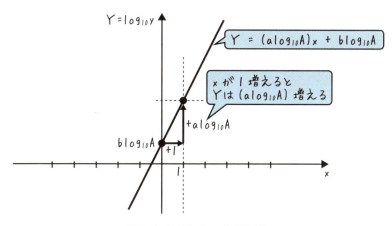

図 5.43：片対数グラフと指数関数

○両対数グラフの利用

n 次関数と思われるデータを解析するときに、両対数グラフはすごい威力を発揮します。データが、

$$y = ax^n$$

という n 次関数だとして、両対数グラフから a、n を読み取ることができるのです。両辺の常用対数をとれば、

$$\log_{10} y = \log_{10}(ax^n) = \log_{10} a + \log_{10}(x^n) = \log_{10} a + n \log_{10} x$$
$$= n \log_{10} x + \log_{10} a$$

となります。$Y = \log_{10} y$、$X = \log_{10} x$ とすれば、

$$Y = nX + \log_{10} a$$

となり、n 次関数を両対数グラフに描けば、傾き n、切片 $\log_{10} a$ の一次関数になることがわかります。つまり、**n 次関数を両対数グラフに描くと直線になる**ということです。片対数グラフと同じようにして、傾きと切片から、a、n を決めることができます。

$$n = (傾き) \quad a = 10^{(切片)}$$

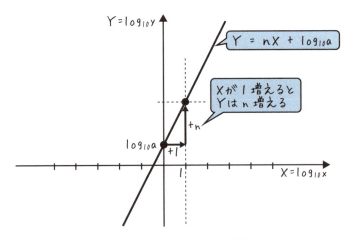

図 5.44：両対数グラフと n 次関数

> **COLUMN　ハエと直交座標**
>
> **5-3** で直交座標について説明しましたが、これはデカルトという人が考えたので、デカルト座標とも呼ばれています。
> デカルト (1596-1650) は "Cogito ergo sum"（我思う、ゆえに我あり。）で有名な「方法序説」の著者で、近代哲学の祖として有名ですが、数学者としても多くの業績を残しています。デカルトは王様の家庭教師をしていましたが、朝がとても苦手で、ベッドから起きるのがとても辛かったそうです。ある日、朝早くにベッドで上向きに寝ていると、窓からハエが入ってきたそうです。著者のような愚人なら「うるさいな〜」としか思いませんが、デカルトは違います。「このハエの位置を表すにはどうすればいいかな…」と考えたそうです。すると、「そうか、直交する軸を 3 つ、x, y, z と用意すればその変数の組でハエの位置を表すことができるではないか。」と思いついたそうです (すごいですね)。
> 関数を直交座標上にグラフにできたのはデカルトのおかげですが、ハエも少しは貢献したかもしれませんね。

第 6 章

複素数

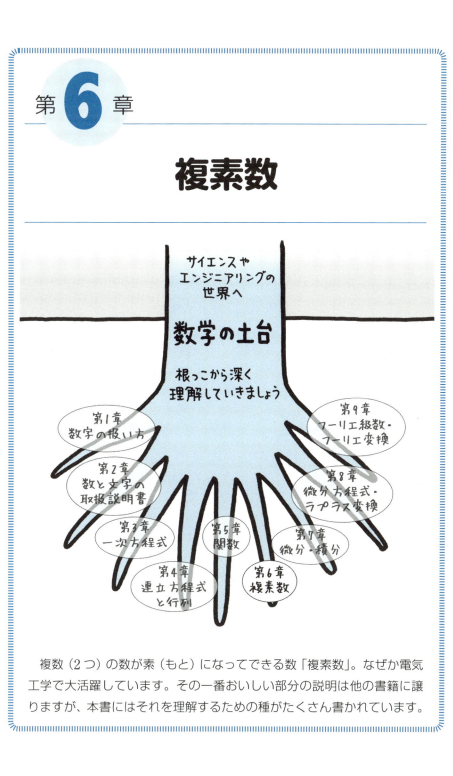

　複数（2つ）の数が素（もと）になってできる数「複素数」。なぜか電気工学で大活躍しています。その一番おいしい部分の説明は他の書籍に譲りますが、本書にはそれを理解するための種がたくさん書かれています。

難易度 ★☆☆☆☆

6-1 ▶ 複素数とは
〜「実数+虚数」＝「直交座標上の点」〜

> ▶【複素数】
> 「実数」と「虚数」の複数（2つだけ）の数から成る数のこと

　書いて字の如く、**複素数**（ふくそすう）とは複数の数が基になった数です。2つの実数[*1]を**実部**（じつぶ）と**虚部**（きょぶ）に分け、2つが区別できるように記号「j」で表される虚数単位を虚部の先頭につけて表されます[*2]。

$$z = x + jy$$

複素数 ＝ 実部 ＋ j 虚部
　　　　（実数）　（実数）
　　　　　　　　　　↑虚数単位

　虚数単位によって実部と虚部の2つの実数から成る「複素数」を数として分類すると、図6.1のように、これまでに学んだ内容をすべて包括する、範囲の広いものになります。複素数のうち、実部が0で、虚部しかないものを**純虚数**（じゅんきょすう）といいます。

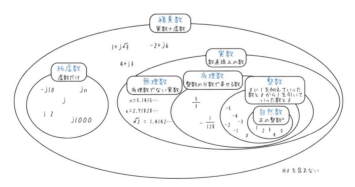

図6.1：数の分類を複素数まで拡張

[*1] 実数については **2-5** 参照。
[*2] 電気工学の世界では虚数単位に j が使われていますが、数学の世界では i が使われています。元々、虚数の意味である imaginary number の頭文字 i を数学では使っていたのですが、電気工学の世界では電流の量記号 i と混同してしまいます。このことから、電気工学の世界では虚数単位として、j が使われる習わしとなっています。

複素数を文字式で表すとき、数学の本では単に「zを複素数とする」などと断りを入れるだけのことが多いのですが、電気工学の本では文字にドット「・」記号をつけて$\dot{z}$と表すことも多いです。また、少数派ですが、太文字$\boldsymbol{z}$で表している本もあります。本書では、数学の本に多い、単に文字を「これは複素数だよ」と宣言するだけにします。

　実部と虚部を虚数単位によって完全に区別することで、2つの数を直交座標上の点に表すことができます。つまり、**複素数は、二次元の直交座標上の点で表される**ことになります。横軸に実部、縦軸に虚部を取ってつくった座標平面を**複素平面**（ふくそへいめん）といいます。実部の横軸は**実軸**（じつじく）、虚部の縦軸は**虚軸**（きょじく）と呼ばれています。

　図6.2の複素平面上に、いろんな複素数を表してみました。たとえば$z_1 = 7 + j5$なら、実部は7、虚部は5になるので、横軸が7、縦軸が5の交点が、$z_1 = 7 + j5$が表す複素平面上の点となります。

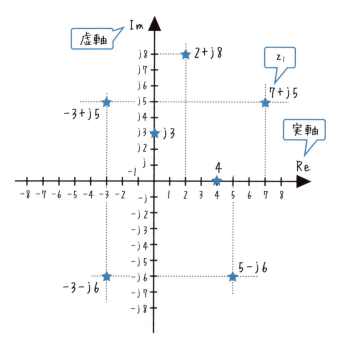

図6.2：複素平面

6-2 ▶ 虚数単位のヒミツ
〜なぜ $j^2 = -1$ か〜

▶ 【$j^2 = -1$ の理由】
ぐるぐるまわるように。$j^2 = -1$

6-1 で、複素数の実部と虚部を区別する記号「j」（虚数単位といいました）を紹介しました。しかしこれがどんなものか、まだ決めていませんでしたね。

複素数の実部と虚部は、虚数単位 j によって区別されているため、複素数どうしの足し算、引き算を行っても、実部と虚部は互いに影響を受けません。**6-5** で詳しく解説しますが、$1 + j2$ と $4 + j3$ の 2 つの複素数を足し算してみると、

$$(1 + j2) + (4 + j3) = (1 + 4) + j(2 + 3) = 5 + j5$$

というように、実部は実部どうし、虚部は虚部どうしの足し算となります。

ところが、複素数どうしの掛け算をすると、虚数単位 j が 2 回掛かって j^2 が現れます。この j^2 をどのように決めれば一番便利かを考えてみましょう。図 6.3 は、実数である 1 に繰り返し j を掛け算したときの、複素平面上での動きを表しています。

① $1 \times j = j$

これは自然にわかると思います。1 に何を掛けてもその数になりますね。複素平面上の点では、$1 = 1 + j0$ ですから、横軸が 1、縦軸が 0 の点が複素数 1 の示す点となります。また、$j = 0 + j$ ですから、横軸が 0、縦軸が 1 の点が複素数 j の示す点となります。図からわかるように、j を掛けることで原点 O から見た 1 という点は、$90°\left(\dfrac{\pi}{2}\right)$ 反時計回りに回転した j という点に移動したことがわかります。

② $j \times j = -1$

①で調べたように、1 に j を掛け算すると $90°\left(\dfrac{\pi}{2}\right)$ の回転が得られることがわかりました。次に、j にまた j を掛け算することを考えます。これも $90°\left(\dfrac{\pi}{2}\right)$ 回転してくれると便利ですね。ここで、ちょうど $90°\left(\dfrac{\pi}{2}\right)$ 回転した点は、図から -1 の場所になります。すると、$j \times j = -1$、つまり $j^2 = -1$ とすれば、

また掛け算が回転をさせる働きをもち、とても便利になります。

③ $(-1) \times j = -j$

これは文字式の普通の計算の通りですね。

④ $(-j) \times j = 1$

これは、②の $j \times j = -1$ を認めれば、次式が成り立つことがわかります。

$$-j \times j = -(j \times j) = -(-1) = +1$$

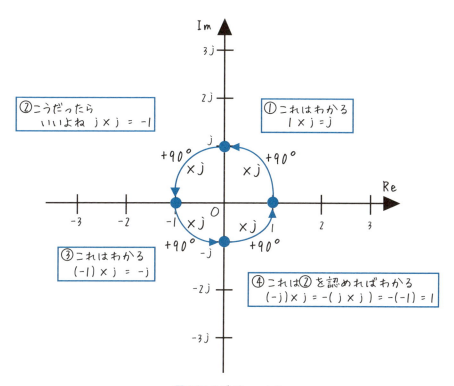

図 6.3：なぜ $j^2 = -1$ か

以上のことから、$j^2 = -1$ とすれば、虚数単位 j は複素数を $90°\left(\dfrac{\pi}{2}\right)$ 回転させる働きをもってくれそうですね。$j^2 = -1$ とすれば、どんな複素数に j を掛け算しても、複素数を $90°\left(\dfrac{\pi}{2}\right)$ 反時計回りに回転させる働きがあります。

6-3 ▶ 直交座標と極座標
～京都は直交座標・東京は極座標～

> ▶【直交座標と極座標】
> 直交座標：直交した縦軸と横軸の値で座標を表す
> 極 座 標：中心からの「長さ」と「角度」で座標を表す

　直交座標は、2つの軸を直交させて、軸上での2つの値が座標を決めていました。座標を表す方法は他にもあって、新たに極座標（きょくざひょう）を紹介します。直交座標と極座標は、ちょうど京都と東京の道路のような形をしているので、地図を使って説明していきます。

　図6.4はものすごく大雑把な京都の地図です。碁盤の目のように、縦横（南北・東西）に道が延びています。平安京ができたとき、中国の都を真似たため、このような構造になったそうです。

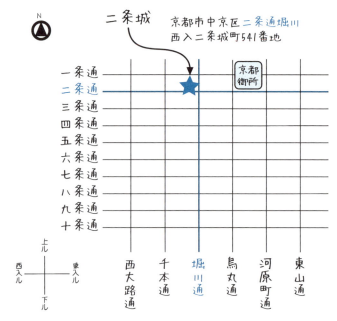

図6.4：京都の大雑把な地図（京都の皆様、ご容赦ください）

直交座標とは、縦と横に直交した座標によって位置を表示するものでしたね。京都の場合、東西の道は北から順に、京都御所から一条通、二条通、…、十条通と名前がつけられています。南北の道は西から西大路通、千本通、…、東山通と名前がつけられています[*3]。この縦と横の通りの名前によって、いろんな場所の住所（位置）を表記できます。たとえば二条城は、図 6.4 の地図を見れば、二条通と堀川通が交わるところに位置しています。京都の昔から続く住居表記では、これを「二条通堀川」と表記します。実際、二条城の住所は「京都市中京区二条通堀川西入二条城町 541 番地」です[*4]。

● 例　　図 6.5 の直交座標で点 A は、x 座標が 7、y 座標が 5 なので $(7, 5)$ となります。もし、この直交座標が複素平面（横軸が実軸で縦軸が虚軸）であれば、この点は $7 + j5$ という複素数で表されます。

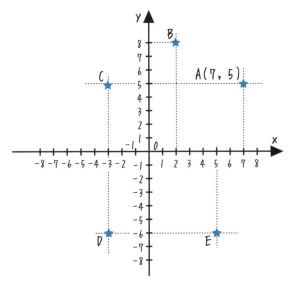

図 6.5：直交座標で表した座標

問 6-1　図 6.5 の点 B、C、D、E での座標を求めましょう。　　正解は P.302

[*3]　もっと細い通りの名前もあります。
[*4]　通りの名前の次には、「西入ル」と書いてさらに細かく表記します。この部分は、通りが交差する場所のどのあたりかを示しています。「上ル」は交差の北側、「下ル」は交差の南側、「西入ル」は交差の西側、「東入ル」は交差の東側を意味しています。また、「二条城町 541 番地」は、新しい住居表記です。「二条通堀川西入ル」と「二条城町 541 番地」は同じ住所を指していて、現在では後者を使用しますが、古くからの住居表記も頻繁に使われています。

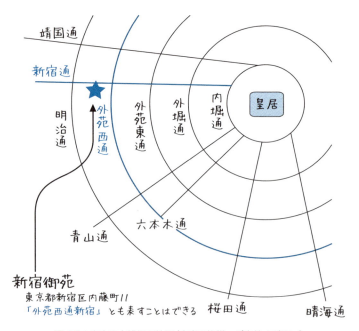

図 6.6：東京の大雑把な地図（東京の皆様、ご容赦ください）

次に、極座標を東京の地図に用いて説明しましょう。図 6.6 のように、東京は道路の構造が京都とは異なり、皇居を中心に環状に道路が走っています。内側から内堀通、外堀通、…、明治通という具合です。環状の道路間は、放射状に延びた道路で接続されています。六本木通や新宿通などですね。

京都のような縦横碁盤の目でなく、このような道路システムでも、どこでも行きたい場所にたどり着くことができます[*5]。ということは、地図上のどの位置も、環状道路の名前と放射状道路の名前で表記できるようになります。たとえば、新宿御苑は外苑西通と新宿通が交わるところに位置していますので、「外苑西通新宿」と表記しても場所は確定できるのです。ただし、東京では初めから住居表記に町名を当てていて、新宿御苑の場合、「東京都新宿区内藤町 11」という住居表示が使われています。

極座標は、東京の地図のように、中心からの距離と、横軸からの角度で座標を表す方法です。図 6.7 のように、横軸である x 軸の座標が x、縦軸である y 軸の座標が y である座標 (x, y) は直交座標ですが、これを極座標で表してみましょう。(x, y) の座標の原点 O からの距離が r、x 軸正方向からの角度が θ であると

[*5] ただし、環状道路の内側のほうは外側に比べて車の密度が高くなり、渋滞しやすい構造になっています。

すれば、極座標は、

$$r \angle \theta$$

と表記されます。なお、θ の角度は弧度法、度数法のどちらで表しても構いません。この r と θ を自由に動かすことによって、この平面上のどの点も r と θ の2つの値で表すことができますね。東京の地図でいえば、r は円環状の通りの名前、θ は放射状の通りの名前に相当します。

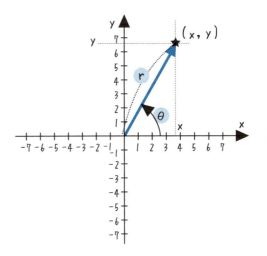

図 6.7：直交座標と極座標

● **例** 図 6.8 の極座標で点 A は、中心からの距離 r が 40、x 軸からの角度が $\frac{2\pi}{3}$（120°）なので、$40 \angle \frac{2\pi}{3}$ となります。

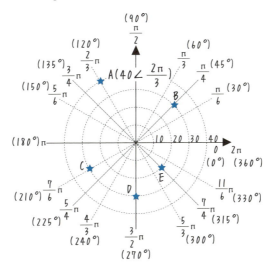

図 6.8：極座標で表した座標

問 6-2 図 6.8 の点 B、C、D、E での座標を求めましょう。 正解は P.302

6-4 ▶ 座標の変換
～三角関数大活躍～

難易度 ★★★

　直交座標であろうと、極座標であろうと、同じ場所をそれぞれの座標の表示によって表すことができます。ここでは、同じ点を直交座標でも極座標でも表せるように、お互いに変換できるようになりましょう。

　極座標は回転の角度が関係してくるので、変換には三角関数[*6]が活躍します。図 6.9 に示された★の点を、

　　　直交座標：(x, y)、極座標：$r \angle \theta$

で表し、お互いに変換してみましょう。なお、座標が 2 次元の平面の場合、直交座標 (x, y) は、複素数 $x + jy$ をもって表すこともできます[*7]。

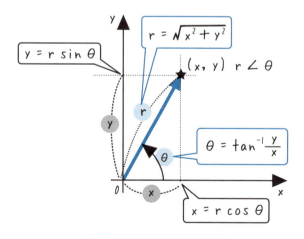

図 6.9：直交座標と極座標の変換

○極座標→直交座標

　★の座標が極座標 $r \angle \theta$ で与えられたとして、直交座標に変換してみましょう。三角関数の定義から、

[*6] 三角関数については **5-5 ～ 5-13** を参照。
[*7] 3 次元以上になると複素数で座標上の点を表すことはできません。ただし、直交座標も極座標も、3 次元以上の一般の次元で座標を扱うことができます。

$$\cos\theta = \frac{x}{r}、\sin\theta = \frac{y}{r}$$

ですね。両辺に r を掛けて左右を入れ替えれば、

$$x = r\cos\theta、y = r\sin\theta$$

が得られます。これが変換の式になります。まとめると、次のように書けます。

$$r\angle\theta = (r\cos\theta, r\sin\theta) = r\cos\theta + jr\sin\theta$$

◯直交座標→極座標

今度は逆に、★の座標が直交座標 $(x, y) = x + jy$ で与えられたとして、極座標に変換してみましょう。三平方の定理より、

$$r = \sqrt{x^2 + y^2}$$

が得られます。また、三角関数の定義から

$$\tan\theta = \frac{y}{x}$$

ですが、求めたいのは θ なので、**逆三角関数**を使います。これは三角関数の逆関数[*8]で、三角関数は角度から円上の座標の比を出しましたが、逆三角関数は円上の座標の比から角度を出すものです。具体的には、

$$\sin\theta = \frac{y}{r}、\cos\theta = \frac{x}{r}、\tan\theta = \frac{y}{x}$$

で定義されているのが、

$$\underset{\text{アークサイン}}{\sin^{-1}}\frac{y}{r} = \theta \qquad \underset{\text{アークコサイン}}{\cos^{-1}}\frac{x}{r} = \theta \qquad \underset{\text{アークタンジェント}}{\tan^{-1}}\frac{y}{x} = \theta$$

となります。$\sin^{-1}$、$\cos^{-1}$、$\tan^{-1}$ のどれを使ってもいいのですが、r が入った $\sin^{-1}$、$\cos^{-1}$ の式では、先に $r = \sqrt{x^2 + y^2}$ を求めておかないと使えません。r を求めなくても、角度だけ知りたい場合は $\tan^{-1}$ を使えば、x と y の値さえあれば（つまり直交座標が知られていれば）よいということになりますので、$\tan^{-1}$ で角度を求めるのが普通です。

まとめると、次のように書けます。

$$(x, y) = x + jy = \sqrt{x^2 + y^2} \angle \tan^{-1}\frac{y}{x}$$

[*8] 逆関数については **5-1** 参照。

> ▶【座標変換のまとめ】
> 極座標→直交座標　$r \angle \theta = (r\cos\theta, r\sin\theta) = r\cos\theta + jr\sin\theta$
> 直交座標→極座標　$(x, y) = x + jy = \sqrt{x^2+y^2} \angle \tan^{-1}\dfrac{y}{x}$

○複素数で使う記号

ここで、便利な記号 $|z|$、$\arg(z)$、$\mathrm{Re}(z)$、$\mathrm{Im}(z)$ を紹介しましょう。

複素数 $z = x + jy$ の原点からの長さを $|z|$ と表記して、これを複素数の**絶対値**といいます[*9]。図 6.9 の場合は $|z| = r = \sqrt{x^2+y^2}$ となります。また、複素数 z の示す点の x 軸正方向からの角度を**偏角**（へんかく）といい、$\arg(z)$ と表記します。記号 arg は、英語の偏角 "argument" からきています。図 6.9 の場合は $\arg(z) = \theta = \tan^{-1}\dfrac{y}{x}$ となります。これらの記号を使えば、$z = x + jy$ で表される直交座標を、次のように簡素に書くことができます。

$$z = x + jy = \sqrt{x^2+y^2} \angle \tan^{-1}\dfrac{y}{x} = |z| \angle \arg(z)$$

また、複素数 $z = x + jy$ の実部を $x = \mathrm{Re}(z)$、虚部を $y = \mathrm{Im}(z)$ と表記します。すると、

$$|z| = \sqrt{x^2+y^2} = \sqrt{(\mathrm{Re}(z))^2 + (\mathrm{Im}(z))^2},\ \arg(z) = \tan^{-1}\dfrac{y}{x} = \tan^{-1}\dfrac{\mathrm{Im}(z)}{\mathrm{Re}(z)}$$

と表記できて、複素数の実部と虚部 x、y に頼らず、複素数 z という記号だけで様々な表記ができることがわかります。

● **例**　図 6.10 の点 A が、直交座標 $(3, 3\sqrt{3})$ で与えられているとき、これを極座標に変換すると、

$$r = \sqrt{x^2+y^2} = \sqrt{3^2 + (3\sqrt{3})^2} = \sqrt{9 + 9 \cdot 3} = \sqrt{36} = 6$$

$$\theta = \tan^{-1}\dfrac{y}{x} = \tan^{-1}\dfrac{3\sqrt{3}}{3} = \tan^{-1}\sqrt{3} = \dfrac{\pi}{3}$$

となります。まとめれば、

$$r \angle \theta = 6 \angle \dfrac{\pi}{3}$$

となります。ここで、逆三角関数 $\tan^{-1}\sqrt{3}$ の値は、三角関数の表 5.5（第

[*9]　複素数に限らず、絶対値は原点からの長さを意味します。

5章参照）などをもとに、$\tan \theta = \sqrt{3}$ となる角度 θ を第1象限で探せば、$\theta = \dfrac{\pi}{3}$（60°）と求まります。もし表にない値の場合は、数表や関数電卓で近似値を出すことができます。

● **例**　逆に、点 A が極座標 $6 \angle \dfrac{\pi}{3}$ で与えられているとき、これを直交座標に変換すると、

$$x = r \cos \theta = 6 \cos \dfrac{\pi}{3} = 6 \cdot \dfrac{1}{2} = 3$$
$$y = r \sin \theta = 6 \sin \dfrac{\pi}{3} = 6 \cdot \dfrac{\sqrt{3}}{2} = 3\sqrt{3}$$

となります。まとめれば、$x + jy = 3 + j\,3\sqrt{3}$ となります。

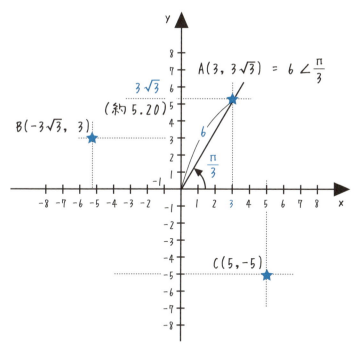

図 6.10：直交座標↔極座標の変換

問 6-3　図 6.10 で、点 B、C の直交座標を極座標に変換しましょう。

正解は P.302

6-5 ▶ 複素数の計算①：直交座標
～最後に $j^2 = -1$ ～

> ▶【複素数の計算】
> 普通の文字式として計算して、最後に $j^2 = -1$ とする

ここは「習うより慣れろ」です。上の基本方針に従ってどんどんやってみましょう。$z_1 = 6 + j8$、$z_2 = 3 - j4$ として、四則計算をしてみます。

①足し算

$$z_1 + z_2 = (6 + j8) + (3 - j4)$$
$$= (6 + 3) + j(8 - 4) = 9 + j4$$

j をただの文字だと思って、前に実部、うしろに虚部が来るようにします。

②引き算

$$z_1 - z_2 = (6 + j8) - (3 - j4)$$
$$= (6 + j8) - 3 + j4$$
$$= (6 - 3) + j(8 + 4)$$
$$= 3 + j12$$

①とほぼ同じですが、下線部でカッコを外す際の負号に注意しましょう。

③掛け算

$$z_1 z_2 = (6 + j8)(3 - j4)$$
$$= 6 \cdot 3 + 6 \cdot (-j4) + j8 \cdot 3 + j8 \cdot (-j4)^{*10}$$
$$= 18 - j24 + j24 - j^2 32$$
$$= 18 + j(-24 + 24) - (-1) \cdot 32 ^{(★)}$$
$$= 18 + 32 = 50$$

---

*10 展開の公式 $(A + B)(C + D) = A(C + D) + B(C + D) = AC + AD + BC + BD$ を使いました。この式は、右図の長方形の面積を、$(A + B)(C + D)$ と外側の長さで求めたのが左辺、4つの面積の合計 $AC + AD + BC + BD$ が右辺となります。

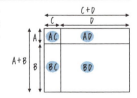

（★）で j のついた虚部をまとめて、$j^2 = -1$ としています。あとは実部と虚部ごとに分けただけです。

③' 複素共役の掛け算

複素数 $z = x + jy$ で、虚部の符号を入れ替えた $\bar{z} = x - jy$ を z の**複素共役**（ふくそきょうやく）といいます。複素共役との掛け算 $z\bar{z}$ は、割り算で使うと便利なので、ここで紹介しておきます。

$$\begin{aligned}
z\bar{z} &= (x + jy)(x - jy) \\
&= x^2 - (jy)^{2\,*11} = x^2 - j^2y^2 \\
&= x^2 - (-1)y^2 = x^2 + y^2 = |z|^2
\end{aligned}$$

つまり、複素共役と元の複素数の掛け算は、その複素数の絶対値の2乗になるということです。また、絶対値は原点からの長さ[*12]なので、非負の実数になります。

④ 割り算

これはちょっとテクニックが必要です。分数の**分母分子**に分母の**複素共役を掛ける**ことで、分母を実数化します。

$$\frac{z_1}{z_2} = \frac{6+j8}{3-j4} = \frac{(6+j8)(3+j4)}{(3-j4)(3+j4)}$$

$$= \frac{6\cdot 3 + 6\cdot j4 + j8\cdot 3 + j8\cdot j4}{3^2 + 4^2} = \frac{-14 + j48}{25} = \frac{-14}{25} + j\frac{48}{25}$$

で分母の $3 - j4$ の複素共役である $3 + j4$ を、分母と分子に掛けています。すると、分母が実数化されて、出てくる答えが「実部 $\left(\frac{-14}{25}\right)$ + j 虚部 $\left(\frac{48}{25}\right)$」の複素数で表されます。

問 6-4 $z_1 = -6 + j8$、$z_2 = 3 + j4$ のとき、次の各値を求めましょう。

(1) $z_1 + z_2$　　(2) $z_1 - z_2$　　(3) $z_1 z_2$　　(4) $z_2 \bar{z}_2$　　(5) $\frac{z_1}{z_2}$

正解は P.303

[*11] 展開の公式 $(A+B)(A-B) = A^2 - B^2$ で $A = x$、$B = jy$ としました。
[*12] **6-4** 参照。

6-6 ▶ 複素数の計算②：極座標
～指数みたい～

難易度 ★★☆☆☆

> ▶【極座標の掛け算と割り算】
> ①**掛け算**：長さは掛け算、角度は足し算
> $$(r_1 \angle \theta_1)(r_2 \angle \theta_2) = r_1 r_2 \angle (\theta_1 + \theta_2)$$
> ②**割り算**：長さは割り算、角度は引き算
> $$\frac{r_1 \angle \theta_1}{r_2 \angle \theta_2} = \frac{r_1}{r_2} \angle (\theta_1 - \theta_2)$$

指数法則と比べると、よく似てますね。その理由は **6-7** で説明します。

$A^a A^b = A^{a+b}$ （掛け算は指数の足し算）

$\dfrac{A^a}{A^b} = A^{a-b}$ （割り算は指数の引き算）

● **例**　$z_1 = 6 \angle \dfrac{\pi}{6}, z_2 = 2 \angle \left(-\dfrac{\pi}{3}\right)$ のとき、

$$z_1 z_2 = \left(6 \angle \frac{\pi}{6}\right)\left(2 \angle \left(-\frac{\pi}{3}\right)\right) = 6 \cdot 2 \angle \left(\frac{\pi}{6} + \left(-\frac{\pi}{3}\right)\right) = 12 \angle \left(-\frac{\pi}{6}\right)$$

$$\frac{z_1}{z_2} = \frac{\left(6 \angle \dfrac{\pi}{6}\right)}{\left(2 \angle \left(-\dfrac{\pi}{3}\right)\right)} = \frac{6}{2} \angle \left(\frac{\pi}{6} - \left(-\frac{\pi}{3}\right)\right) = 3 \angle \frac{\pi}{2}$$

となります。極座標の表示だと、掛け算や割り算はとても楽ですね。このことから、極座標で与えられた複素数の足し算や引き算は、いったん直交座標に変換してから行うと楽です。極座標は掛け算、割り算に向いた表示で、直交座標は足し算、引き算に向いた表示であるといえます。

問 6-5　$z_1 = 10 \angle 60°$, $z_2 = 5 \angle 30°$ のとき次の各値を求めましょう。

(1) $z_1 z_2$　　(2) $\dfrac{z_1}{z_2}$　　(3) $z_1 + z_2$　　(4) $z_1 - z_2$

正解は P.304

①掛け算の証明

直交座標表示に変換して計算してみましょう。

$$(r_1 \angle \theta_1)(r_2 \angle \theta_2)$$
$$= (r_1 \cos \theta_1 + jr_1 \sin \theta_1)(r_2 \cos \theta_2 + jr_2 \sin \theta_2)$$
$$= r_1 \cos \theta_1 \cdot r_2 \cos \theta_2 + r_1 \cos \theta_1 \cdot jr_2 \sin \theta_2$$
$$\quad + jr_1 \sin \theta_1 \cdot r_2 \cos \theta_2 + jr_1 \sin \theta_1 \cdot jr_2 \sin \theta_2$$
$$= \underbrace{r_1 r_2 (\cos \theta_1 \cos \theta_2 - \sin \theta_1 \sin \theta_2)}_{\text{実部}}$$
$$\quad + \underbrace{jr_1 r_2 (\sin \theta_1 \cos \theta_2 + \cos \theta_1 \sin \theta_2)}_{\text{虚部}}$$

ここで、三角関数の加法定理[*13]

$$\sin(A + B) = \sin A \cos B + \cos A \sin B$$
$$\cos(A + B) = \cos A \cos B - \sin A \sin B$$

より、

$$(\text{実部}) = r_1 r_2 \cos(\theta_1 + \theta_2)$$
$$(\text{虚部}) = r_1 r_2 \sin(\theta_1 + \theta_2)$$

となります。つまり、掛け算 $(r_1 \angle \theta_1)(r_2 \angle \theta_2)$ の結果、これは長さが $r_1 r_2$、偏角が $(\theta_1 + \theta_2)$ であることがわかりました。よって、

$$(r_1 \angle \theta_1)(r_2 \angle \theta_2) = r_1 r_2 \angle (\theta_1 + \theta_2)$$

が示されました。(証明終わり)

問 6-6 ②**割り算の証明**を読者の方はぜひやってみてください。

|ヒント| 分母の複素共役を分母分子に掛ける。そして加法定理を使う。

$$\sin(A - B) = \sin A \cos B - \cos A \sin B$$
$$\cos(A - B) = \cos A \cos B + \sin A \sin B$$

|正解は P.304|

---

*13 **5-13** 参照。$A = \theta_1, B = \theta_2$ として加法定理の右辺を左辺に置き換える。

6-7 ▶ オイラーの公式
～指数関数と三角関数の遭遇～

オイラーは、なぜかよくボイラーと混同されますが、ドイツの偉大な数学者で、本当に天才です。その天才が見つけた**オイラーの公式**と呼ばれるものを紹介します。

> ▶【オイラーの公式】
> $e^{j\theta} = \cos\theta + j\sin\theta$

ここで e は**自然対数の底**あるいは**ネイピアの数**などと呼ばれる定数で、

$$e = \underbrace{\left(1+\frac{1}{n}\right)^n}_{\text{この式で、}n\text{を限りなく大きくする}} = 2.7182818284\cdots$$

と決められています。途中の式で、「n を限りなく大きくする」という考え方がありますが、これは第7章でふれる「極限」で詳しく説明します。ここでは、e は 2.7182818284… という定数で、円周率 $\pi = 3.1415926535$… と同じぐらい重要な値だということを知っておいてください。

さて、オイラーの公式を眺めてみると、左辺は指数関数、右辺は三角関数となっていますね。しかも、指数関数の右肩に乗っているのは虚数 $j\theta$ です。ここで重要なのは、**指数関数を複素数まで拡張すると三角関数と結びつく**ということです。

オイラーの公式を絵で眺めてみましょう。図 6.11 のように、$e^{j\theta} = \cos\theta + j\sin\theta$ を複素平面上に取ると、実軸が $\cos\theta$、虚軸が $\sin\theta$ となる点が $e^{j\theta}$ の座標となります。これは極座標で表せば $1\angle\theta$、つまり長さが 1 で偏角が θ となります。これの長さを r 倍するには、複素数全体を r 倍して $re^{j\theta} = r\cos\theta + jr\sin\theta$ となり、極座標では $r\angle\theta$ となります。

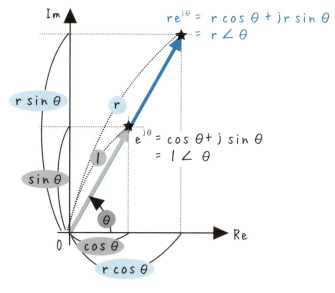

図 6.11：$e^{j\theta}$ と $re^{j\theta}$ の座標

　以上のことから、指数で表された複素平面上の点 $re^{j\theta}$ は、$r \angle \theta$ と同じであることがわかりました。この指数を使った表示を**指数表示**といいます。これまで、直交座標、極座標、指数によって複素数を表しました。
　ここに 3 つの表示方法をまとめます。

> ▶【直交座標・極座標・指数表示】
> 直交座標表示：$z = x + jy$
> 極座標表示：$z = r \angle \theta$
> 指数表示：$z = re^{j\theta}$

　指数表示によって、極座標の掛け算、割り算が指数法則にとても似ている理由がわかります。$z_1 = r_1 \angle \theta_1 = r_1 e^{j\theta_1}$、$z_2 = r_2 \angle \theta_2 = r_2 e^{j\theta_2}$ とすれば、

$$z_1 z_2 = r_1 e^{j\theta_1} r_2 e^{j\theta_2} = r_1 r_2 \, e^{j\theta_1 + j\theta_2} = r_1 r_2 \, e^{j(\theta_1 + \theta_2)} = r_1 r_2 \angle (\theta_1 + \theta_2)$$

$$\frac{z_1}{z_2} = \frac{r_1 e^{j\theta_1}}{r_2 e^{j\theta_2}} = \frac{r_1}{r_2} \frac{e^{j\theta_1}}{e^{j\theta_2}} = \frac{r_1}{r_2} e^{j(\theta_1 - \theta_2)} = \frac{r_1}{r_2} \angle (\theta_1 - \theta_2)$$

というように、オイラーの公式で指数表示にして指数法則を使えば、簡単に **6-6** の証明が得られます。

COLUMN　オイラーの等式

オイラーの公式 $e^{j\theta} = \cos\theta + j\sin\theta$ で $\theta = \pi$ とすると、$e^{j\pi} = \cos\pi + j\sin\pi = -1 + j0 = -1$ となります。-1 を左辺に移項して $e^{j\pi} + 1 = 0$ が得られます。これは**オイラーの等式**と呼ばれるもので、オイラー自身が「この式の意味はわからない」と評したほど、深遠で美しい式です。

なぜかわかりますでしょうか？　この式には数学上重要な5つの定数が含まれています。

(1) 自然対数の底 $e = 2.71828\cdots$
(2) 円周率 $\pi = 3.14159\cdots$
(3) 虚数単位 $j = \sqrt{-1}$
(4) 1
(5) 0

この5つです。(4)の1というのは、$a \cdot 1 = 1 \cdot a = a$ というように、何に掛けても元の数になる、掛け算上の基本となる数です（専門的には単位元といいます）。(5)の0というのは、$a + 0 = 0 + a = a$ というように、何に足しても元の数になる、足し算上の基本となる数（単位元）です。

第7章

微分・積分

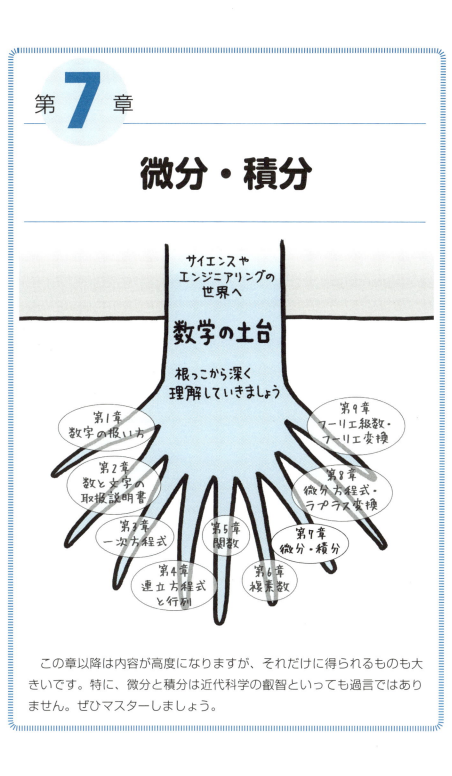

　この章以降は内容が高度になりますが、それだけに得られるものも大きいです。特に、微分と積分は近代科学の叡智といっても過言ではありません。ぜひマスターしましょう。

7-1 ▶ 微分とは①：微分の意味
~どれだけ変化したか~

微分（びぶん）と聞くと、難しそう、よくわからないといった先入観を持っている方が多いようです。微分の概念や考え方はとってもシンプルで便利なだけに、応用範囲がとっても広く、いろんな難しい問題に登場してしまいます。それが微分というものを難しく感じさせるのかもしれません。ここでは、まず微分とはどんなものなのか、その雰囲気をつかんでみてください。

> ▶【微分】
> **どれだけ変化したか**

微分は「微」小な部「分」と書きますが、意味もその通りで、その瞬間の微小な部分でどれだけ変化をしているかを表す量です。

図 7.1 に車が走っている絵があります。車は一定の速度（1 秒間に 1 m：1 m/s）で走っているとしましょう。このとき、車の位置がどのように変化しているかを調べます。

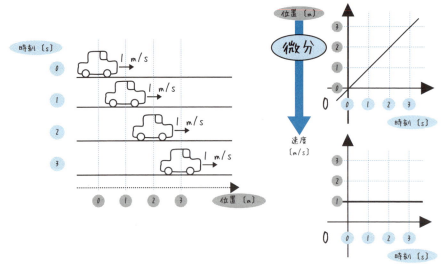

図 7.1：速度（＝位置の変化）が一定の場合

車は常に1秒間に1mずつ前に進みます。だから、車の位置は1mずつ増えることになりますね。このときの時間と位置の関係をグラフにすると、図7.1右上のようになります。時間と共に位置がどんどん大きな値になっています。一方、速度は時間に対して一定です。時間と速度の関係をグラフにすると、図7.1右下のようになります。

　次に、車の速度がどんどん速くなる場合を調べてみましょう。図7.2 にだんだん加速している車の絵があります。車の速度は初め1 m/sで、1秒間に1 m/sずつ加速しているとしましょう。このとき、車の位置がどのように変化しているかを調べます。

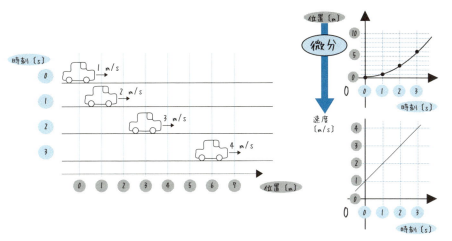

図 7.2：速度（＝位置の変化）が一定の割合で増える場合

　車の速度（＝位置の変化）がどんどん増えるので、位置の変化する量もどんどん増えています。このときの時間と位置の関係をグラフにすると、図7.2 右上のように、位置変化はどんどん大きくなっています。一方、速度は時間に対して一定の割合で増えています。時間と速度の関係をグラフにすると、図7.2 右下のようになります。

　ここで、「位置」と「速度」の関係を数学の言葉でスマートに表しましょう。「位置」が時間単位あたりにどれだけ変化したかが「速度」です。数学の専門用語で「微分」とは、その瞬間瞬間に微分される量がどのぐらい変化しているかを求める操作です。つまり、「位置」という量を「時間」で微分すると、「速度」という量になるのです。

7-2 ▶ 微分とは②：微分の値
～その瞬間での変化の割合～

難易度 ★★☆☆☆

> ▶【微分の値：微分係数】
> 変化の割合を瞬間でみたもの

　7-1で微分の意味を紹介しました。「位置」という「量」を時間で微分すると、「速度」になりました。ここでは「微分」という操作をすると、図7.3のように、位置の微分から本当に速度が出るのかについて説明します。注目してほしいのは各時刻で、位置と速度の値が刻々と変化しているところです。つまり、微分して得られる値も、微分される値も、時々刻々変化している量だということです。

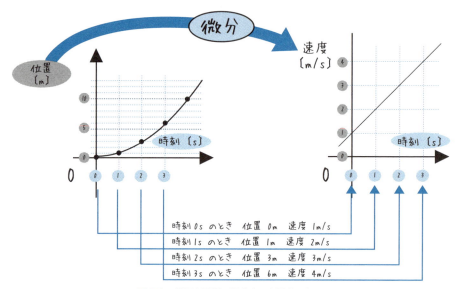

時刻0sのとき　位置0m　速度1m/s
時刻1sのとき　位置1m　速度2m/s
時刻2sのとき　位置3m　速度3m/s
時刻3sのとき　位置6m　速度4m/s

図7.3：位置を時間で微分すると速度になる

　それでは、そんな時々刻々変化する「位置」や「速度」の微分というものがどのように決められているか説明します。微分とは、ざっくりいえば「どれだけ変化しているか」を表す量なのですが、それを「時々刻々、その瞬間瞬間でどれだけ変化しているか」を表す必要があります。

それでは時々刻々での変化を調べる前に、ある程度の間隔での変化を調べましょう。図 7.4 のように、点☆と点☆との間の変化の割合を考えます。まず、左端では、

〔点☆と点☆の間の時刻〕= 3 s − 0 s = 3 s
〔点☆と点☆の間の位置〕= 6 m − 0 m = 6 m

だから、

$$\frac{〔点☆と点☆の間の位置〕}{〔点☆と点☆の間の時刻〕} = \frac{6\ \text{m}}{3\ \text{s}} = 2\ \text{m/s}$$

となります。この値を、「時刻 0 s から 3 s までの平均変化率」と呼びます。平均変化率は、ある一定の区間での変化の割合を表しています。

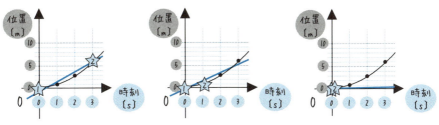

図 7.4：平均変化率と微分係数（時刻 0 s を起点に）

それでは図 7.4 のように、点☆を点☆にどんどん近づけてみましょう。
すると、点☆と点☆を結ぶ直線は点☆での接線に近づいていきますね。この接線の傾きは点☆での瞬時の変化量、つまり微分の値を意味します。この値を、点☆における**微分係数**（びぶんけいすう）といいます。

同じように、他のどの点でも微分係数を決めることができます。図 7.5 では、点☆を時刻 2 s を起点として微分係数を調べています。

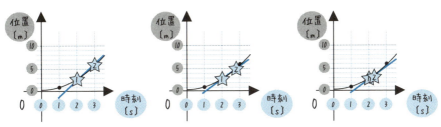

図 7.5：平均変化率と微分係数（時刻 2 s を起点に）

7-3 ▶ 微分とは③：微分の表記
～要するに割り算なのです～

今まで絵で表していた「微分」を、ここでは式で表現してみます。

▶【微分の表記：割り算】
微分する変数で割る。平均変化率の極限値

時刻 t における位置が $y(t)$ であるとき、時刻 t_A における微分係数は、

$$y'(t_A) \quad \left.\frac{dy}{dt}\right|_{t=t_A} \quad \frac{dy}{dt}(t_A) \quad \dot{y}(t_A)$$

などと表記されます[*1]。本書でも、場合によっていろんな書き方をします。

図7.6は関数 $y = y(t)$ のグラフです。$t = t_A$ における微分係数を式で書いてみましょう。まず、$t = t_B$ における点☆と $t = t_A$ における点☆を結ぶ直線の傾きは、

$$\frac{y(t_B) - y(t_A)}{t_B - t_A}$$

で、t_A から t_B までの**平均変化率**と呼ばれています。t_B を t_A に近づけることを「$t_B \to t_A$」と書き、その操作を「**極限**を取る」といい、「$\lim_{t_B \to t_A}$」と書きます。そのときの値は**極限値**と呼ばれます。この記号 $\lim$ は、極限の英語 limit からきています。この記号を使えば微分係数は、

$$y'(t_A) = \lim_{t_B \to t_A} \frac{y(t_B) - y(t_A)}{t_B - t_A}$$

と式で表すことができます。あるいは、図7.6のように $t_B - t_A = \Delta t$ と置いて、$\Delta t \to 0$ としても同じことで、このとき $t_B = t_A + \Delta t$ なので、

[*1]「′」という記号を日本人の方はよく「ダッシュ」と読みますが、世界共通で「プライム」と読むのが正しいです。また、$\frac{dy}{dt}$ の「d」は文字式の d ではなく、微分を表す「d」で、読み方も「でぃーわい・でぃーてぃー」と、分数でいう分子の部分を先に、分母をあとに読みます。また、これ以降の数式で、もっと複雑な表記などがありますが、そうなるとほとんど読み方の説明はありません。数式は口述のためでなく、記述のためにあるものなので、読み方は重要ではなく、伝わればそれほど問題ありません。たとえば、$\left.\frac{dy}{dt}\right|_{t=t_A}$ は「d y d t の $t = t_A$ における値」とも読めますし、「d y d t の $t = t_A$ における微分係数」とも読めますし、「$t = t_A$ での d y d t」とも読めます。読み方の統一などは気にしないでも大丈夫です。

$$y'(t_A) = \lim_{\Delta t \to 0} \frac{y(t_A + \Delta t) - y(t_A)}{\Delta t}$$

としても構いません。この Δ（デルタ）というギリシャ文字は、文字式の前に添えて「小さい値だよ」ということを含ませる記号で、この文字自体に値があるわけではありません。

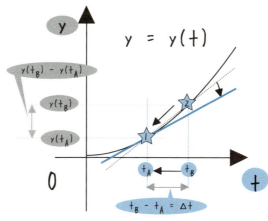

図 7.6：微分係数の立式

● **例** 微分係数が式で表現できたので、$y(t) = t^2$ の $t = t_A$ での微分係数を求めてみましょう。

答

$$y'(t_A) = \lim_{\Delta t \to 0} \frac{y(t_A + \Delta t) - y(t_A)}{\Delta t} = \lim_{\Delta t \to 0} \frac{(t_A + \Delta t)^2 - t_A^2}{\Delta t}$$

$$= \lim_{\Delta t \to 0} \frac{\cancel{t_A^2} + 2 t_A \Delta t + (\Delta t)^2 - \cancel{t_A^2}}{\Delta t} = \lim_{\Delta t \to 0} \frac{2 t_A \cancel{\Delta t} + (\Delta t)^{\cancel{2}}}{\cancel{\Delta t}}$$

$$= \lim_{\Delta t \to 0} (2 t_A + \Delta t) \quad \Leftarrow \boxed{\text{ここで } \Delta t \to 0 \text{ とする}}$$

$$= 2 t_A + 0 = 2 t_A$$

問 7-1 $y = t^3$ のとき、$y'(t_A)$ を求めましょう。

ヒント $(X + Y)^3 = X^3 + 3 X^2 Y + 3 X Y^2 + Y^3$

正解は P.305

7-4 ▶ 微分の演算
~「関数→関数」は演算子~

 ▶【微分と微分係数】
微分係数の値を全部求めると「微分」

「微分係数」と「微分」の違いを説明しておきます。たとえば $y = t^2$ の $t = t_A$ における微分係数は、**7-3** の例で求めたように $y'(t_A) = 2\,t_A$ でしたね。

ここで、t_A というのは特にどんな値なのかを決めたわけではなく、どんな値でも大丈夫です。つまり、t_A を t に置き換えて $y'(t) = 2\,t$ とすることもできます。この $y'(t)$ のように、すべての変数の取る値での微分係数がわかったとき、$y'(t)$ も t の関数になります。このとき単に、「$y'(t)$ は $y(t)$ を t で微分したもの」と呼ばれています。つまり、**7-3** では t_A の値を特に指定しなかったので、すでにどんな場所でも微分係数がわかっており「微分」は求まっていたのです。

式で書けば、

$$y'(t) = \lim_{\Delta t \to 0} \frac{y(t + \Delta t) - y(t)}{\Delta t}$$

となります。微分係数の式で t_A を t に置き換えただけですね。$y(t)$ を t で微分するということは、

$$y'(t) \qquad \frac{dy}{dt} \qquad \frac{dy}{dt}(t) \qquad \dot{y}(t)$$

などと表されます。また、微分されたこれらの関数を**導関数**(どうかんすう)といいます。

問 7-2 $y = x^3$ のとき、導関数 y' を求めましょう。

正解は P.306

▶【微分は演算子である】
演算子は、関数を別の関数に変換するもの

$y(t) = t^2$ という関数（2次関数）を t で微分すると $y'(t) = 2t$ という別の関数（1次関数）が得られました。ある関数に微分という操作を施すと、別の関数が出てきます。このことから、微分は演算子として機能します。それを一番わかりやすく表記している記号が $\dfrac{dy}{dt}$ です。

$$y = t^2 \text{、} \dfrac{dy}{dt} = 2t$$

ですが、

$$\dfrac{dy}{dt} = \dfrac{d}{dt} y = 2t$$

のように書けば、「$\dfrac{d}{dt}$」という演算子が y に作用して別の関数を生成しているというように見えますね。

第5章で、関数はある数値から数値へ変換する機能をもったものだという説明をしました。同じように考えて、関数から関数へ変換する機能をもったものを**演算子**（えんざんし）、あるいは**作用素**（さようそ）といいます[*2]。

○高次の微分

微分の操作を繰り返し行うことを考えます。$y(t)$ を微分して得られたものをもう一度微分したものを **2階微分** といい、$y''(t)$、$\dfrac{d^2 y}{dt^2}$ などと書きます。同じように、$y(t)$ を n 回微分したものを n 階微分といい $\dfrac{d^n y}{dt^n}$ や、$y^{(n)}(x)$ などと書きます。

● **例**　$y(x) = x^3$ のとき、
$y'(x) = 3x^2$
$y''(x) = (y'(x))' = (3x^2)' = 3(x^2)' = 3(2x) = 6x$

問 7-3　$y(x) = x^3$ のとき、$y^{(3)}(x)$ を求めましょう。

正解は P.306

[*2] 物理の量子力学という分野では演算子と呼ばれ、数学の分野では作用素と呼ばれることが多いです。本書では「演算子」と呼ぶことにします。また、演算子はより一般に「関数から関数への写像」ととらえることもできます。

7-5 ▶ いろんな関数の微分
～習うより慣れろ～

ここではよく使う関数の微分を紹介しておきます。

> **▶【よく使う微分】**
>
> ① 正関数（x のべき乗 x^n）
>
> $$y(x) = x^n \to \frac{d}{dx} y = nx^{n-1}$$
>
> ①' 定数関数
>
> $$y(x) = c \to \frac{d}{dx} y = 0$$
>
> ② 三角関数
>
> $$y(x) = \sin x \to \frac{d}{dx} y = \cos x$$
>
> $$y(x) = \cos x \to \frac{d}{dx} y = -\sin x$$
>
> $$y(x) = \tan x \to \frac{d}{dx} y = \frac{1}{\cos^2 x}$$
>
> ③ 双曲線関数
>
> $$y(x) = \sinh x \to \frac{d}{dx} y = \cosh x$$
>
> $$y(x) = \cosh x \to \frac{d}{dx} y = \sinh x$$
>
> $$y(x) = \tanh x \to \frac{d}{dx} y = 1 - \tanh^2 x = \frac{1}{\cosh^2 x}$$
>
> ④ 指数関数・対数関数
>
> $$y(x) = e^x \to \frac{d}{dx} y = e^x$$
>
> $$y(x) = \ln x \to \frac{d}{dx} y = \frac{1}{x}$$

それぞれの関数で微分を行うとどうなるか、意味を解説しておきます。これらの証明についても一度は理解しておくことは大切ですが、微分の意味を理解

するほうが実用面では重要です。

①正関数

n という係数が下りてきて、x の次元が 1 つ減って $n-1$ になっていますね。これは「微分が割り算」であるから当然なのですが、

$$\frac{dy}{dx} = \lim_{\Delta x \to 0} \frac{y(x+\Delta x) - y(x)}{\Delta x}$$

のように、Δx で割り算をしています。

①' 定数関数

①の特別な場合で、$n=0$ のときは $y(x) = x^0 = 1$ となって、x の値に関わらず一定の値が返ってきます。その微分の値も $y'(x) = 0 \cdot x^{0-1} = 0$ と、①の式で説明できます。そのような関数は変化がなく、グラフを描けば横軸に平行になり、常に接線の傾きはゼロですね。一般に、定数関数を微分すればゼロになります。

②三角関数

これは極めてよく使うものです。性質は、**7-7** でグラフを見ながら理解するとよいでしょう。ここでは微分の計算のために、この結果だけ知っておきましょう。電気の世界で「sin の微分は cos、cos の微分は $-$ sin」というのを知らないのは、海図なしで航海に出るようなものです。海図なしでも近場までは行けますが、遠くの世界まで行きたければ海図が必要です。

③双曲線関数

〔はいぱぼりっくさいん〕
$$\sinh x = \frac{e^x - e^{-x}}{2}$$

〔はいぱぼりっくこさいん〕
$$\cosh x = \frac{e^x + e^{-x}}{2}$$

〔はいぱぼりっくたんじぇんと〕
$$\tanh x = \frac{\sinh x}{\cosh x}$$

これらを**双曲線**（そうきょくせん）**関数**といいます。電線を張ったときの「たるみ」などを表すのに使われます。微分に対する性質は、三角関数によく似ていますね。

④指数関数・対数関数

これもよく登場する微分です。e は **6-7** で登場した自然対数の底（ネイピアの数）です。自然対数の底をとる指数関数の微分 $(e^x)'$ はもとの e^x になるということは、極めて重要です。

$\ln x$ は $\log_e x$ の省略形で、**自然対数**（しぜんたいすう）といいます。

7-6 ▶ 微分の性質と計算
~テクニック満載~

微分の計算を行う際、理論上重要な性質を紹介します。

> ▶【微分の性質】
> - $f(x)$、$g(x)$：微分できる関数
> - c：定数
>   ※関数の変数 x は省略し、単に f や g と書くこともある
>
> ① 足し算・引き算（線形性）：足し算・引き算の微分は、それぞれの微分の足し算・引き算。定数倍の微分は、微分の定数倍
> $$(f(x) + g(x))' = f'(x) + g'(x) \quad (cf(x))' = cf'(x)$$
>
> ② 積：「片方を微分してもう片方はそのまま」の和
> $$(fg)' = f'g + fg'$$
>
> ③ 商：引き算の順番に注意
> $$\left(\frac{f}{g}\right)' = \frac{f'g - fg'}{g^2}$$
>
> ④ 合成関数：$f(g(x))$ のように、関数の関数を取る関数。マトリョーシカ人形と似た構造
> $$[f(g(x))]' = f'(g(x))g'(x)$$
> $$\frac{df}{dx} = \frac{df}{dg} \cdot \frac{dg}{dx}$$
> と書くと、右辺の dg が約分できるように見えて理解しやすい
>
>
> 合成関数のマトリョーシカ的理解
>
> ⑤ 逆関数：$y = f(x)$ の逆関数を $x = f^{-1}(y)$ として、
> $$(f^{-1})'(y) = \frac{1}{f'(x)}$$

● 例　$f(x) = 5\sin x + \sin(2x + \pi)$ として $f'(x)$ を求めましょう。

答　まず①を使って、
$f'(x) = (5\sin x)' + (\sin(2x + \pi))'$
$\quad\quad = 5(\sin x)' + (\sin(2x + \pi))'$

第 1 項は $(\sin x)' = \cos x$、第 2 項は④で $g(h) = \sin h$、$h(x) = 2x + \pi$ とすれば、$g(h(x)) = g(2x + \pi) = \sin(2x + \pi)$ です。よって、

$g'(h(x)) = \dfrac{dg}{dh} \dfrac{dh}{dx} = (\sin(h))' \cdot \dfrac{d}{dx}(2x + \pi)$
$\quad\quad\quad = \cos(h) \cdot [(2x)' + (\pi)']$
$\quad\quad\quad = \cos(2x + \pi) \cdot (2 + 0)$　← $(x)' = 1$、$(c)' = 0$

より、次式が求められます。
$f'(x) = 5\cos x + 2\cos(2x + \pi)$

● 例　$f(x) = x\sin x$ として $f'(x)$ を求めましょう。

答　②を使えば、
$f'(x) = (x)'\sin x + x(\sin x)' = 1 \cdot \sin x + x\cos x$
$\quad\quad = \sin x + x\cos x$

● 例　$f(x) = \dfrac{\sin x}{x}$ として $f'(x)$ を求めましょう。

答　③を使えば、
$f'(x) = \dfrac{(\sin x)' x - \sin x (x)'}{x^2} = \dfrac{(\cos x) x - (\sin x) \cdot 1}{x^2}$
$\quad\quad = \dfrac{x\cos x - \sin x}{x^2}$

問 7-4　次の微分を求めましょう。

(1) $f_1(x) = 3(2x + 1)^4$　　(2) $f_2(x) = \sin(x^2)$

(3) $f_3(x) = \sin(kx + \theta)$　　(4) $f_4(x) = \dfrac{x}{\ln x}$

正解は P.306

7-7 ▶ 微分とグラフ
~微分係数がゼロ ↔ 極値~

微分の値である微分係数はその点での接線の傾きなので、これは、グラフを描いたときに増減を調べるのに役立ちます。

> ▶【微分の値とグラフ】
> $f'(x) < 0$ ↔ 減少
> $f'(x) = 0$ ↔ 極大または極小
> $f'(x) > 0$ ↔ 増加

図 7.7 にあるように、微分係数が負（$f'(x) < 0$）の場所では、接線は右下を向きますから、関数のグラフを描いたときには右下がり、つまり減少することになります。逆に、微分係数が正（$f'(x) > 0$）の場所では、接線は右上を向きますから、関数のグラフを描いたときには右上がり、つまり増加することになります。

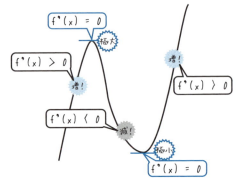

図 7.7：微分係数と増減・極大・極小

微分係数がゼロ（$f'(x) = 0$）のときは、その点の近所[*3]で一番大きくなるか一番小さくなります。$f'(a) = 0$ となる $x = a$ の近所で $f(a)$ の値が近所の値よりも大きいとき、$f(a)$ を **極大値**（きょくだいち）といいます。$f'(b) = 0$ となる $x = b$ の近所で $f(b)$ の値が近所の値よりも小さいとき、$f(b)$ を **極小値**（きょくしょうち）といいます。極大値と極小値をあわせて **極値**（きょくち）といいます。

注意したいのは、それが $f(x)$ の最大値や最小値ではなく、あくまでもその近辺で一番大きいか小さいかということです。図 7.7 を見るとわかりますが、極大値よりも大きい値がグラフの右のほうにありますし、極小値よりも小さい値がグ

[*3] 難しい言葉で近傍（きんぼう）といいます。

ラフの左のほうにあります。グラフの形でいえば、お山の上か谷の底を表しています。

● 例　図7.8 は関数 $f(x) = x^2$ の増減を、微分 $f'(x) = 2x$ のグラフから示したものです。

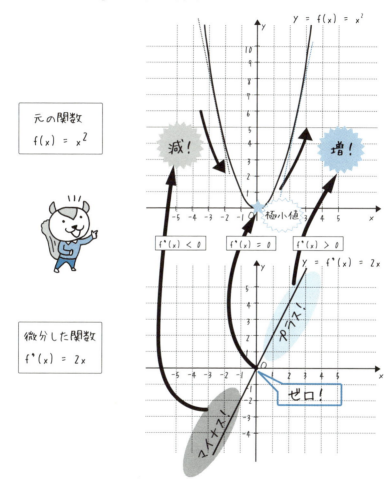

図7.8：$f(x) = x^2$ のグラフと微分

問7-5　$f(x) = \sin x$ として、$y = f(x)$ と $y = f'(x)$ のグラフを描き、増減と極値を調べましょう。本問は、三角関数の性質を知るうえで重要な問題です。

正解は P.306

7-8 ▶ 積分とは
〜面積のこと〜

> ▶【積分で】
> グニャグニャした面積も決めることができる

　積分（せきぶん）と聞くと難しく感じられるかもしれませんが、その決め方自体は簡単です。「面積」を計算するとき、長方形は「縦×横」で求められますが、円や三角関数のグラフのような、グニャグニャした形の面積をどのようにして求めるかを決めたのが積分です。

　積分によって面積は次のように表されます。積分の記号は $\int$ という記号で、「インテグラル」と読み、

$$\int_a^b f(x)\,dx = 「(x = a から x = b の区間で) x 軸と f(x) が囲む面積」$$

で決められています。ただし、図7.9のように、x 軸より上の部分の面積は正の値、x 軸より下の部分の面積は負の値と、符号付の面積に拡張されています。

　次に、積分によって決められた、特にグニャグニャした形の面積を具体的に求める方法を説明します。基本は、長方形を無限に細かく敷き詰めてその面積を合計するということをします。図7.10のように、$y = f(x)$ のグラフで $x = a$ から $x = b$ までを Δ という長さで5つに分割します。このとき、分割した範囲で一番高いものを上限（sup：スープ[*4]）、一番低いものを下限（inf：インフ）といいます。分割した長さ Δ を「横」、上限を「縦」として長方形の面積を合計したものを過剰和（かじょうわ）といい、S^* と書きます。実際、本当に求めたい面積より過剰に足し算していますね。分割した長さ Δ を「横」、下限を「縦」として長方

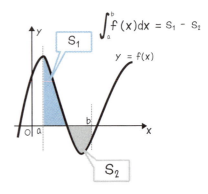

図7.9：面積で積分は決められている

[*4] 味噌汁ではありません。

形の面積を合計したものを**不足和**（ふそくわ）といい、S_* と書きます。実際、本当に求めたい面積より足りないですね。このことから、

$$S_* < \int_a^b f(x)\,\mathrm{d}x < S^* \quad (☆)$$

となります。また、過剰和と不足和はそれぞれ、上リーマン和、下リーマン和と呼ばれることもあります。

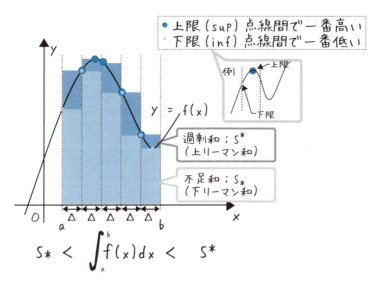

図7.10：積分の考え方

ここで、図 7.11 のように分割を増やしていくことを考えましょう。分割が増えると、過剰和と不足和の差はなくなっていき、いずれなめらかな、グニャグニャした形の占める面積に近づいていくことがわかります。そこで、「積分ができる」ことを**積分可能**[*5]といい、「分割を増やしたとき $S_* = S^*$ が成立する」ことをいいます。分割数を限りなく大きくして $S_* = S^*$ となったときのことを考えましょう。∞という記号で**無限大**を表し、$x \to \infty$ は x を限りなく大きくすることを表します。分割数 $\to \infty$ のとき $S_* = S^*$ となれば、式（☆）は、

$$\int_a^b f(x)\,\mathrm{d}x = S_* = S^*$$

であり、この値を「$f(x)$ の a から b までの**定積分**（ていせきぶん）」といいます。

[*5] 厳密には、この分割による積分の場合「リーマン積分」可能ということになります。

またこのように、式（☆）のような不等式の両側の値の極限値から、挟まれた値を割り出す手法を**はさみうちの原理**といいます。

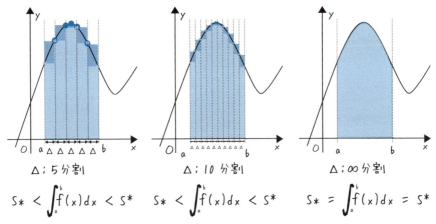

図 7.11：積分ができるとき $S_* = S^*$

定積分を求めることを、単に「積分する」「積分を求める」などといったり、定積分の値を「積分値」といったりもします。また、積分される関数（ここでいう $f(x)$）を**被積分関数**（ひせきぶんかんすう）といいます。

具体的に積分の値を求めてみましょう。その前に、具体的な手法として**区分求積法**（くぶんきゅうせきほう）を紹介します。図 7.11 のような上限（sup）や下限（inf）をすべての区間で把握するのは難しいので、図 7.12 のように左端や右端の値を使う方法を区分求積法といいます。

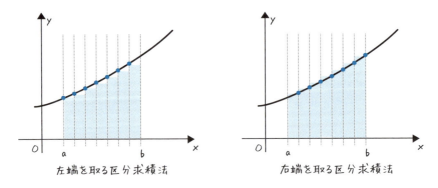

図 7.12：簡単に区分求積法でやってみよう

定積分の計算ということにはなりませんが、区分求積法で求めた面積と定積分が一致する場合を紹介します。

区分求積法で、$f(x) = x^2$ の $x = 0$ から $x = 1$ までで囲まれた面積を求めましょう。求めたい領域を、図7.13のような短冊で n 等分し、短冊の面積の合計を S_n とします。まず、分割した右端の x 座標は順に 0、$\dfrac{1}{n}$、$\dfrac{2}{n}$、$\dfrac{3}{n}$、$\cdots \dfrac{n-1}{n}$、$\dfrac{n}{n}$ $(=1)$ となります。これに対応する y 座標は $f(0)$、$f\left(\dfrac{1}{n}\right)$、$f\left(\dfrac{2}{n}\right)$、$f\left(\dfrac{3}{n}\right)$、$\cdots f\left(\dfrac{n-1}{n}\right)$、$f\left(\dfrac{n}{n}\right)$ つまり 0^2、$\left(\dfrac{1}{n}\right)^2$、$\left(\dfrac{2}{n}\right)^2$、$\left(\dfrac{3}{n}\right)^2$、$\cdots \left(\dfrac{n-1}{n}\right)^2$、$\left(\dfrac{n}{n}\right)^2$ です。よって、図7.13の短冊の面積 $\boxed{1}$、$\boxed{2}$、$\boxed{3}$、$\cdots$ $\boxed{n-1}$、$\boxed{n}$ は、

横の長さはすべて $\dfrac{1}{n}$ で、縦の長さは先に求めた y 座標だから、

$$\boxed{1} = \dfrac{1}{n} \cdot \left(\dfrac{1}{n}\right)^2,\ \boxed{2} = \dfrac{1}{n} \cdot \left(\dfrac{2}{n}\right)^2,\ \boxed{3} = \dfrac{1}{n} \cdot \left(\dfrac{3}{n}\right)^2,\ \cdots$$

$$\boxed{n-1} = \dfrac{1}{n} \cdot \left(\dfrac{n-1}{n}\right)^2,\ \boxed{n} = \dfrac{1}{n} \cdot \left(\dfrac{n}{n}\right)^2$$

となります。よって、

$$S_n = \dfrac{1}{n} \cdot \left(\dfrac{1}{n}\right)^2 + \dfrac{1}{n} \cdot \left(\dfrac{2}{n}\right)^2 + \dfrac{1}{n} \cdot \left(\dfrac{3}{n}\right)^2 \cdots + \dfrac{1}{n} \cdot \left(\dfrac{n-1}{n}\right)^2 + \dfrac{1}{n} \cdot \left(\dfrac{n}{n}\right)^2$$

$$= \dfrac{1^2}{n^3} + \dfrac{2^2}{n^3} + \dfrac{3^2}{n^3} \cdots + \dfrac{(n-1)^2}{n^3} + \dfrac{n^2}{n^3}$$

$$= \dfrac{1}{n^3}\left(1^2 + 2^2 + 3^2 \cdots + (n-1)^2 + n^2\right)$$

となります。ここで、

$$1^2 + 2^2 + 3^2 + \cdots + (n-1)^2 + n^2 = \dfrac{1}{6}n(n+1)(2n+1)$$

という公式を使えば、

$$S_n = \dfrac{1}{n^3} \cdot \dfrac{1}{6}n(n+1)(2n+1)$$

となります。ここで、分割を限りなく大きく、つまり $n \to \infty$ としましょう。まず、

$$S_n = \frac{1}{6} \cdot \frac{n}{n} \cdot \frac{(n+1)}{n} \cdot \frac{(2n+1)}{n} = \frac{1}{6} \cdot 1 \cdot \left(1 + \frac{1}{n}\right) \cdot \left(2 + \frac{1}{n}\right)$$

として $\lim_{t \to \infty} \frac{a}{t} = 0$ を使えば、

$$\lim_{n \to \infty} S_n = \lim_{n \to \infty} \frac{1}{6} \cdot 1 \cdot \left(1 + \frac{1}{n}\right) \cdot \left(2 + \frac{1}{n}\right) = \frac{1}{6} \cdot 1 \cdot (1+0) \cdot (2+0)$$
$$= \frac{1}{6} \cdot 2 = \frac{1}{3}$$

が得られます。これは、$f(x) = x^2$ の $x = 0$ から $x = 1$ までで囲まれた面積と一致して、次式となることが知られています。

$$\int_a^b f(x) \, \mathrm{d}x = \lim_{n \to \infty} S_n = \frac{1}{3}$$

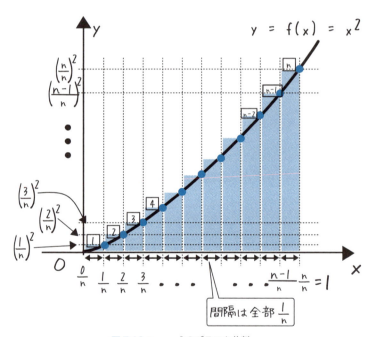

図 7.13：$y = x^2$ のグラフを分割

○和の記号 Σ：シグマ

　区分求積法で、1^2、2^2、…、n^2 を合計する場面がありました。和をまとめて書く記号Σシグマを使えばそのような式を短く書けますので、ここで紹介しておきます。添え字で番号をつけられた文字列を数列といって、a_1、a_2、…、

a_n などと表します。これらを全部足したいときは、

$$\sum_{i=1}^{n} a_i = a_1 + a_2 + a_3 + \cdots + a_n$$

と、左辺のように短く書くことができます。

①等差数列の和

となりどうしの差が同じ値になる数列：$a_i = a + d(i-1)$

a：初項　d：公差

$$\sum_{i=1}^{n} [a + d(i-1)] = a + (a+d) + (a+2d) + \cdots + (a+(n-1)d)$$
$$= \frac{1}{2} n[2a + (n-1)d]$$

②等比数列の和

となりどうしの比が同じ値になる数列：$a_i = ar^{i-1}$

a：初項　$r \neq 1$：公比

$$\sum_{i=1}^{n} ar^{i-1} = a \frac{1-r^n}{1-r}$$

③①で $a = 1$、$d = 1$ の場合

$$\sum_{i=1}^{n} i = 1 + 2 + 3 + \cdots + n = \frac{1}{2} n(n+1)$$

④2乗の和

$$\sum_{i=1}^{n} i^2 = 1^2 + 2^2 + 3^2 + \cdots + n^2 = \frac{1}{6} n(n+1)(2n+1)$$

⑤定数の和

$$\sum_{i=1}^{n} a = \underbrace{a + a + \cdots + a}_{n \text{個}} = na$$

⑥線形性 $\{a_i\}$、$\{b_i\}$ を数列、c、d を定数として、

$$\sum_{i=1}^{n} (ca_i + db_i) = c \sum_{i=1}^{n} a_i + d \sum_{i=1}^{n} b_i$$

7-9 ▶ 積分と微分
～不思議な関係～

> ▶【微分積分学の基本定理】
> 「微分」と「積分」は互いに**逆の操作**だよ
> おおお。これで計算が楽に

　7-8のように、微分に比べて、積分の具体的な値を求めるのは厄介でしたね。この**微分積分学の基本定理**がわかれば、**微分と積分は逆の操作**だということがわかり、積分を実行するには微分の反対の操作をすればよいことになります。電気数学の書籍だけでなく数学書でさえ、その結果だけを紹介している場合が多いのですが、本書では丁寧に解説することにします。

　まず、定積分の結果が x の関数になるように、

$$S(x) = \int_a^x f(u)\,du$$

としましょう。$S(x)$ の図形的な意味は、図7.14のように、$y = f(x)$ のグラフが $x = a$ からある x という場所までを x 軸と囲む面積になります。積分の中で、変数を x でなく u としているのは、積分内の変数と積分区間の文字を混同しないようにするためで、深い意味はありません。

　この関数で、Δx 増やしたときの値 $S(x + \Delta x)$ との差、

$$S(x + \Delta x) - S(x)$$

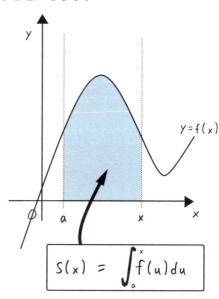

図7.14：$S(x)$ の意味

の値を考えましょう。これは、図 7.15 でいう ▮ の部分の面積に相当します。またこの区間、つまり $x < u < x + \Delta x$ の範囲での $f(u)$ の上限を M、下限を m とします。sup と inf の記号 [*6] を使って式で書けば、

$$\sup_{x<u<x+\Delta x} f(u) = M、\inf_{x<u<x+\Delta x} f(u) = m$$

となります。

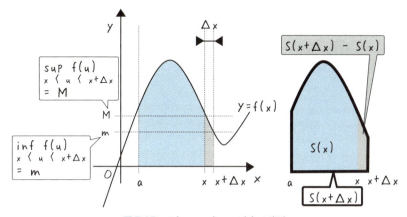

図 7.15：$S(x + \Delta x) - S(x)$ の意味

図 7.16 は図 7.15 の拡大図ですが、上限がつくる短冊の面積 $\Delta x \cdot M$、下限がつくる短冊の面積 $\Delta x \cdot m$、それから $S(x + \Delta x) - S(x)$ が示す面積には、

$$\Delta x \cdot m < S(x + \Delta x) - S(x) < \Delta x \cdot M$$

という大小関係があることがわかりますね。この不等式をすべて Δx で割ると、次式のようになります。

$$m < \frac{S(x + \Delta x) - S(x)}{\Delta x} < M \quad (☆)$$

[*6] **7-8** 参照。

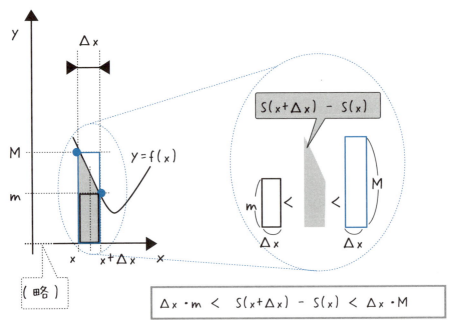

図 7.16：面積の大小関係 $\Delta x \cdot m < S(x + \Delta x) - S(x) < \Delta x \cdot M$

ここで $\Delta x \to 0$ の極限を考えましょう。図 7.17 のように、上限 M と下限 m の値がどんどん近づいていくことになります。しかも、そのときの値は、$u = x$ のときの値 $f(x)$ に限られます（他に取り得る値はありませんね）。よって $\Delta x \to 0$ のとき、m の値も M の値も $f(x)$ に近づきます。

このとき式（☆）は、はさみうちの原理[*7] より、

$$\lim_{\Delta x \to 0} \frac{S(x + \Delta x) - S(x)}{\Delta x} = f(x)$$

となります。微分の定義[*8] から左辺を書き直して、

$$\frac{d}{dx} S(x) = f(x)$$

が得られます。

$S(x)$ が何だったか、元の積分の形に戻すと、

[*7] **7-8** 参照。
[*8] **7-3** 参照。

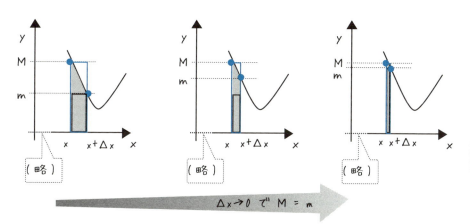

図7.17：$\Delta x \to 0$ を考えると

> ▶【微分積分学の基本定理（数式）】
> $$\frac{d}{dx} \int_a^x f(u)\,du = f(x)$$

となります。これを見れば、$f(u)$ という関数が積分されたのちに、微分されると $f(x)$ という関数に戻っています[*9]。つまり、**積分した関数を微分すると元に戻る**のです。言い換えれば**微分と積分は逆の操作**だということです。

　微分積分学の基本定理を使えば、積分の計算がとても楽になります。関数 $f(x)$ に対して、関数 $S(x)$ のように、微分すると元に戻る関数を**原始関数**（げんしかんすう）といい、$F(x)$ と書きます。つまり、

$$\frac{d}{dx} F(x) = f(x)$$

となる $F(x)$ を $f(x)$ の原始関数といいます。また、関数 $S(x)$ のように、定積分の領域を変数にして得られる x の関数を**不定積分**（ふていせきぶん）といいます。微分積分学の基本定理から、不定積分は次のように表されることがわかります。

$$S(x) = F(x) + C \quad (C \text{ は定数})$$

　この式を x で微分すれば、

[*9] 変数は何でもよいので u であろうが x であろうが構いません。たとえば $f(x) = \sin x$ でも $f(u) = \sin u$ でも関数の持つ意味は同じですね。

$$\frac{\mathrm{d}}{\mathrm{d}x} S(x) = \frac{\mathrm{d}}{\mathrm{d}x} (F(x) + C) = \frac{\mathrm{d}}{\mathrm{d}x} F(x) + \frac{\mathrm{d}}{\mathrm{d}x} C$$

となり、不定積分の定義から $\frac{\mathrm{d}}{\mathrm{d}x} F(x) = f(x)$、定数の微分 $\frac{\mathrm{d}}{\mathrm{d}x} C = 0$ なので、

$$\frac{\mathrm{d}}{\mathrm{d}x} S(x) = f(x)$$

を満たしてくれます。つまり、原始関数 $F(x)$ が見つかれば、

$$\int_a^x f(u)\,\mathrm{d}u = F(x) + C$$

の形で表すことができるのです。ここで、不定積分は、定積分の区間を省略して、

$$\int f(x)\,\mathrm{d}x = F(x) + C$$

と表記するのが普通です。この定数 C は、不定積分を求める際に生じる任意定数として、**積分定数**と呼ばれています。

以上のことから、定積分も簡単に求めることができます。$f(x)$ の原始関数 $F(x)$ が知られている場合、定積分 $\int_a^b f(x)\,\mathrm{d}x$ は次のように計算できます。

$$\int_a^b f(x)\,\mathrm{d}x = \int_a^x f(u)\,\mathrm{d}u + \int_x^b f(u)\,\mathrm{d}u \quad (♪)$$

図 7.18 のように、「a から b まで」の面積を、「a から x まで」と「x から b まで」の面積に分けただけです。

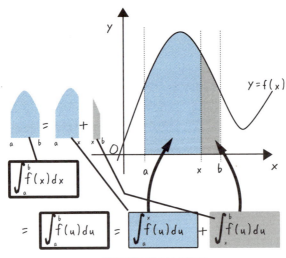

図 7.18：式 (♪) の説明

次に、積分する区間を入れ替えたときの公式、

$$\int_A^B f(x)\,\mathrm{d}x = -\int_B^A f(x)\,\mathrm{d}x \quad (♪♪)$$

を使います。**7-8** で説明したように、面積は符号付で考えますから、横幅の値がマイナスになる場合も考えます。積分する区間が入れ替わると、図 7.19 に示すように、幅の符号が変わります。A から B まで積分するとき、等間隔に 5 分割した幅は $\Delta_{AB} = \dfrac{B-A}{5}$ です。逆に B から A まで積分するときの幅は $\Delta_{BA} = \dfrac{A-B}{5}$ なので、$\Delta_{AB} = -\Delta_{BA}$ となりますね。これがどの分割数でも成り立ちますから、積分の区間の入れ替えは結局積分の結果の符号を入れ替えるだけで OK ということになります。

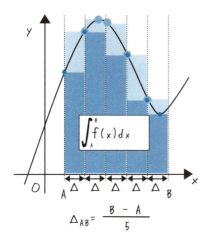

図 7.19：式 (♪♪) の説明：短冊への分割が 5 個の場合

式 (♪♪) を使って第 1 項の符号を入れ替え、式 (♪) を、

$$\int_a^b f(x)\,\mathrm{d}x = -\int_x^a f(u)\,\mathrm{d}u + \int_x^b f(u)\,\mathrm{d}u$$

と変形すれば、

$$\int_x^a f(u)\,\mathrm{d}u = F(a) + C,\quad \int_x^b f(u)\,\mathrm{d}u = F(b) + C$$

ですから、

$$\int_a^b f(x)\,\mathrm{d}x = -(F(a) + C) + (F(b) + C) = F(b) - F(a)$$

が得られます。つまり、関数 $f(x)$ の原始関数 $F(x)$ が知られていれば、定積分

の値は原始関数の区間端 ($x = a$、b) での値の差 $F(b) - F(a)$ となるのです。なお、計算式が見やすくなるように、

$$F(b) - F(a) = [f(x)]_{x=b}^{x=a}$$

と書かれることが多いです。あるいは、変数が x だということが明らかで省略したい場合は、次のように書きます。

$$F(b) - F(a) = [f(x)]_b^a$$

● 例　$f(x) = x^n$ の原始関数は $n \neq -1$ のとき $F(x) = \dfrac{1}{n+1} x^{n+1}$ となります。なぜなら、
$F'(x) = \dfrac{1}{n+1}(x^{n+1})' = \dfrac{1}{n+1}(n+1)x^n = x^n = f(x)$
となるからです。これを使って $\int_0^1 x^2 \, dx = \dfrac{1}{3}$ となり、**7-8 の定義から求めた値と一致することを確かめましょう。**

答

$$\begin{aligned}
\int_0^1 x^2 \, dx &= \left[\dfrac{1}{3} x^3\right]_0^1 \\
&= \dfrac{1}{3}[x^3]_0^1 \\
&= \dfrac{1}{3}(1^3 - 0^3) \\
&= \dfrac{1}{3}
\end{aligned}$$

7-8 のように定義から求めるよりも、はるかに簡単に計算できましたね。
普通、原始関数が知られている関数の定積分は、このように微分積分学の基本定理を使って計算されます。

問 7-6　$\int_0^1 x^3 \, dx = \dfrac{1}{4}$ となることを確かめてください。　正解は P.308

　代表的な原始関数の一覧を表 7.1 に示しておきます。この表が正しいかを確かめるには、右側の $\int f(x) \, dx$ を x で微分して左側の $f(x)$ と一致していればいいですよね。

表 7.1：代表的な原始関数（定数は省略しています）

$f(x)$	$\int f(x)\,dx$
$x^n \ (n \neq -1)$	$\dfrac{1}{n+1}x^{n+1}$
$\dfrac{1}{x}$	$\ln|x|$
$\sin x$	$-\cos x$
$\cos x$	$\sin x$
e^x	e^x
$\ln x \ (x > 0)$	$x \ln x - x$
$\sinh x$	$\cosh x$
$\cosh x$	$\sinh x$
$\dfrac{1}{\sqrt{a^2 - x^2}} \ (a > 0)$	$\sin^{-1}\dfrac{x}{a}$
$\dfrac{a}{x^2 + a^2} \ (a \neq 0)$	$\tan^{-1}\dfrac{x}{a}$
$\dfrac{1}{\sqrt{x^2 + a^2}}$	$\sinh^{-1}\dfrac{x}{a}$

● 例　原始関数の表を使って $\int_0^\pi \sin x\,dx$ を求めましょう。

答　$f(x) = \sin x$ の原始関数は $F(x) = -\cos x$ だから、
$$\begin{aligned}\int_0^\pi \sin x\,dx &= [-\cos(x)]_0^\pi \\ &= [-\cos(\pi)] - [-\cos(0)] \\ &= [-(-1)] - (-1) \\ &= +1 + 1 = 2\end{aligned}$$

問 7-7　表7.1の右側を実際に微分して、$f(x)$ と一致するか確かめてみましょう。

正解は P.308

7-10 ▶ 積分の計算
〜経験と慣れ〜

難易度 ★★★★

　積分の計算は、原始関数がいつも知られているわけではなく、経験と慣れが必要になってきます。ここでは積分の計算に必須である**部分積分**（ぶぶんせきぶん）と**置換積分**（ちかんせきぶん）について説明します。公式は次の通りですが、例を見ながら「習うより慣れろ」で使い方を身につけましょう。

> ▶ **【部分積分と置換積分】**
> ① **部分積分** $\quad \int f(x) g'(x) \, dx = f(x) g(x) - \int f'(x) g(x) \, dx$
> ② **置換積分** $\quad \int f(x) \, dx = \int f[g(u)] \dfrac{dg(u)}{du} \, du$
> 定積分で置換積分を使うには次のように積分する区間に注意
> $g(A) = a$、$g(B) = b$ ならば、
> ③ **定積分の置換積分** $\quad \int_a^b f(x) \, dx = \int_A^B f[g(u)] \dfrac{dg(u)}{du} \, du$

○証明：①部分積分

7-6 の②の式より $[f(x) g(x)]' = f'(x) g(x) + f(x) g'(x)$ が成り立ち、この両辺を不定積分すると、

$$\int [f(x) g(x)]' \, dx = \int f'(x) g(x) \, dx + \int f(x) g'(x) \, dx$$

となります。左辺は微分積分学の基本定理から $\int [f(x) g(x)]' \, dx = f(x) g(x)$ となって、右辺の第１項を移項すれば式が得られます。

○証明：②置換積分

$f(x)$ の原始関数を $F(x)$ として $x = g(u)$ と変換することを考えます。**7-6** の合成関数の微分を使って、

$$\frac{d}{du} F(g(u)) = \frac{dF}{dg} \cdot g'(u) = f(g(u)) g'(u)$$

となります。この両辺を u で積分すれば、

$$\int \frac{d}{du} F(g(u)) \, du = \int f(g(u)) g'(u) \, du$$

となり、左辺に微分積分学の基本定理を使えば $\int \frac{\mathrm{d}}{\mathrm{d}u} F(g(u))\,\mathrm{d}u = F(g(u)) = F(x)$ となるから、

$$\int f(x)\,\mathrm{d}x = \int f(g(u))g'(u)\,\mathrm{d}u$$

が得られ、②の置換積分の式が示されます。これで右辺は、u という変数に「置」き「換」えられたことになります。覚え方としては $\mathrm{d}x = \frac{\mathrm{d}x}{\mathrm{d}u}\mathrm{d}u$ と形式的に分数の計算をしていると認識しても構いません。

○証明：③定積分の置換積分

積分の区間に気をつけて $g(A) = a$、$g(B) = b$ と②の置換積分の式を使えば、次式が示されます。

$$\int_a^b f(x)\,\mathrm{d}x = F(b) - F(a)$$
$$= \underbrace{F(g(B))}_{u=B} - \underbrace{F(g(A))}_{u=A} = \int_A^B f[g(u)]g'(u)\,\mathrm{d}u$$

● **例** $\int \ln x\,\mathrm{d}x$ **を求めましょう。**

答 ①の部分積分の式で $f'(x) = 1$、$g(x) = \ln x$ とすれば $f(x) = x$ と、原始関数がわかるので、

$$\int \ln x\,\mathrm{d}x = \int 1 \cdot \ln x\,\mathrm{d}x = \int (x)' \ln x\,\mathrm{d}x$$

とできます。ここで部分積分を適用すれば、

$$\int (x)' \ln x\,\mathrm{d}x = x \ln x - \int x(\ln x)'\,\mathrm{d}x$$
$$= x \ln x - \int x \frac{1}{x}\,\mathrm{d}x$$
$$= x \ln x - \int 1\,\mathrm{d}x = x \ln x - x + C$$

（C は積分定数）

このように、被積分関数に係る一部の式の原始関数（$f'(x)$）がわかっていて、もう片方の $f(x)\,g'(x)$ が積分しやすい形になる際に部分積分が有効になります。どれを $f'(x)$ に取ればいいのかは、問題をいくつも解いてテクニックと感覚を身につける必要があります。

問 7-8 部分積分を使って $\int x \cos x\,\mathrm{d}x$ を求めましょう。　正解は P.310

ヒント $f'(x) = \cos x$、$g(x) = x$ とすれば $f(x) = \sin x$

● **例** $\int_{1/2}^{5/2} (2x-1)^2 \, dx$ **を求めましょう。**

答 $2x-1 = u$ と変数 x を u に置き換えるとうまくいきます。$f(x) = (2x-1)^2$ とすれば

$$f(u) = u^2、x = \frac{u+1}{2}$$

となります。変数 x を u に置き換えるために $\dfrac{dx}{du}$ を求めれば、

$$\frac{dx}{du} = \frac{d}{du}\left(\frac{u+1}{2}\right) = \frac{d}{du}\left(\frac{1}{2}u + \frac{1}{2}\right) = \frac{1}{2} + 0 = \frac{1}{2}$$

となり、

$$dx = \frac{1}{2} du$$

と置き換えればよいことがわかります。次に、x の区間と u の区間を換算しましょう。$u = 2x - 1$ だったので、

$x = \dfrac{1}{2}$ のとき、$u = 2 \cdot \dfrac{1}{2} - 1 = 0$

$x = \dfrac{5}{2}$ のとき、$u = 2 \cdot \dfrac{5}{2} - 1 = 4$

ですから、

x	$\dfrac{1}{2}$	→	$\dfrac{5}{2}$
u	0	→	4

という対応表が書けます。以上から、

$$\int_{1/2}^{5/2} (2x-1)^2 \, dx = \int_0^4 u^2 \frac{1}{2} \, du$$

という変換ができます。1つずつで構いませんので、丁寧に置き換えていってください。

ここまでくれば、あとは簡単に定積分が実行できて、

$$\int_0^4 u^2 \frac{1}{2} \, du = \frac{1}{2} \int_0^4 u^2 \, du = \frac{1}{2} \left[\frac{1}{3} u^3\right]_0^4 = [u^3]_0^4$$

$$= \frac{1}{6}[4^3 - 0^3] = \frac{32}{3}$$

が求められます。

このように、積分の変数を置き換えることで、被積分関数の原始関数が求めやすくなったり、積分の区間が計算しやすい値になったりすると、置換積分が有効になります。

● **例** もう 1 問、置換積分の例を紹介します。$\int_0^1 \frac{1}{3x+1} \, dx$ を求めましょう。

答 分数関数ですので、きっと原始関数は対数に近い形だろうと見込んで、被積分関数が 1 になるように $3x + 1 = u$ と置きましょう。すると、

$$f(u) = \frac{1}{u}, \quad x = \frac{1}{3}x - \frac{1}{3}$$

となります。変数 x を u に置き換えるために $\frac{dx}{du}$ を求めれば、

$$\frac{dx}{du} = \frac{d}{du}\left(\frac{1}{3}x - \frac{1}{3}\right) = \frac{d}{du}\frac{1}{3}u - \frac{d}{du}\frac{1}{3} = \frac{1}{3} - 0 = \frac{1}{3}$$

となり、

$$dx = \frac{1}{3} \, du$$

と置き換えればよいことがわかります。次に、x の区間と u の区間を換算しましょう。$u = 3x + 1$ だったので、

$x = 0$ のとき $u = 3 \cdot 0 + 1 = 1$
$x = 1$ のとき $u = 3 \cdot 1 + 1 = 4$

ですから、

x	0	→	1
u	1	→	4

という対応表が書けます。以上から、

$$\int_0^1 \frac{1}{3x+1} \, dx = \int_1^4 \frac{1}{u} \frac{1}{3} \, du$$

という変換ができます。$\frac{1}{u}$ の原始関数は 7.9 の表 7.1 より $\ln|u|$ ですから、

$$\int_1^4 \frac{1}{u} \frac{1}{3} \, du = \frac{1}{3} \int_1^4 \frac{1}{u} \, du = \frac{1}{3} \Big[\ln|u|\Big]_1^4 = \frac{1}{3}(\ln 4 - \ln 1)$$
$$= \frac{1}{3}(\ln 2^2 - 0) = \frac{1}{3} \cdot 2\ln 2 \,^{*10} = \frac{2\ln 2}{3}$$

というように求められます。

問 7-9 $\int_1^2 x\sqrt{x-1} \, dx$ を求めましょう。

ヒント $\sqrt{x-1} = u$ と置けば $x = u^2 + 1$ 正解は P.310

---

*10 **5-19** 参照。$\log_A N^n = n \log_A N$

> **COLUMN** 微分と積分の歴史

歴史的には、積分のほうが微分よりも一桁長い歴史を持っています。積分は、区分求積法をはじめとして、円の面積や錐（すい）の体積など、古代エジプト時代から個別の問題がたくさん解かれてきました。数千年の歴史があるのですね。一方、微分が使われ出したのはここ数百年ほどで、17世紀の数学者ライプニッツが $\frac{dy}{dx}$ などを使い始めました。**7-9** で学んだ「微分積分学の基本定理」が発見されたのも 17 世紀です。微小な面積を足し合わせていく積分と、変化量を求める微分が、互いに逆の操作であることはイメージしやすいようなしにくいような。でも、数千年の歴史を経て、互いに関係づけられてよかったですね。

びぶんとせきぶんの出会い
微分積分学の基本定理
$$\frac{d}{dx}\int_a^x f(u)du = f(x)$$

第8章

微分方程式・ラプラス変換

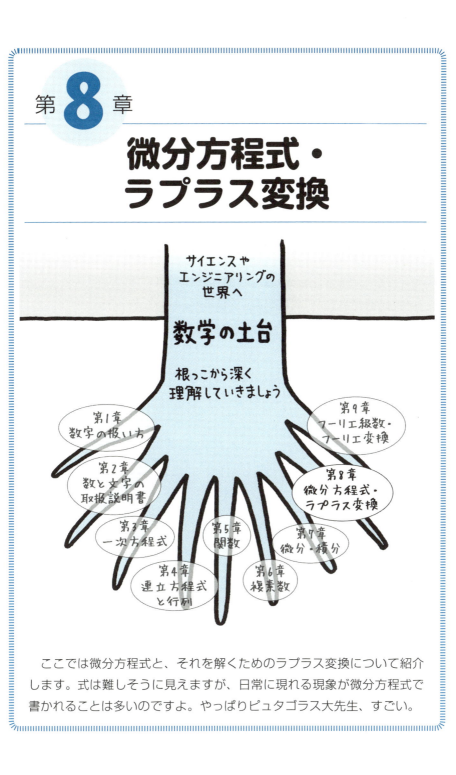

　ここでは微分方程式と、それを解くためのラプラス変換について紹介します。式は難しそうに見えますが、日常に現れる現象が微分方程式で書かれることは多いのですよ。やっぱりピュタゴラス大先生、すごい。

8-1 ▶ 微分方程式とは
〜微分方程式の答えは関数〜

> ▶【微分方程式】
> 微分の演算を含む関数の方程式

　微分方程式（びぶんほうていしき）というと難しそうに感じるかもしれませんが、その通り、難しいです。微分方程式だけで1冊の本になるくらい本来は奥深いものなので、本書では親しみを持ってもらうための導入と、電気工学の諸問題の紹介にとどめます。もっと詳しく知りたい方は、この本を読み終えてからより専門的で高度なものに進むとよいでしょう。

　たとえば、関数 $f(x) = \sin x$ を微分すると、

$$\frac{\mathrm{d}}{\mathrm{d}x} f(x) = \cos x$$

となります。さらにもう一度微分すると、$(\cos x)' = -\sin x$ だから、

$$\frac{\mathrm{d}^2}{\mathrm{d}x^2} f(x) = -\sin x$$

となりますが、$f(x) = \sin x$ だったので、右辺は $-f(x)$ に等しくなり、

$$\frac{\mathrm{d}^2}{\mathrm{d}x^2} f(x) = -f(x)$$

を満たすようになります。移項して、

$$\frac{\mathrm{d}^2}{\mathrm{d}x^2} f(x) + f(x) = 0 \quad (♪)$$

とすると、見やすいですね。式（♪）のように、関数が満たす微分を含んだ式を**微分方程式**といい、式（♪）での $f(x) = \sin x$ のように、微分方程式を満たす関数を**解**といいます。また解を求めることを、微分方程式を解くといいます。つまり、**微分方程式の解は関数になる**ということになります。

● **例**　$f(x) = \cos x$ も式（♪）の解であることを確かめましょう。

　答　$f'(x) = -\sin x$、$f''(x) = -\cos x = -f(x)$ より、式（♪）を満たすことがわかります。

問 8-1 関数 $f(x) = \sin(x + \theta)$、$f(x) = \cos(x + \theta)$、$f(x) = A\sin(x + \theta) + B\cos(x + \theta)$ はすべて（♪）の解であることを確かめましょう。

正解は P.311

COLUMN　補足・微分方程式関連の用語説明

■ 微分方程式の階数と線形性

微分方程式が持っている導関数の中で、一番微分する回数が多いものをその微分方程式の階数といいます。たとえば $f'(x) + x^2 = f(x)$ は1階微分方程式、$\dfrac{d^4}{dx^4}f(x) + \dfrac{d^2}{dx^2}f(x) = f(x)$ は4階微分方程式となります。また、導関数が1次式であれば線形であるといい、今まで紹介したものは線形微分方程式になります。そうでない微分方程式は非線形といわれ、$(f'(x))^5 + f(x) = 2x$ は非線形微分方程式となります。

■ 微分方程式の一般解と特殊解

微分方程式の解は1つとは限りません。例や問で確認したように、いくつかの解が考えられます。2階線形微分方程式 $f''(x) + f(x) = 0$ で、$f(x) = A\sin(x + \theta) + B\cos(x + \theta)$ はどんな定数 A と B を取っても解になります。このような解を一般解といい、A や B を任意定数といいます。任意定数を具体的に決めて得られる解を特殊解といいます。一般に、n 階微分方程式の解で、n 個の任意定数を含んでいる解を一般解といいます[*1]。

■ 微分方程式の初期値問題と境界値問題

微分方程式は一般解を求めることに着目する場合もありますが、条件をつけて具体的な解を求める問題も現実には重要です。n 階微分方程式の特殊解を、ある変数の値 $x = x_0$ で $\dfrac{d^k}{dx^k}f(x_0)$（$k = 0, 1, \ldots, n-1$）の n 個の値を条件として求める問題を初期値問題、その条件を初期値といいます。また、関数の定義域が $x = a$ から $x = b$ までであった場合、$\dfrac{d^k}{dx^k}f(a)$、$\dfrac{d^k}{dx^k}f(b)$（$k = 0, 1, \ldots, n-1$）つまり、定義域での端（境界）$x = a$ と $x = b$ での導関数を条件とする問題を境界値問題、その条件を境界値といいます。

[*1] ただし、一般解が微分方程式の解すべてを表しているわけではなく、任意定数にどんな数をあてはめても得られない解が存在することはあります。そのような解は特異解と呼ばれています。たとえば、1階非線形微分方程式 $(f'(x))^2 + f^2(x) = 1$ で $f(x) = \sin(x + c)$ は c を任意定数とする一般解になります。ところが、$f(x) = 1$ や $f(x) = -1$ も解となるにも関わらず、c をどんな値にとっても $f(x) = \sin(x + c)$ を1や−1にすることはできません。

8-2 ▶ 微分方程式の具体例
～現実の事象で微分方程式をつくろう!～

いろんな現実の事象を微分方程式で表していきます。まずは解を求めるのではなく、現象と微分方程式が結びつくようにイメージしましょう。

○減衰と成長

yをコーヒーの温度、tを時刻とすると、時間が経つにつれてコーヒーの温度yは下がっていくことが一般に知られています。つまりyはtの関数として表されるのですが、いきなり式で表すことが難しく、yの微分の性質から微分方程式を導くことにより、$y(t)$を求めるということになります。

「温度が時刻tで減少する量$\frac{d}{dt}y(t)$は現在時刻での温度$y(t)$に比例する」というyの微分の性質がわかっていれば、

$$\frac{d}{dt}y(t) = ky(t) \quad (♪♪)$$

図 8.1：あつコーヒーの温度が満たす微分方程式

という式を立てることができます。関数$y(t)$はどんどん減少していくので、時刻tでの微分$\frac{d}{dt}y(t)$の値はマイナスで、$k < 0$となります[*2]。

微分方程式 (♪♪) は様々な現象を表すことが知られており、たとえばラジウムやウラン、プルトニウムなどの放射性物質が崩壊してなくなっていく現象も同じ式で表されます。時刻tでの放射性物質の質量が$y(t)$となり、定数$k < 0$は崩壊定数と呼ばれ、式の形は全く同じものです。

$k > 0$のときの解$y(t)$は時刻tとともに増加します。たとえば、時刻tにおける微生物の量が$y(t)$であるとき、繁殖(増加・成長)する割合は、その量$y(t)$に比例することが知られています(マルサスの法則)。このときの式の形も微分方程式 (♪♪) と同じになります。

[*2] 詳しくは熱力学や統計力学の本を読んでほしいのですが、絶対温度はプラスの値なので、$y(t) > 0$です。

微分方程式（♪♪）は、電気回路にももちろん登場します。図8.2のような抵抗RとコイルLに、電圧$v(t)$を加えて時刻$t = 0$で電源を切り離す場合の電流$i(t)$、$i_R(t)$、$i_L(t)$を考えましょう。まず、電気回路で登場する3つの基本素子で、次の関係があることを紹介します[*3]。

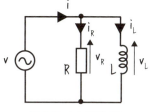

図 8.2：RL並列回路

 ▶【抵抗R、コイルL、コンデンサCでの電流・電圧の関係】

$v_R(t) = Ri_R(t)$

$v_L(t) = L\dfrac{\mathrm{d}}{\mathrm{d}t}i_L(t)$

$v_C(t) = \dfrac{1}{C}\displaystyle\int i_C(t)\,\mathrm{d}t$

最後の式は両辺を微分して、次のようにしても構いません。

$$\dfrac{\mathrm{d}}{\mathrm{d}t}v_C(t) = \dfrac{1}{C}i_C(t) \quad \text{より} \quad i_C(t) = C\dfrac{\mathrm{d}}{\mathrm{d}t}v_C(t)$$

これらのことを使って図8.2を解読しましょう。抵抗とコイルではそれぞれ、

$$v_R(t) = Ri_R(t) \qquad v_L(t) = L\dfrac{\mathrm{d}}{\mathrm{d}t}i_L(t)$$

が成立します。また、キルヒホッフの第1法則から$i(t) = i_R(t) + i_L(t)$ですが、電源を切り離した$t = 0$以降は$i(t) = 0$なので、$i_R(t) + i_L(t) = 0$となります。両辺をtで微分しても$\dfrac{\mathrm{d}}{\mathrm{d}t}i_R(t) + \dfrac{\mathrm{d}}{\mathrm{d}t}i_L(t) = 0$なので、これに抵抗とコイルでの関係式を代入して、

$$\dfrac{\mathrm{d}}{\mathrm{d}t}\dfrac{v_R(t)}{R} + \dfrac{v_L(t)}{L} = 0$$

となります。並列回路なので$v_R(t) = v_L(t)$となり、両辺にRを掛けて、

$$\dfrac{\mathrm{d}}{\mathrm{d}t}v_R(t) + \dfrac{R}{L}v_R(t) = 0$$

が得られます。$k = -\dfrac{R}{L}$として、変数を$v_R(t)$の代わりに$y(t)$に置き換えれば、式（♪♪）と全く同じ形になりますね。電気回路の世界では、$-k = \dfrac{R}{L}$の逆数$-k^{-1} = \dfrac{L}{R}$を**時定数**（じていすう）と呼んでいます。

[*3] 本書は電気数学について取り上げますので、これらについての詳細は電気回路の書籍で勉強してください。つまり、電気に関する部分は説明しない代わり、電気回路で使われている微分方程式に関する部分だけを詳しく説明するということです。

問 8-2 関数 $y(t) = e^{kt}$ は式（♪♪）の解であることを確かめましょう。

正解は P.311

○調和振動子

図 8.3 のように、質量 m〔kg〕の物体をバネにつなぎ、引っ張って手を放すとバネは振動します。摩擦がなければバネは振動し続けるのですが、このときの現象は微分方程式で記述されます。バネが伸びようとも縮もうとも

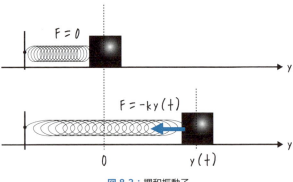

図 8.3：調和振動子

せず、何も力が出ない場所を原点 O にとって、そこからの物体の座標を $y(t)$ で表します。フックの法則から、バネは伸びた量 $y(t)$ に比例した力を発生させることが知られています。比例定数を $k > 0$ とすれば、バネの力が生じる向きは座標の向きと逆なので、バネの力は $F = -ky(t)$ となります。ニュートンの運動方程式から、質量 m と加速度 $\dfrac{d^2}{dt^2} y(t)$ の積が力になることが知られていて、

$$m \frac{d^2}{dt^2} y(t) = -ky(t)$$

が成立します。移項して両辺を m で割り、$\omega = \sqrt{k/m}$ と置けば、

$$\frac{d^2}{dt^2} y(t) + \omega^2 y(t) = 0 \quad (\star)$$

が得られます。式（☆）は**調和振動子**（ちょうわしんどうし）の微分方程式として特に重要です。

電気回路でも式（☆）は登場します。図 8.4 の LC 共振回路の各素子で、

$$v_L(t) = L \frac{d}{dt} i_L(t) \qquad i_C(t) = C \frac{d}{dt} v_C(t)$$

が成り立ちます。時刻 $t = 0$ から $i(t) = 0$ になったとして $i_C(t) + i_L(t) = 0$ となり、両辺を微分して $\dfrac{d}{dt} i_C(t) + \dfrac{d}{dt} i_L(t) = 0$ に各素子での関係式を代入すれば、

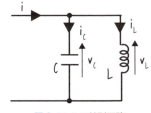

図 8.4：LC 並列回路

$$\frac{d}{dt}\left[C\frac{d}{dt}v_C(t)\right] + \frac{v_L(t)}{L} = 0$$

が得られます。第1項は $\left[C\dfrac{d}{dt}v_C(t)\right]$ をさらに t で微分せよということなので、$C\dfrac{d^2}{dt^2}v_C(t)$ となります。並列回路ですから $v_C(t) = v_L(t)$ であって、両辺を C で割れば、

$$\frac{d^2}{dt^2}v_C(t) + \frac{1}{LC}v_C(t) = 0$$

が得られます。$\omega = \sqrt{\dfrac{1}{LC}}$ として変数 $v_C(t)$ を $y(t)$ に置き換えれば、式（☆）と同じ形になりますね。電気回路の世界では、$\omega = \sqrt{\dfrac{1}{LC}} = \dfrac{1}{\sqrt{LC}}$ を**共振角周波数**、$f = \dfrac{\omega}{2\pi} = \dfrac{1}{2\pi\sqrt{LC}}$ を**共振周波数**と呼んでいます。

問 8-3 $y_1(t) = A\sin(\omega t)$、$y_2(t) = B\cos(\omega t)$、$y_3(t) = y_1(t) + y_2(t)$ はすべて式（☆）の解であることを確かめましょう。　　正解は P.311

○減衰振動

先の調和振動の例に、摩擦がある場合を考慮してみましょう。図 8.5 のように、物体が地面を引きずり、移動する向きとは逆に摩擦力 f が働く場合を考えます。摩擦力の大きさは物体の速度 $\dfrac{d}{dt}y(t)$ に

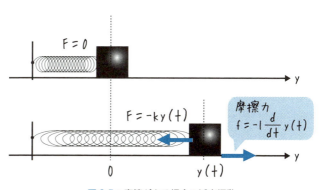

図 8.5：摩擦がある場合の減衰振動

比例することが知られていて、比例定数を l として向きも含めて $f = -l\dfrac{d}{dt}y(t)$ となります。物体にはバネによって F という力と摩擦によって f という力が合わさって $F + f$ という力が加わり、ニュートンの運動方程式 $m\dfrac{d^2}{dt^2}y(t) = F + f$ より、

$$m\frac{d^2}{dt^2}y(t) = -ky(t) - l\frac{d}{dt}y(t)$$

となります。移項して両辺を m で割れば、

$$\frac{d^2}{dt^2}y(t) + \frac{l}{m}\frac{d}{dt}y(t) + \frac{k}{m}y(t) = 0$$

となり、$\lambda = \dfrac{l}{2m}$、$\omega = \sqrt{\dfrac{k}{m}}$ と置けば、次の微分方程式が得られます。

$$\frac{d^2}{dt^2}y(t) + 2\lambda\frac{d}{dt}y(t) + \omega^2 y(t) = 0 \quad (\bigstar)$$

もちろん電気回路でも減衰振動の微分方程式は登場します。図 8.6 は図 8.4 の LC 並列回路に抵抗 R を加えた RLC 並列回路で、抵抗 R が摩擦の働きをすることになります。$t = 0$ 以降、$i(t) = 0$ になるという同じ条件を課して式を立ててみましょう。キルヒホッフの第 1 法則から得られる $i_R(t) + i_L(t) + i_C(t) = 0$ を微分して、$\dfrac{d}{dt}i_R(t) + \dfrac{d}{dt}i_L(t) + \dfrac{d}{dt}i_C(t) = 0$ となり、

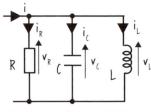

図 8.6：RLC 並列回路（電源なし）

$$v_R(t) = R\,i_R(t) \qquad v_L(t) = L\frac{d}{dt}i_L(t) \qquad i_C(t) = C\frac{d}{dt}v_C(t)$$

を代入すれば、

$$\frac{1}{R}\frac{d}{dt}v_R(t) + \frac{1}{L}v_L(t) + \frac{d}{dt}\left[C\frac{d}{dt}v_C(t)\right] = 0$$

$$C\frac{d^2}{dt^2}v_C(t) + \frac{1}{R}\frac{d}{dt}v_R(t) + \frac{1}{L}v_L(t) = 0$$

となって、両辺を C で割って $v_R(t) = v_L(t) = v_C(t)$ を使えば、

$$\frac{d^2}{dt^2}v_R(t) + \frac{1}{CR}\frac{d}{dt}v_R(t) + \frac{1}{LC}v_R(t) = 0$$

が得られます。$\lambda = \dfrac{1}{2CR}$、$\omega = \sqrt{\dfrac{1}{LC}}$ として変数 $v_R(t)$ を $y(t)$ に置き換えれば、式（★）と同じ形になりますね。

問 8-4 $y(t) = Ae^{-\lambda t}\sin(\omega_* t)$、$y(t) = Be^{-\lambda t}\cos(\omega_* t)$ は、式（★）の解であることを確かめましょう。ただし、$\omega_* = \sqrt{\omega^2 - \lambda^2}$ です。

正解は P.312

○強制振動

摩擦を考えた振動に、さらに外から力 $F_e(t)$ を加えて振動させる場合を考えましょう。図 8.7 において、物体に加わる力は、$F + f$ に $F_e(t)$ が加わって $F + f + F_e(t)$ となります。よって、

$$\frac{\mathrm{d}^2}{\mathrm{d}t^2} y(t) + \frac{l}{m}\frac{\mathrm{d}}{\mathrm{d}t} y(t) + \frac{k}{m} y(t) = \frac{F_e(t)}{m}$$

となり、$\lambda = \dfrac{l}{2m}$、$\omega = \sqrt{\dfrac{k}{m}}$、$f_e(t) = \dfrac{F_e(t)}{m}$ と置けば、

$$\frac{\mathrm{d}^2}{\mathrm{d}t^2} y(t) + 2\lambda \frac{\mathrm{d}}{\mathrm{d}t} y(t) + \omega^2 y(t) = f_e(t) \quad (\bigstar\bigstar)$$

となる微分方程式が得られます。

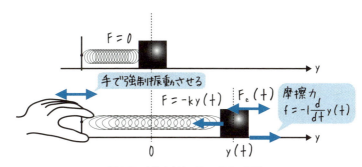

図 8.7：摩擦と外力がある場合の振動

もちろん電気回路でも強制振動の微分方程式は登場します。図 8.8 は図 8.6 の RLC 並列回路に外部電源 $v(t)$ によって電流 $i(t)$ を加えたもので、外力 $F_e(t)$ に相当するものです。$i(t) = i_R(t) + i_L(t) + i_C(t)$ を微分して $\dfrac{\mathrm{d}}{\mathrm{d}t} i(t) = \dfrac{\mathrm{d}}{\mathrm{d}t} i_R(t) + \dfrac{\mathrm{d}}{\mathrm{d}t} i_L(t) + \dfrac{\mathrm{d}}{\mathrm{d}t} i_C(t)$ となり、減衰振動のときと同じようにして、

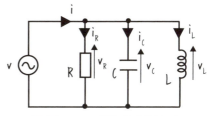

図 8.8：RLC 並列回路（電源あり）

$$\frac{\mathrm{d}^2}{\mathrm{d}t^2} v_R(t) + \frac{1}{CR}\frac{\mathrm{d}}{\mathrm{d}t} v_R(t) + \frac{1}{LC} v_R(t) = \frac{1}{C}\frac{\mathrm{d}}{\mathrm{d}t} i(t)$$

が得られます。$\lambda = \dfrac{1}{2CR}$、$\omega = \sqrt{\dfrac{1}{LC}}$、$\dfrac{1}{C}\dfrac{\mathrm{d}}{\mathrm{d}t} i(t) = f_e(t)$ として変数 $v_R(t)$ を $y(t)$ に置き換えれば、式（★★）と同じ形になりますね。

8-3 ▶ 微分方程式の解き方①
~変数分離形と1階線形微分方程式~

ここからは具体的に微分方程式の解き方を紹介していきます。掲載するのは電気工学で登場する代表的なものに限りますので、全容を知りたい方は、微分方程式の専門書を参照してください。

○変数分離形

関数 $y(x)$ の微分方程式で、変数 x と関数の値が次のように分離できるものを**変数分離形**といい、簡単に解けることが知られています。

$$\frac{dy}{dx} = f(x)g(y) \quad (♪)$$

式 (♪) の両辺を $g(y)$ で割ると $\frac{1}{g(y)}\frac{dy}{dx} = f(x)$ となり、両辺を x で積分すれば、次式となります。

$$\int \frac{1}{g(y)} \frac{dy}{dx} dx = \int f(x) dx$$

左辺で置換積分を逆に使えば $\int \frac{1}{g(y)} \frac{dy}{dx} dx = \int \frac{1}{g(y)} dy$ となり、

$$\int \frac{1}{g(y)} dy = \int f(x) dx$$

が得られます。これが変数分離形の微分方程式の一般解です[*4]。

● **例** **1階微分方程式 $y'(x) = xy(x)$ を解きましょう。**

答 変数分離形なので、両辺を y で割って積分すれば、

$$\int \frac{1}{y} dy = \int x dx \quad \text{より} \quad \ln y = \frac{x^2}{2} + C \quad (C は積分定数)$$

が得られます。対数を直せば、

[*4] 電気工学屋さん的にはもっとざっくり説明するほうが楽かもしれません。形式的に式 (♪) を、

$$\frac{1}{g(y)} dy = f(x) dx$$

と書き換え、変数を右辺と左辺に分離し、両辺を積分して、

$$\int \frac{1}{g(y)} dy = \int f(x) dx$$

とすれば一気に結果が得られますね。ただし、数学屋さんに怒られる可能性がありますので気を付けましょう。

$$y(x) = e^{\frac{x^2}{2}+C} = e^{\frac{x^2}{2}} e^C = C_0 e^{\frac{x^2}{2}}$$

が一般解となります。ここでは $C_0 = e^C$ としましたが、任意定数はこのように積分の段階で登場します。ただ、解の形を綺麗にするために、どのように置き換えても構いません。

● **例** 例1の微分方程式で初期条件が $y(0) = 1$ であるときの初期値問題を解きましょう。

答 一般解に初期条件を代入して、

$$1 = y(0) = C_0 e^{\frac{0^2}{2}} = C_0 \cdot 1$$

より $C_0 = 1$ が求まりました。よって $y = e^{\frac{x^2}{2}}$ が求める初期値問題の解となります。

問 8-5 微分方程式 $y'(x) = ky(x)$ を解きましょう。また、$y(0) = 1$ として初期値問題を解きましょう。　正解は P.312

○ 1 階線形微分方程式

1階の導関数 $y'(x)$ について1次の微分方程式を **1 階線形微分方程式** といいます。具体的には、

$$y'(x) + p(x)y(x) = q(x) \quad (☆)$$

と書くことができ、これは一般解が知られています。式（☆）の両辺に適当な関数 $f(x)$ を掛けて、

$$y'(x)f(x) + f(x)p(x)y(x) = f(x)q(x) \quad (※)$$

として、左辺が $[f(x)y(x)]'$ に等しくなるように $f(x)$ を選びます。つまり、

$$[f(x)y(x)]' = y'(x)f(x) + f(x)p(x)y(x)$$

となるように $f(x)$ を選べばよいということです。積の微分の公式[*5]より左辺を展開して、

$$f'(x)y(x) + f(x)y'(x) = y'(x)f(x) + f(x)p(x)y(x)$$

ですから、$f'(x)y(x) = f(x)p(x)y(x)$ となって、

[*5] **7-6** の②を参照。

$$f'(x) = f(x)\,p(x) \quad (*)$$

の微分方程式を満たすように $f(x)$ を決めればよいことになります。これは $f(x)$ についての変数分離形の微分方程式なので、一般解は $f(x) = C\exp\left(\int p(x)\,dx\right)$ となります。ここで、$\exp(x) = e^x$ という意味で、指数部分の文字式が煩雑だとよくこう書きます。また、$f(x)$ は（＊）さえ満たせば簡単なもので構わないので、$C=1$ として $f(x) = \exp\left(\int p(x)\,dx\right)$ を選びます。すると式（※）は $[f(x)\,y(x)]' = f(x)\,q(x)$ だったので、

$$\left[\exp\left(\int p(x)\,dx\right)y(x)\right]' = \exp\left(\int p(x)\,dx\right)q(x)$$

となります。両辺を積分すれば、

$$\exp\left(\int p(x)\,dx\right)y(x) = \int \exp\left(\int p(x)\,dx\right)q(x)\,dx + C \quad (C\text{ は任意定数})$$

となり、両辺を $\exp\left(\int p(x)\,dx\right)$ で割れば、

$$y(x) = \exp\left(-\int p(x)\,dx\right)\left[\int \exp\left(\int p(x)\,dx\right)q(x)\,dx + C\right]$$

という一般解が求まります。途中で求めた $f(x) = \exp\left(\int p(x)\,dx\right)$ は**積分因子**（せきぶんいんし）と呼ばれています。$g(x) = \int p(x)\,dx$ を先に求めておけば、

$$y(x) = \exp(-g(x))\left[\int \exp(g(x))\,q(x)\,dx + C\right]$$

と、少し一般解が見やすくなります。

● **例**　微分方程式 $y'(x) + \dfrac{1}{x}y = e^x$ の一般解を求めましょう。

> **答**　式（☆）と照らし合わせれば、$p(x) = \dfrac{1}{x}$、$q(x) = e^x$ です。
>
> $$g(x) = \int p(x)\,dx = \int \dfrac{1}{x}\,dx = \ln x + C$$
>
> となります。積分定数 $C = 0$ と、簡単な場合を選びましょう。ここで、$\int \dfrac{1}{x}\,dx = \ln x + C$ [*6] を使いました。積分因子は $f(x) = \exp(g(x)) = \exp(\ln x) = x$ [*7] となります。以上から一般解は、

[*6] **7-9** の表 7.1 参照。
[*7] $A^{\log_A a} = a$。これは対数の定義そのものです。**5.19** 参照。

$$y(x) = \exp(-g(x))\int \exp(g(x))q(x)\,\mathrm{d}x + C$$
$$= \exp(-\ln x)\left[\int xe^x\,\mathrm{d}x + C\right]$$

となります。ここで、不定積分で $\int xe^x\,\mathrm{d}x = \int x(e^x)'\,\mathrm{d}x$ として部分積分を実行すれば、

$$\int x(e^x)'\,\mathrm{d}x = xe^x - \int (x)'e^x\,\mathrm{d}x = xe^x - \int e^x\,\mathrm{d}x = xe^x - e^x$$

となり（積分定数は C に含めるとして省略）、

$$y(x) = \exp(-\ln x)(xe^x - e^x + C)$$
$$= \exp\left(\ln \frac{1}{x}\right)[(x-1)e^x + C]$$
$$= \frac{1}{x}[(x-1)e^x + C] = \left(1 - \frac{1}{x}\right)e^x + \frac{C}{x}$$

が求める一般解となります。

● 例　上の例で $y(1) = 0$ の初期条件を与えるときの初期値問題を解きましょう。

答　$y(1) = \left(1 - \frac{1}{1}\right)e^1 + \frac{C}{1} = 0 + C = 0$ より、$C = 0$ と選べばよいので、解は $y(x) = \left(1 - \frac{1}{x}\right)e^x$ となります。

問 8-6　RL 直列回路で、時刻 t における電流 $i(t)$ と起電力 $E_m \sin \omega t$ の関係は、

$$L\frac{\mathrm{d}}{\mathrm{d}t}i(t) + Ri(t) = E_m \sin \omega t \quad (RL)$$

で与えられます。このとき、

(1) 式 (RL) の一般解を求めましょう。
(2) $i(0) = 0$ を初期条件とする初期値問題を解きましょう。
(3) $i(0) = \dfrac{E_m}{R}$ を初期条件とする初期値問題を解きましょう。

正解は P.313

8-4 ▶ 微分方程式の解き方②
~ 2階線形微分方程式 ~

▶【2階線形微分方程式】
2次方程式の問題になる

次の2階線形微分方程式、

$$\frac{d^2}{dx^2}y(x) + a\frac{d}{dx}y(x) + by(x) = 0 \quad (♪)$$

を考えましょう。そのために、微分を複素数の値でもできるように拡張する必要があります。$s = \rho + j\omega$ という複素数で（ρ、ω は実数）、

$$e^s = e^{\rho + j\omega} = e^\rho(\cos\omega + j\sin\omega)$$

とします。また、変数が実数 t で値域が複素数全体の関数 $f(t)$ を実部と虚部に分けて $f(t) = f_r(t) + jf_j(t)$ と書くとき、

$$\frac{d}{dt}f(t) = \frac{d}{dt}f_r(t) + j\frac{d}{dt}f_j(t)$$

というように微分を決めます。すると、さっき決めた指数関数の微分は、

$$\frac{d}{dt}e^{st} = \frac{d}{dt}e^{(\rho+j\omega)t}$$

$$= \frac{d}{dt}e^{\rho t}(\cos(\omega t) + j\sin(\omega t))$$

$$= \rho e^{\rho t}(\cos(\omega t) + j\sin(\omega t)) + e^{\rho t}\omega(-\sin(\omega t) + j\cos(\omega t))^{*8}$$

$$= \rho e^{\rho t}e^{j\omega t} + \omega e^{\rho t}e^{j(\omega t + \pi/2)}$$

$$= \rho e^{\rho t}e^{j\omega t} + \omega e^{\rho t}e^{j\omega t}e^{j\pi/2} \quad \Leftarrow \boxed{e^{j\pi/2} = j}$$

$$= \rho e^{\rho t}e^{j\omega t} + j\omega e^{\rho t}e^{j\omega t}$$

$$= (\rho + j\omega)e^{(\rho+j\omega)t}$$

$$= se^{st}$$

が得られ、実数のときと同じ結果が得られます。

---

*8 **7-6** 参照。

そこで、式(♪)の解を $y(x) = e^{\lambda x}$（λ は複素数）の形をしているとして式(♪)に代入すると、$\dfrac{d}{dx}y(x) = \lambda e^{\lambda x}$、$\dfrac{d^2}{dx^2}y(x) = \lambda^2 e^{\lambda x}$ なので、$(\lambda^2 + a\lambda + b)e^x = 0$ より、λ についての二次方程式、

$$\lambda^2 + a\lambda + b = 0 \quad (\star)$$

が得られます。式($\star$)を式(♪)の**特性方程式**といいます。これを解いてみましょう。$A^2 + 2AB + B^2 = (A+B)^2$ という公式を使えるように式($\star$)を変形していくのですが、

$$\lambda^2 + 2 \cdot \lambda \cdot \dfrac{a}{2} + b = 0$$

とすれば $A = \lambda$、$B = \dfrac{a}{2}$ とすればよいので、残る $B^2 = \left(\dfrac{a}{2}\right)^2$ を両辺に加えて、

$$\lambda^2 + 2\dfrac{a}{2}\lambda + \left(\dfrac{a}{2}\right)^2 + b = \left(\dfrac{a}{2}\right)^2 \quad \text{より} \quad \left(\lambda + \dfrac{a}{2}\right)^2 = \left(\dfrac{a}{2}\right)^2 - b$$

となります。$X^2 = c$ ならば $X = \pm\sqrt{c}$ ですから $X = \lambda + \dfrac{a}{2}$、$c = \left(\dfrac{a}{2}\right)^2 - b = \dfrac{a^2 - 4b}{4}$ として、

$$\lambda + \dfrac{a}{2} = \pm\sqrt{\dfrac{a^2 - 4b}{4}} \quad \text{より}$$

$$\lambda = -\dfrac{a}{2} \pm \dfrac{\sqrt{a^2 - 4b}}{2} = \dfrac{-a \pm \sqrt{a^2 - 4b}}{2}$$

が得られます。最後の式は**二次方程式の解の公式**として広く知られています。二次方程式の解は、2乗を外す際に±が出てくるために2つあることになります。そのときの解を λ_1、λ_2 と書くとき、係数 a、b の値によって解は次のように分類されます。

① $a^2 - 4b > 0$ のとき**異なる2つの実数解**

$$\lambda_1 = \dfrac{-a + \sqrt{a^2 - 4b}}{2}、\quad \lambda_2 = \dfrac{-a - \sqrt{a^2 - 4b}}{2}$$

② $a^2 - 4b = 0$ のとき**重解**（じゅうかい）

$$\lambda_1 = \lambda_2 = -\dfrac{a}{2}$$

③ $a^2 - 4b < 0$ のとき**異なる2つの複素数解**（**実数解なし**）

$\sqrt{a^2 - 4b} = j\sqrt{4b - a^2}$ として

$$\lambda_1 = \dfrac{-a + j\sqrt{4b - a^2}}{2}、\quad \lambda_2 = \dfrac{-a - j\sqrt{4b - a^2}}{2}$$

（注）$\lambda_1 = \overline{\lambda_2}$（互いに複素共役）になっている

特性方程式（☆）の解の種類に応じて、元の微分方程式（♪）も次のように分類されます。

> ▶【2階線形微分方程式の解】
> ①特性方程式の解が異なる2つの実数解 λ_1、λ_2 のとき、
> $$y(x) = C_1 e^{\lambda_1 x} + C_2 e^{\lambda_2 x}$$
> ②特性方程式の解が重解 $\lambda_1 = \lambda_2$ のとき、
> $$y(x) = (C_1 + C_2 x) e^{\lambda_1 x}$$
> ③ $\lambda_1 = \alpha + j\beta$、$\lambda_2 = \alpha - j\beta$ と書くと、
> $$y(x) = e^{\alpha x}(C_1 \cos(\beta x) + C_2 \sin(\beta x))$$
> ただし、C_1、C_2は任意定数

○証明
① 特性方程式をつくるときに $y(x) = e^{\lambda x}$ としたので、当然 $y_1(x) = e^{\lambda_1 x}$、$y_2(x) = e^{\lambda_2 x}$ は解になります。それを定数倍して足し合わせた $y(x) = C_1 y_1(x) + C_2 y_2(x)$ も、

$$\frac{d^2}{dx^2} y(x) + a \frac{d}{dx} y(x) + b y(x)$$
$$= \frac{d^2}{dx^2}[C_1 y_1(x) + C_2 y_2(x)]$$
$$\quad + a \frac{d}{dx}[C_1 y_1(x) + C_2 y_2(x)] + b[C_1 y_1(x) + C_2 y_2(x)]$$
$$= C_1 \left[\frac{d^2}{dx^2} y_1(x) + a \frac{d}{dx} y_1(x) + b y_1(x) \right]$$
$$\quad + C_2 \left[\frac{d^2}{dx^2} y_2(x) + a \frac{d}{dx} y_2(x) + b y_2(x) \right]$$
$$= C_1 \cdot 0 + C_2 \cdot 0 = 0$$

より、解となります。また、C_1、C_2という任意定数を2つ持っていますから、これは一般解ということになります。

② $e^{\lambda_1 x}$ とその定数倍が解であることは①と同様です。$2\lambda_1 = 2 \cdot \frac{-a}{2} = -a$ であることから、$y(x)$ として $xe^{\lambda_1 x}$ を代入すると、

$$(xe^{\lambda_1 x})' = e^{\lambda_1 x} + \lambda_1 x e^{\lambda_1 x}$$

$$(xe^{\lambda_1 x})'' = \lambda_1 e^{\lambda_1 x} + \lambda_1 e^{\lambda_1 x} + \lambda_1^2 x e^{\lambda_1 x}$$
$$= 2\lambda_1 e^{\lambda_1 x} + \lambda_1^2 x e^{\lambda_1 x}$$

から、

$$(xe^{\lambda_1 x})'' + a(xe^{\lambda_1 x})' + b(xe^{\lambda_1 x})$$
$$= xe^{\lambda_1 x}(\lambda_1^2 + a\lambda_1 + b) + e^{\lambda_1 x}(2\lambda_1 + a) = 0$$

が示されます。よって $xe^{\lambda_1 x}$ も解で、その定数倍も解となります。①で示したのと同じように、$e^{\lambda_1 x}$ と $xe^{\lambda_1 x}$ の定数倍の足し算(**重ね合わせ**)も解となります。

③ ①では λ_1 も λ_2 も実数であったのが、ここでは複素数になったので、$\lambda_1 = \alpha + j\beta$、$\lambda_2 = \alpha - j\beta$ と書くと、

$$y(x) = C_1 e^{\lambda_1 x} + C_2 e^{\lambda_2 x} = e^{\alpha x}(C_1 \cos(\beta x) + C_2 \sin(\beta x))$$

となります。これが解であることは、複素数の指数関数の微分が実数のときと同じ手続きでできることから、全く同様にして示されます。

● **例** 2階線形微分方程式 $y''(x) + \omega^2 y(x) = 0$ の一般解を求め、初期条件 $y(0) = 0$、$y'(0) = A$ での初期値問題を解きましょう。

答 特性方程式は $y(x) = e^{\lambda x}$ とすれば、$\lambda^2 + \omega^2 = 0$ となります。解は $\lambda = \pm j\omega$ なので③の場合にあてはまり、

$$y(x) = e^{0 \cdot x}(C_1 \cos(\omega x) + C_2 \sin(\omega x))$$
$$= C_1 \cos(\omega x) + C_2 \sin(\omega x)$$

が求める一般解となります。また、初期条件から、

$$y(0) = C_1 \cos 0 + C_2 \sin 0 = C_1 \cdot 1 = 0$$

より $C_1 = 0$ が求まります。また、

$y'(x) = \omega(-C_1 \sin(\omega x) + C_2 \cos(\omega x))$ なので、

$$y'(0) = \omega(-C_1 \sin 0 + C_2 \cos 0) = \omega C_2 \cdot 1 = A$$

より $C_2 = \dfrac{A}{\omega}$ が求まります。よって初期値問題の解は、

$$y(x) = \frac{A}{\omega} \sin(\omega x)$$

となります。

このように、2階線形微分方程式の一般解は任意定数が2つあるので、初期値問題に対して2つの初期条件を課すと具体的に解が決まることになります。この問題の場合、図8.9のように、$y(0) = 0$ が位相を決めていて、$y'(0) = A$ が振幅を決めていることになります。

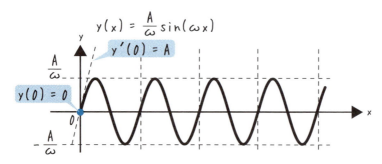

図8.9：2つの初期条件が2階線形微分方程式の任意定数を決めている

問 8–7 先ほどの2階線形微分方程式で、初期条件 $y(0) = A$、$y'(0) = 0$ での初期値問題を解きましょう。　　　　　　　　　　　　　正解は P.316

● **例** 2階線形微分方程式 $y''(x) + y'(x) + \dfrac{101}{4} y(x) = 0$ の一般解を求め、初期条件 $y(0) = 0$、$y'(0) = 5$ での初期値問題を解きましょう。

答 特性方程式は $\lambda^2 + \lambda + \dfrac{101}{4} = 0$ で解の公式から、

$$\lambda = \frac{-1 \pm \sqrt{1^2 - 4 \cdot \dfrac{101}{4}}}{2} = \frac{-1 \pm \sqrt{-100}}{2} = \frac{-1 \pm j10}{2}$$
$$= -\frac{1}{2} \pm j5$$

となります。これは③の場合にあてはまりますので、$\lambda_1 = -\dfrac{1}{2} + j5$、$\lambda_2 = -\dfrac{1}{2} - j5$ とすれば、一般解は、

$$y(x) = e^{\alpha x}(C_1 \cos(\beta x) + C_2 \sin(\beta x))$$

で、$\alpha = -\dfrac{1}{2}$、$\beta = 5$ となって、次式が求める一般解となります。

$$y(x) = e^{-x/2}(C_1 \cos(5x) + C_2 \sin(5x))$$

次に、初期条件から、

$$y(0) = e^0(C_1 \cdot 1 + C_2 \cdot 0) = 0$$

より、$C_1 = 0$ が得られます。この段階で $y(x) = C_2 e^{-x/2} \sin(5x)$ と、任意定数を1つ減らしておくと次の計算が楽です。

$$y'(x) = C_2 \cdot \left(-\frac{1}{2}\right) e^{-x/2} \sin(5x) + C_2 e^{-x/2} \cdot 5 \cdot \cos(5x)$$

にもう1つの初期条件 $y'(0) = 5$ を代入して、

$$y'(0) = 0 + C_2 \cdot e^0 \cdot 5 \cdot 1 = 5$$

より $C_2 = 1$ が求まり、次式が初期値問題の解となります。

$$y(x) = e^{-x/2} \sin(5x)$$

解のグラフを描くと図8.10のようになります。$y(x) = \sin(5x)$ は ± 1 の間を正弦波で描きますが、$y(x) = e^{-x/2} \sin(5x)$ は最大値が $e^{-x/2}$ と、x が増えるに従って減衰していきます。つまり、波の振幅が $y(x) = +e^{-x/2}$ と $y(x) = -e^{-x/2}$ に挟まれる（図中破線）ことになります。こ

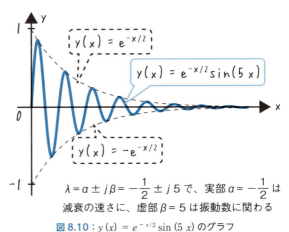

$\lambda = \alpha \pm j\beta = -\frac{1}{2} \pm j5$ で、実部 $\alpha = -\frac{1}{2}$ は減衰の速さに、虚部 $\beta = 5$ は振動数に関わる

図8.10：$y(x) = e^{-x/2} \sin(5x)$ のグラフ

のようなグラフの接線をつなげてグラフを包んだ線を**包絡線**（ほうらくせん）といいます。英語では envelope curve といい、envelope は封筒（手紙を包み込みますからね）、curve は曲線という意味です。

問 8-8 2階線形微分方程式 $y''(x) + 2y'(x) + 2y(x) = 0$ の一般解を求め、初期条件 $y(0) = 2$、$y'(0) = -2$ での初期値問題を解きましょう。

正解は P.316

8-5 ▶ ラプラス変換入門
〜sの世界へ〜

難易度 ★★☆☆☆

> ▶【ラプラス変換をすると】
> sの世界では簡単に見えることがある

　これまで具体的な微分方程式を解いてきましたが、関数の計算について技巧的なものが多く、一貫性を感じにくかったかもしれません。そこで、ここでは微分方程式の初期値問題を解く強力な武器となる**ラプラス変換**を紹介します。ラプラス変換はtを実数の変数とする関数$f(t)$（電気工学ではtは時刻となります）に対して複素数$s = \sigma + j\omega$を変数とする関数$F(s)$に変換するもので、

$$F(s) = \mathcal{L}[f(t)] = \int_0^\infty e^{-st} f(t)\, dt$$

で定義されています。積分の区間に∞がありますが、これは、

$$\int_0^\infty e^{-st} f(t)\, dt = \lim_{A \to \infty} \int_0^A e^{-st} f(t)\, dt$$

という意味で、定積分$\int_0^A e^{-st} f(t)\, dt$の値が先にあって、あとで$A \to \infty$とするということです。このように、積分する区間に極限を用いる積分を**広義積分**（こうぎせきぶん）といいます。

　ラプラス変換のイメージは図8.11のような感じです。特に、微分方程式で書かれた「tの世界」をいったんラプラス変換で「sの世界」に変換して計算しやすくし、計算が終わったら「tの世界」で答えを見るというのがこの「武器」の使い方です。このことから、ラプラス変換を元に戻す**ラプラス逆変換**、

$$f(t) = \mathcal{L}^{-1}[F(s)]$$

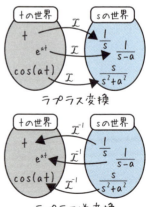

図8.11：変換のイメージ

が必要となります。複素解析という数学を使えば、

$$\mathcal{L}^{-1}[F(s)] = \frac{1}{2\pi i} \int_{c-j\infty}^{c+j\infty} F(s) e^{st} \mathrm{d}t$$

という複素数の積分（複素積分）で求められることが知られていますが、実用的には表 8.1 のような既知のラプラス変換を逆読みすることが多いです。この表の証明は次ページと **8-6** をご覧ください。

表 8.1：代表的な関数のラプラス変換

$f(t)$	$F(s) = \mathcal{L}[f(t)]$
$\delta(t)$	1
$u(t)$	$\dfrac{1}{s}$
t	$\dfrac{1}{s^2}$
t^n	$\dfrac{n!}{s^{n+1}}$
e^{at}	$\dfrac{1}{s-a}$
$\sin(at)$	$\dfrac{a}{s^2+a^2}$
$\cos(at)$	$\dfrac{s}{s^2+a^2}$
$\sinh(at)$	$\dfrac{a}{s^2-a^2}$
$\cosh(at)$	$\dfrac{s}{s^2-a^2}$

ここで、$u(t)$ は**ヘビサイドの階段関数**と呼ばれるもので、

$$u(t) = \begin{cases} 1 & (t \geq 0) \\ 0 & (t < 0) \end{cases}$$

という、図 8.12 のような階段状の関数です。スイッチを初期時刻で ON にするときなど、初期値問題で極めて有用な関数になります。

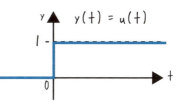

図 8.12：ヘビサイドの階段関数 $u(t)$

$\delta(t)$ は**デルタ関数**と呼ばれるもので、イメージでは、

$$\delta(t) = \begin{cases} \infty & (t = 0) \\ 0 & (t \neq 0) \end{cases}$$

という、図 8.13 のような針状にとがった関数です。数学的に正確にいえば、

$$d_L(t) = \begin{cases} \dfrac{1}{L} & (0 \leq t \leq L) \\ 0 & (t < 0、L < t) \end{cases}$$

という、面積が　縦×横 $= \dfrac{1}{L} \cdot L = 1$　すなわち、

$$\int_{-\infty}^{\infty} d_L(t) \, \mathrm{d}t = 1$$

となる関数 $d_L(t)$ を使って、

$$\delta(t) = \lim_{L \to 0} d_L(t)$$

と決められています。$L \to 0$ で、$d_L(t)$ の高さは $\frac{1}{L} \to \infty$ となります。普通の意味での関数とは違った振る舞いをしますので、**超関数**と呼ばれています。電気工学的には、$t = 0$ で無限大の衝撃を加える現象で、パルスを加えたときのインパルス応答と呼ばれるものを表す関数です。

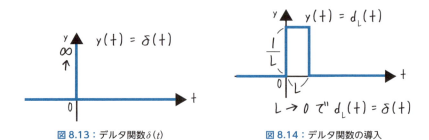

図 8.13：デルタ関数 $\delta(t)$ 　　　図 8.14：デルタ関数の導入

厳密な証明は数学書に譲りますが、デルタ関数は次の性質を持つことは直感的に理解できると思います。

$$\int_{-\infty}^{\infty} \delta(t-a) f(t) \,dt = f(a) \quad (あ)$$

$$\frac{d}{dt} u(t) = \delta(t) \quad (い)$$

式（あ）が意味するのは、デルタ関数は $t = a$ でしか値を持たず、$t = a$ のみの値を積分することになります。また、$\delta(t - a)$ の幅は無限小ですから、$f(t)$ の $t = a$ での値 $f(a)$ が出てくるとイメージするとよいでしょう[*9]。次に式（い）ですが、ヘビサイドの階段関数は $t = 0$ で瞬間的に 0 から 1 に増加していますね。一瞬にして増加しないといけないため、$t = 0$ での微分係数は ∞ となり、あとは変化がないので微分係数は 0 となります。これはデルタ関数の値そのものですね[*10]。

表 8.1 のうち、ヘビサイドの階段関数 $u(t)$ とデルタ関数 $\delta(t)$ のラプラス変換を求めておきましょう。

[*9] 厳密な説明ではないので数学屋さんは怒ると思います。
[*10] これも厳密な説明ではないので数学屋さんは激怒すると思います。

$$\mathcal{L}[u(t)] = \int_0^\infty u(t) e^{-st} \mathrm{d}t$$

$$= \int_0^\infty 1 \cdot e^{-st} \mathrm{d}t$$

$$= \left[\frac{e^{-st}}{-s} \right]_{t=0}^{t=\infty}$$

ここで、ラプラス変換は$\int_0^\infty u(t) e^{-st} \mathrm{d}t$が存在する$s$の範囲で定義され、この積分が発散するような$s$は考えず、$s = \sigma + j\omega$として、

$$\lim_{t \to \infty} \frac{e^{-st}}{-s} = \lim_{t \to \infty} \frac{e^{-\sigma t}(\cos(\omega t) - j\sin(\omega t))}{-(\sigma + j\omega)} = 0 \quad (※)$$

となる領域、つまり$\sigma > 0$を考えます。$\sigma > 0$なら$t \to \infty$で$e^{-\sigma t} \to 0$ですが、$\sigma < 0$なら$e^{-\sigma t} \to \infty$となって、値が決まらなくなります。このように、ラプラス変換が収束するsの実部の範囲を**収束域**といいます。そのときの下限を収束座標といいます。$u(t)$の場合、収束域は$\sigma > 0$で、収束座標は0となります。以降の計算ではこの厳密性を省略しますが、ラプラス変換が存在しないsの範囲があることは知っておいてください。このことから計算を続けると、

$$\left[\frac{e^{-st}}{-s} \right]_{t=0}^{t=\infty} = 0 - \left(\frac{e^{-s \cdot 0}}{-s} \right) = \frac{1}{s}$$

が得られます（途中式の第1項は、（※）から0です）。

次に$\mathcal{L}[\delta(t)]$ですが、式（あ）を使えば簡単で、次式となります。

$$\mathcal{L}[\delta(t)] = \int_0^\infty \delta(t) e^{-st} \mathrm{d}t = e^{-s \cdot 0} = 1$$

8-6 ラプラス変換の計算
~習うより慣れろ~

ここでは、**8-5** の表 8.1 を計算して確かめることで、具体的なラプラス計算に親しみましょう。その前に、ラプラス変換の便利な性質を紹介しておきます。

> ▶【ラプラス変換の性質】
> ①線形性
> c_1、c_2 を定数として
> $$\mathcal{L}[c_1 f_1(t) + c_2 f_2(t)] = c_1 \mathcal{L}[f_1(t)] + c_2 \mathcal{L}[f_2(t)]$$
> ②微分：s を掛ける
> $$\mathcal{L}[f'(t)] = s\mathcal{L}[f(t)] - f(0)$$
> ③積分：s で割る
> $$\mathcal{L}\left[\int_0^t f(x)\,dx\right] = \frac{1}{s}\mathcal{L}[f(t)]$$
> ④移動
> $$\mathcal{L}[f(t-a)] = e^{-as}F(s)$$
> $$\mathcal{L}[e^{at}f(t)] = F(s-a)$$
> ⑤たたみ込み（合成積）
>   関数 $f(t)$ と $g(t)$ の**たたみ込み**（**合成積**ともいう）[*11] を、
> $$f(t) * g(t) = \int_0^t f(t-x)g(x)\,dx$$
>   で定義。このときのラプラス変換が、各々の積となる
> $$\mathcal{L}[f(t) * g(t)] = \mathcal{L}[f(t)]\mathcal{L}[g(t)]$$

○証明

① 積分の線形性から、

$$\mathcal{L}[c_1 f_1(t) + c_2 f_2(t)] = \int_0^\infty e^{-st}(c_1 f_1(t) + c_2 f_2(t))\,dt$$

$$= c_1 \int_0^\infty e^{-st} f_1(t)\,dt + c_2 \int_0^\infty e^{-st} f_2(t)\,dt = c_1 \mathcal{L}[f_1(t)] + c_2 \mathcal{L}[f_2(t)]$$

[*11] 「叩き込み」ではないので気を付けましょう。

② 部分積分を施せば、

$$\mathcal{L}[f'(t)] = \int_0^\infty f'(t) e^{-st} dt$$
$$= [f(t) e^{-st}]_{t=0}^{t=\infty} - \int_0^\infty f(t)(e^{-st})' dt$$
$$= 0 - f(0) e^{-s \cdot 0} - \int_0^\infty f(t)(-s) e^{-st} dt$$
$$= s\mathcal{L}[f(t)] - f(0)$$

ただし、$\lim_{t \to \infty} f(t) e^{-st} = 0$ となる s の収束域[*12]を考えています。
また、部分積分を繰り返し実行することで、一般に、

$$\mathcal{L}[f^{(n)}(t)] = s^n \mathcal{L}[f(t)] - \sum_{k=1}^n f^{(k-1)}(0) s^{n-k}$$

となることがわかります。

③

$$\int_0^t f(x) dx = G(t)$$

と置けば、微分積分学の基本定理から $G'(t) = f(t)$ となります。よって②の結果を使えば、

$$\mathcal{L}[f(t)] = \mathcal{L}[G'(t)]$$
$$= s\mathcal{L}[G(t)] - G(0)$$

となります。ここで $G(0) = \int_0^0 f(x) dx = 0$ なので、$\mathcal{L}[f(t)] = s\mathcal{L}[G(t)]$ となって、

$$\mathcal{L}[G(t)] = \frac{1}{s} \mathcal{L}[f(t)] \quad \text{つまり} \quad \mathcal{L}\left[\int_0^t f(x) dx\right] = \frac{1}{s} \mathcal{L}[f(t)]$$

が示されます。

[*12] **8-5** 参照。

④ $t - a = u$ と置換すれば $dt = du$ で、積分の範囲は $\begin{array}{c|ccc} t & 0 & \to & \infty \\ \hline u & -a & \to & \infty \end{array}$ となり、

$$\mathcal{L}[f(t-a)] = \int_0^\infty f(t-a)e^{-st}dt = \int_{-a}^\infty f(u)e^{-s(a+u)}du$$
$$= \int_{-a}^\infty f(u)e^{-sa}e^{-su}du = e^{-sa}\int_{-a}^\infty f(u)e^{-su}du$$

ラプラス変換される関数 $f(u)$ は $u > 0$ で定義されていて、$u < 0$ で $f(u) = 0$ とされています[*13] ので、次のようになります。

$$e^{-sa}\int_{-a}^\infty f(u)e^{-su}du = e^{-sa}\int_{-a}^0 f(u)e^{-su}du + e^{-sa}\int_0^\infty f(u)e^{-su}du$$
$$= 0 + e^{-sa}\int_0^\infty f(u)e^{-su}du$$
$$= e^{-sa}\mathcal{L}[f(t)] = e^{-sa}F(s)$$

次の式は、素直に計算すれば、次のように示されます。

$$\mathcal{L}[e^{at}f(t)] = \int_0^\infty f(t)e^{at}e^{-st}dt = \int_0^\infty f(t)e^{(a-s)t}dt$$
$$= \int_0^\infty f(t)e^{-(s-a)t}dt = F(s-a)$$

⑤ 証明には重積分の変数変換が必要ですので、少し長く、複雑になります。ここでは結果だけを利用することにしましょう。

以下、表 8.1 の内容を確かめていきます。

○ $\mathcal{L}[t^n]$

部分積分から、

$$\mathcal{L}[t^n] = \int_0^\infty t^n e^{-st}dt = \left[t^n\frac{e^{-st}}{-s}\right]_{t=0}^{t=\infty} - \int_0^\infty (t^n)'\frac{e^{-st}}{-s}dt$$
$$= + \int_0^\infty nt^{n-1}\frac{e^{-st}}{s}dt = \frac{n}{s}\mathcal{L}[t^{n-1}]$$

[*13] 本当はラプラス変換の定義できちんと変換される関数の条件としてあげられますが、本書は入門書ということで後出しさせていただきました。

となります。これを繰り返し実行することで、$\mathcal{L}[t^n] = \dfrac{n}{s}\mathcal{L}[t^{n-1}] = \dfrac{n(n-1)}{s^2}\mathcal{L}[t^{n-2}] = \cdots\cdots = \dfrac{n(n-1)\cdots 3\cdot 2}{s^n}\mathcal{L}[1] = \dfrac{n!}{s^n}\cdot\dfrac{1}{s}$ より、$\mathcal{L}[t^n] = \dfrac{n!}{s^{n+1}}$ が得られます。

○ $\mathcal{L}[e^{at}]$

$$\mathcal{L}[e^{at}] = \int_0^\infty e^{at}e^{-st}\,\mathrm{d}t = \int_0^\infty e^{-(s-a)t}\,\mathrm{d}t$$
$$= \left[\dfrac{e^{-(s-a)t}}{-(s-a)}\right]_{t=0}^{t=\infty}$$
$$= -0 - \dfrac{e^{-(s-a)\cdot 0}}{-(s-a)} = +\dfrac{1}{s-a}$$

○ $\mathcal{L}[\cos(at)]$

オイラーの公式 $e^{j\theta} = \cos\theta + j\sin\theta$ より、

$$e^{j\theta} + e^{-j\theta} = (\cos\theta + j\sin\theta) + [\cos(-\theta) + j\sin(-\theta)]$$
$$= (\cos\theta + j\sin\theta) + (\cos\theta - j\sin\theta)$$
$$= 2\cos\theta$$

から $\cos\theta = (e^{j\theta} + e^{-j\theta})/2$ となります。これと①の線形性を使えば、

$$\mathcal{L}[\cos(at)] = \dfrac{1}{2}(\mathcal{L}[e^{jat}] + \mathcal{L}[e^{-jat}]) = \dfrac{1}{2}\left(\dfrac{1}{s-ja} + \dfrac{1}{s+ja}\right)$$
$$= \dfrac{s}{s^2 + a^2}$$

が得られます。

問 8-9 $e^{j\theta} - e^{-j\theta}$ の計算から $\sin\theta = (e^{j\theta} - e^{-j\theta})/(j2)$ となることを使って $\mathcal{L}[\sin(at)]$ を求めましょう。

問 8-10 $\mathcal{L}[e^{at}] = \dfrac{1}{s-a}$ と $\sinh\theta = \dfrac{e^\theta - e^{-\theta}}{2}$、$\cosh\theta = \dfrac{e^\theta + e^{-\theta}}{2}$ の定義から、$\mathcal{L}[\sinh(at)]$、$\mathcal{L}[\cosh(at)]$ の値が表 8.1 に一致することを確かめましょう。

問 8-11 ④を使って $\mathcal{L}[e^{at}\cos(bt)] = \dfrac{s-a}{(s-a)^2 + b^2}$ を確かめましょう。

正解は P.317

8-7 ラプラス変換と微分方程式
～逆ラプラス変換さえできれば……～

【微分方程式をラプラス変換をすると】
s の世界では簡単。あとは逆ラプラス変換ができれば解が求まる

微分方程式を「s の世界」で見てみると、ただの方程式に見えてしまいます。次の1階線形微分方程式の初期値問題を考えましょう。

$$L \frac{\mathrm{d}}{\mathrm{d}t} i(t) + R i(t) = 0 \qquad 初期条件：i(0) = I_0$$

微分方程式をラプラス変換しましょう。$\mathcal{L}[i(t)] = I(s)$ と書いて、

$$\mathcal{L}\left[L \frac{\mathrm{d}}{\mathrm{d}t} i(t)\right] = sL\mathcal{L}[i(t)] - Li(0) = sLI(s) - LI_0$$

$$\mathcal{L}[R i(t)] = R\mathcal{L}[i(t)] = RI(s)$$

$$\mathcal{L}[0] = 0$$

となりますね[*14]、微分方程式は、

$$sLI(s) - LI_0 + RI(s) = 0$$

と書き換えられます。これを $I(s)$ について解けば、

$$I(s) = \frac{I_0 L}{sL + R}$$

ですね。$\mathcal{L}[i(t)] = I(s)$ の関係から、ラプラス逆変換は $\mathcal{L}^{-1}[I(s)] = i(t)$ ですから、

$$i(t) = \mathcal{L}^{-1}[I(s)] = \mathcal{L}^{-1}\left[\frac{I_0 L}{sL + R}\right] = I_0 \mathcal{L}^{-1}\left[\frac{1}{s + \frac{R}{L}}\right]$$

より、逆ラプラス変換の計算によって $i(t)$ が求められることになります。

$$\mathcal{L}[e^{at}] = \frac{1}{s - a}$$

で $a = -\frac{R}{L}$ とすれば、

[*14] 計算の仕方は **8-6** 参照。

$$\mathcal{L}^{-1}\left[\frac{1}{s-\left(-\frac{R}{L}\right)}\right] = e^{-\frac{R}{L}t}$$

がわかります。よって、次式が得られる微分方程式の解です。

$$i(t) = I_0 \mathcal{L}^{-1}\left[\frac{1}{s-\frac{R}{L}}\right] = I_0 e^{-\frac{R}{L}t}$$

このように、ラプラス変換を使えば線形微分方程式はとても簡単な s の式になって、あとは逆ラプラス変換さえ求められれば、元の t の世界での解を知ることができるのです。また、**8-4** では特性方程式を得ることで微分方程式を理解しましたが、ラプラス変換を使えば初期条件 $i(0) = I_0$ のような情報も含めて s についての式に組み込むことができるようになります。

問 8-12 次の 2 階線形微分方程式の初期値問題を手順 (1) - (4) に従って解きましょう。

$$y''(t) + y(t) = \sin t \quad 初期条件: y(0) = 1、y'(0) = 0$$

(1) $\mathcal{L}[y(t)] = Y(s)$ と書いて微分方程式をラプラス変換しましょう。ここで、$\mathcal{L}[y''(t)] = s^2 Y(s) - sy'(0) - y(0)$ です。

(2) (1) で得られた $Y(s)$ の式から $Y(s) = \dfrac{s^2+2}{(s^2+1)^2}$ となることを確かめましょう。

(3) (2) の結果を変形して $Y(s) = \dfrac{1}{s^2+1} + \dfrac{1}{(s^2+1)^2}$ となることを確かめましょう。

(4) (3) の結果を逆ラプラス変換して微分方程式の解を求めましょう。ここで、$\mathcal{L}^{-1}\left[\dfrac{1}{(s^2+1)^2}\right] = \mathcal{L}^{-1}\left[\dfrac{1}{s^2+1} \cdot \dfrac{1}{s^2+1}\right]$ を求めるために、$\mathcal{L}^{-1}\left[\dfrac{1}{s^2+1}\right] = \sin t$ であることと、たたみ込みのラプラス変換(**8-6** の⑤)から $\mathcal{L}[\sin t]\mathcal{L}[\sin t] = \mathcal{L}[h(t)]$ なる $h(t)$ は、

$$h(t) = \int_0^t \sin(t-x)\sin(x)\,dx = \frac{1}{2}\sin t - \frac{t}{2}\cos t$$

となることを使っても構いません(そうなることは自分で計算して確認しましょうね)。

正解は P.317

> **COLUMN　ラプラス変換と交流回路のインピーダンス**
>
> **8-7**の微分方程式は、RL直列回路を時刻$t=0$にて短絡したときの式となります。ラプラス変換して得られた$I(s)$で$s=j\omega$とすると、
>
> $$I(s) = I_0 \frac{L}{j\omega L + R}$$
>
> となります。交流回路を学んだ方にはお馴染のインピーダンス$j\omega L$が登場しますね。このsは**8-4**で登場した特性方程式の解をさらに拡張した性質を持っていて、実部は時間に対する増加・減衰を表し、虚部は振動の速さを表すことになります。交流回路でフェーザ（ベクトル）を勉強すると、定常状態の交流が四則演算で計算できるようになります。そのとき、電流と電圧の関係が「インピーダンス」として複素数で表されます。実は、交流回路で登場するインピーダンスというのは、sの実部が0である、つまり解が時間的に増加・減衰しない「定常状態」でのラプラス変換なのです。制御工学の分野になると、定常状態だけでなく、sの実部をもった過渡状態も扱います。このときのインピーダンスに相当するものは「伝達関数」と呼ばれ、これもシステムを表す微分方程式を代数的に扱えるようにしてくれる、大変便利なものです。
>
> どうしてラプラス変換が微分方程式の初期値問題で活躍するか、ざっくり説明しましょう。
>
> $$F(s) = \mathcal{L}[f(t)] = \int_0^\infty e^{-st} f(t)\, dt$$
>
> ですが、$F(s)$というsの関数は、$f(t)$の初期時刻$t=0$から$t=\infty$に至るまで、すべての時刻の情報をe^{-st}を掛け算しながら蓄積されたものになります。つまり、$F(s)$というのは初期時刻からすべての時間に発展した$f(t)$の情報を含む関数なのです。

第9章
フーリエ級数・フーリエ変換

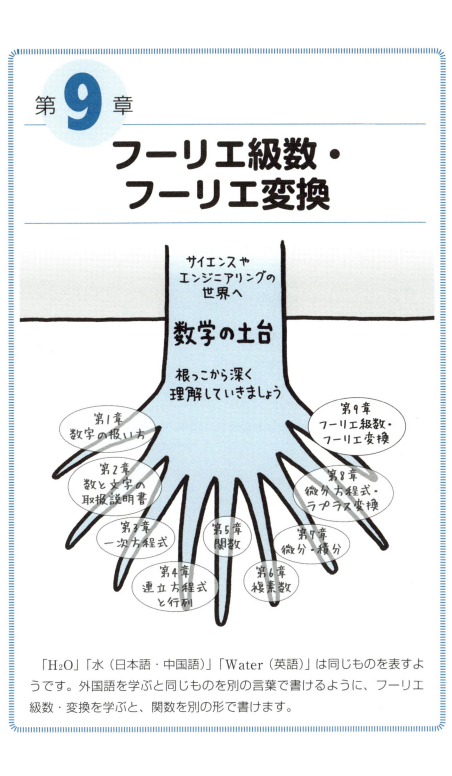

「H₂O」「水（日本語・中国語）」「Water（英語）」は同じものを表すようです。外国語を学ぶと同じものを別の言葉で書けるように、フーリエ級数・変換を学ぶと、関数を別の形で書けます。

9-0 ▶ その前に
～必要な武器：三角関数の積分～

フーリエ級数・フーリエ変換では、三角関数の微分・積分がとんでもなくたくさん登場します。ただし、使う計算はパターンが決まっているので、ここでまとめて紹介しておくことにします。

> ▶【よく使う三角関数の積分】
>
> $$\int_{-\pi}^{\pi} \sin(mx) \sin(nx) \, dx = \pi \delta_{mn} \quad (\text{あ})$$
>
> $$\int_{-\pi}^{\pi} \cos(mx) \cos(nx) \, dx = \pi \delta_{mn} \quad (\text{い})$$
>
> $$\int_{-\pi}^{\pi} \sin(mx) \cos(nx) \, dx = 0 \quad (\text{う})$$
>
> ここで、m、n は正の整数であり、
>
> $$\delta_{mn} = \begin{cases} 1 \ (m = n \text{ のとき}) \\ 0 \ (m \neq n \text{ のとき}) \end{cases}$$
>
> はクロネッカーのデルタと呼ばれる便利な記号

○証明

まず、k を整数として $(\sin(kx))' = k\cos(kx)$、$(\cos(kx))' = -k\sin(kx)$ であることから、$k \neq 0$ のときは、

$$\int_{-\pi}^{\pi} \sin(kx) \, dx = \int_{-\pi}^{\pi} \left(-\frac{1}{k}\cos(kx)\right)' dx = -\frac{1}{k}\left[\cos(kx)\right]_{-\pi}^{\pi} \quad ①$$

となります。$\cos(-k\pi) = \cos(k\pi)$ より[*1]、(式①の続き) $= -\frac{1}{k}[\cos(k\pi) - \cos(-k\pi)] = 0$ となり、

$$\int_{-\pi}^{\pi} \sin(kx) \, dx = 0$$

となります。また、

[*1] 加法定理（**5-13** 参照）から、
$\cos(-\theta) = \cos(0 - \theta) = \cos(0)\cos\theta + \sin(0)\sin\theta = 1 \cdot \cos\theta + 0 \cdot \sin\theta = \cos\theta$

$$\int_{-\pi}^{\pi} \cos(kx)\,dx = \int_{-\pi}^{\pi} \left(\frac{1}{k}\sin(kx)\right)' dx = \frac{1}{k}[\sin(kx)]_{-\pi}^{\pi} \quad ②$$

となります。ここで、$\sin(k\pi)$ はいつでも $\sin(k\pi) = 0$ となるので[*2]、(式②の続き) $= \frac{1}{k}[\sin(k\pi) - \sin(-k\pi)] = 0$ となり、

$$\int_{-\pi}^{\pi} \cos(kx)\,dx = 0$$

となります。次に、$k = 0$ のときは簡単で、次のようになります。

$$\int_{-\pi}^{\pi} \sin(kx)\,dx = \int_{-\pi}^{\pi} 0\,dx = 0$$

$$\int_{-\pi}^{\pi} \cos(kx)\,dx = \int_{-\pi}^{\pi} 1\,dx = [x]_{-\pi}^{\pi} = 2\pi$$

以上より、$\int_{-\pi}^{\pi} \sin(kx)\,dx$ は k がどんな整数でも 0 ですから、

$$\int_{-\pi}^{\pi} \sin(kx)\,dx = 0 \quad (ア)$$

が得られます。一方、$\int_{-\pi}^{\pi} \cos(kx)\,dx$ の値は $k \neq 0$ のときはゼロ、$k = 0$ のときは 2π ですから、

$$\int_{-\pi}^{\pi} \cos(kx)\,dx = \begin{cases} 2\pi & (k = 0 \text{のとき}) \\ 0 & (k \neq 0 \text{のとき}) \end{cases} \quad (伊)$$

が得られます。式(伊)のように、k の値によって場合分けが必要だと数式が 2 行必要でスペースを取りますし、書くのも面倒ですね。そこで、数式の書く量を圧縮してくれるクロネッカーのデルタが威力を発揮します。

$$\delta_{mn} = \begin{cases} 1 & (m = n \text{のとき}) \\ 0 & (m \neq n \text{のとき}) \end{cases}$$

で $m = k$, $n = 0$ とすれば、

$$\delta_{k0} = \begin{cases} 1 & (k = 0 \text{のとき}) \\ 0 & (k \neq 0 \text{のとき}) \end{cases}$$

となって、$2\pi \delta_{k0}$ は式(伊)の場合分けと完全に一致します。つまり、

$$\int_{-\pi}^{\pi} \cos(kx)\,dx = 2\pi \delta_{k0} \quad (イ)$$

と 1 行で k の値による場合分けを書くことができるのです。

[*2] 円上で角度 $k\pi$ (180°の倍数) が示す点の y 座標はいつもゼロ。

さらに、加法定理（**5-13** 参照）から、

$$\cos(A+B) + \cos(A-B) = 2\cos A\cos B$$
$$\cos(A+B) - \cos(A-B) = -2\sin A\sin B$$
$$\sin(A+B) + \sin(A-B) = 2\sin A\cos B$$

となって、

$$\cos A\cos B = \frac{1}{2}[\cos(A+B) + \cos(A-B)]$$
$$\sin A\sin B = -\frac{1}{2}[\cos(A+B) - \cos(A-B)]$$
$$\sin A\cos B = \frac{1}{2}[\sin(A+B) + \sin(A-B)]$$

という式が得られます。これらは、三角関数の掛け算を足し算に変換する公式として、広く**積和公式**（せきわこうしき）として知られています。

積和公式で $A = mx$、$B = nx$ とすれば、式（あ）・（い）・（う）の被積分関数は、

$$\cos(mx)\cos(nx) = \frac{1}{2}[\cos(m+n)x + \cos(m-n)x]$$
$$\sin(mx)\sin(nx) = -\frac{1}{2}[\cos(m+n)x - \cos(m-n)x]$$
$$\sin(mx)\cos(nx) = \frac{1}{2}[\sin(m+n)x + \sin(m-n)x]$$

となって、

$$\int_{-\pi}^{\pi} \sin(mx)\sin(nx)\,dx$$
$$= -\frac{1}{2}\underbrace{\int_{-\pi}^{\pi}\cos(m+n)x\,dx}_{=0} + \frac{1}{2}\underbrace{\int_{-\pi}^{\pi}\cos(m-n)x\,dx}_{=\delta_{mn}2\pi} \quad \text{（あ）}$$

$$\int_{-\pi}^{\pi} \cos(mx)\cos(nx)\,dx$$
$$= \frac{1}{2}\underbrace{\int_{-\pi}^{\pi}\cos(m+n)x\,dx}_{=0} + \frac{1}{2}\underbrace{\int_{-\pi}^{\pi}\cos(m-n)x\,dx}_{=\delta_{mn}2\pi} \quad \text{（い）}$$

$$\int_{-\pi}^{\pi} \sin(mx)\cos(nx)\,dx$$
$$= \frac{1}{2}\underbrace{\int_{-\pi}^{\pi}\sin(m+n)x\,dx}_{=0} + \frac{1}{2}\underbrace{\int_{-\pi}^{\pi}\sin(m-n)x\,dx}_{=0} \quad \text{（う）}$$

とできます。式(あ)の第1項と式(い)の第1項は、式(イ)で $k = m + n \neq 0$ ですから0になります[*3]。式(あ)の第2項と式(い)の第2項は、式(イ)で $k = m - n$ のときで、$m - n = 0$ つまり $m = n$ のとき $k = 0$ ですから、$\delta_{mn} 2\pi$ になります[*4]。式(う)の第1項と第2項は、式(ア)によって0になります。以上から、次のように示されました。

$$\int_{-\pi}^{\pi} \sin(mx)\sin(nx)\,\mathrm{d}x = 0 + \frac{1}{2}\delta_{mn}2\pi = \delta_{mn}\pi \qquad (あ)$$

$$\int_{-\pi}^{\pi} \cos(mx)\cos(nx)\,\mathrm{d}x = 0 + \frac{1}{2}\delta_{mn}2\pi = \delta_{mn}\pi \qquad (い)$$

$$\int_{-\pi}^{\pi} \sin(mx)\cos(nx)\,\mathrm{d}x = 0 + 0 = 0 \qquad (う)$$

問 9-1 積和公式を自分で計算して確かめましょう。　　　正解は P.318

[*3] m と n は正の整数なので $m + n > 0$ です。
[*4] $m = n$ のとき $k = 0$、つまり積分の値がゼロとなります。$m \neq n$ のとき $k \neq 0$、つまり積分の値が 2π です。以上をクロネッカーのデルタでまとめて書けば $\delta_{mn}2\pi$ となりますね。

9-1 ▶ フーリエ級数事始め
~見方を変えるフーリエ級数~

> ▶【フーリエ級数】
> 元データ：時間でみる
> 級数の値：周波数でみる

t を時刻として、次式で表される波形 $f(t)$ を考えましょう。

$$f(t) = 3\sin(t) + 1.5\sin(2t) + 0.2\sin(3t) \quad (\bigstar)$$

電気の世界では、$f(t)$ の波形は電圧や電流などになります。図9.1のように、$f(t)$ は角周波数 ω [*5] が1、2、3の場合の三角関数の足し算で、それぞれの係数だけピックアップして、次のような1対1の関係を考えましょう。

$$f(t) \leftrightarrow (3, 1.5, 0.2)$$

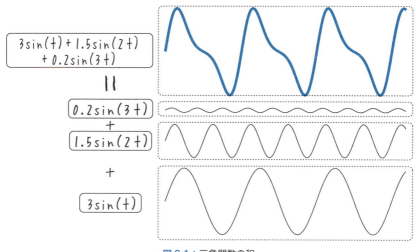

図 9.1：三角関数の和

$f(t)$ は t の値が決まればそれに対応した $f(t)$ という値を返す関数で [*6]、t の値

[*5] **5-12** 参照。また、角周波数 ω と周波数 f は $\omega = 2\pi f$ なる関係で、2π 倍の定数しか違わないので、今後は区別せず単に周波数と呼びます。

[*6] 関数については **5-1** 参照。

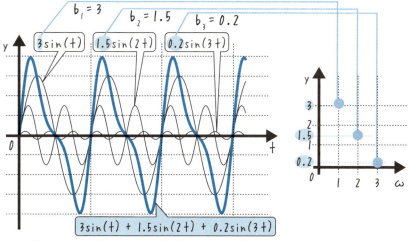

図 9.2：三角関数の和を見る 2 つの方法

すべてに対して対応する $f(t)$ が必要です。図 9.2 のように、$f(t)$ を表すためには、(a) のようにすべての時刻 t に対して $f(t)$ の値を決める必要があり、グラフを描けば横軸 t に対してすべての $y = f(t)$ の値が線でつながって表されることになります。しかし、波形が元々三角関数を重ね合わせたものであれば、(b) のようにそれぞれの周波数 $\omega = 1$、2、3 に対応した大きさだけを表しても、波形の情報はすべて表されることになります。つまり、この関数の場合は周波数で表したほうが楽で、グラフは限られた点で構わないわけです。

このように、波形 $f(t)$ が三角関数を重ね合わせたようなものであれば、より少ないデータの量で同じ波形の情報を表すことができます。すべての時刻 t での値 $f(t)$ でデータを表現するのではなく、周波数 ω での成分がどの大きさであるかを見ても同じ情報を表すことができるのです。図 9.2 の (a) と (b) は同じ情報を表し、(a) を見ても $y = f(t)$ の波形が 3 つの三角関数の合計であることを見出すことは難しいですが、(b) の場合は $\omega = 1$ の成分が 3、$\omega = 2$ の成分が 1.5、$\omega = 3$ の成分が 0.2 ということを読み取ることは簡単です。このように、周波数の成分を抽出した数の集まりを**フーリエ係数**といいます。また、式（★）のようなフーリエ係数の係った三角関数の和を**フーリエ級数**といいます。

9-2 ▶ フーリエ級数の計算①
~三角関数を掛けて積分~

▶【フーリエ級数の出し方】
三角関数を掛けて積分すると出てくる

求めたい関数に三角関数を掛けて $-\pi$ から π の区間で積分すると、フーリエ級数が抽出されます。実際に **9-1** の式（★）関数 $f(t)$ でやってみましょう。$f(t)$ に $\sin(t)$ を掛けて $t = -\pi$ から $t = \pi$ の区間で積分すると、

$$\int_{-\pi}^{\pi} f(t) \sin(t)\, dt = \int_{-\pi}^{\pi} [3\sin(t) + 1.5\sin(2t) + 0.2\sin(3t)]\sin(t)\, dt$$

$$= 3\underbrace{\int_{-\pi}^{\pi} \sin(t)\sin(t)\, dt}_{=\pi} + 1.5\underbrace{\int_{-\pi}^{\pi} \sin(2t)\sin(t)\, dt}_{=0}$$

$$+ 0.2\underbrace{\int_{-\pi}^{\pi} \sin(3t)\sin(t)\, dt}_{=0} = 3\pi$$

となります。積分の計算は **9-0** の結果を使いました[*7]。同様にして $\sin(2t)$、$\sin(3t)$ で実行すると、

$$\int_{-\pi}^{\pi} f(t) \sin(2t)\, dt = 3\underbrace{\int_{-\pi}^{\pi} \sin(t)\sin(2t)\, dt}_{=0}$$

$$+ 1.5\underbrace{\int_{-\pi}^{\pi} \sin(2t)\sin(2t)\, dt}_{=\pi} + 0.2\underbrace{\int_{-\pi}^{\pi} \sin(3t)\sin(2t)\, dt}_{=0} = 1.5\pi$$

$$\int_{-\pi}^{\pi} f(t) \sin(3t)\, dt = 3\underbrace{\int_{-\pi}^{\pi} \sin(t)\sin(3t)\, dt}_{=0}$$

$$+ 1.5\underbrace{\int_{-\pi}^{\pi} \sin(2t)\sin(3t)\, dt}_{=0} + 0.2\underbrace{\int_{-\pi}^{\pi} \sin(3t)\sin(3t)\, dt}_{=\pi} = 0.2\pi$$

というように、$\sin(kt)$ $(k = 1, 2, 3)$ を掛けて積分すると、k と $f(t)$ で周波数

[*7] $\sin(mt)$ と $\sin(nt)$ の掛け算を $\int_{-\pi}^{\pi} dt$ で積分するとき、$n = m$ なら積分の値は π、$n \neq m$ なら 0 となります。

が一致する項の係数 (3, 1.5, 0.2) に π が掛けられて抽出されていますね。このことから、計算した積分を π で割って、

$$b_1 = \frac{1}{\pi}\int_{-\pi}^{\pi} f(t)\sin(t)\,dt \qquad b_2 = \frac{1}{\pi}\int_{-\pi}^{\pi} f(t)\sin(2t)\,dt$$

$$b_3 = \frac{1}{\pi}\int_{-\pi}^{\pi} f(t)\sin(3t)\,dt$$

とすれば、フーリエ係数 $b_1 = 3$、$b_2 = 1.5$、$b_3 = 0.2$ が求まります。フーリエ係数はこのように求めることができ、フーリエ級数を **9-1** の式（★）のように展開した形を、フーリエ展開と呼んでいます。

一般の周期関数でフーリエ展開するには、sin の項だけでなく、cos の項も加える必要があります。ここで、$f(t + T) = f(t)$ を満たすような関数を周期 T の周期関数といいます。周期 2π のフーリエ展開とフーリエ係数は、次のようになることが知られています。

> **▶【周期 2π のフーリエ級数】**
>
> 関数 $f(t)$ が周期 2π の周期関数なら、形式的に
>
> $$f(t) \sim \frac{a_0}{2} + \sum_{k=1}^{\infty} [a_k \cos(kt) + b_k \sin(kt)] \qquad (♪)$$
>
> と書け、フーリエ係数 a_k と b_k は、
>
> $$a_k = \frac{1}{\pi}\int_{-\pi}^{\pi} f(t)\cos(kt)\,dt \quad (k = 0, 1, 2, \cdots\cdots) \quad (\text{あ})$$
>
> $$b_k = \frac{1}{\pi}\int_{-\pi}^{\pi} f(t)\sin(kt)\,dt \quad (k = 1, 2, \cdots\cdots) \quad (\text{い})$$
>
> ※ a_0 は $\cos(kt)$ で $k = 0$ の場合の係数

「〜」という記号は「= に近い」という意味で、なめらかにつながっている関数を無限個の足し算で表したために、途中でグラフがちぎれるかもしれないという心配から、= と区別して使用されています。詳しく知りたい方は、数学の専門書で「フーリエの定理」を参照してください。

問 9-2 式（♪）の展開式で、$\displaystyle\int_{-\pi}^{\pi} f(t)\cos(mt)\,dt$ と、$\displaystyle\int_{-\pi}^{\pi} f(t)\sin(mt)\,dt$ を計算して、フーリエ係数 a_m、b_m を求め、式（あ）・（い）と一致することを確かめましょう。

正解は P.319

難易度 ★★★

9-3 ▶ フーリエ級数の計算②
~習うより慣れろ~

いきなり例を紹介します。習うより慣れろということで、具体例を通して理解を深めましょう。

次のような関数 $f(t)$ が $-\pi \leq t \leq \pi$ で定義されているとしましょう。このとき、$f(x)$ のフーリエ級数を求めましょう。

$$f(t) = \begin{cases} 1 & (0 \leq t < \pi) \\ 0 & (-\pi \leq t < 0) \end{cases}$$

これを周期 2π として繰り返して全時刻に拡張した波形は方形波(ほうけいは)として知られていて、図 9.3 のようなグラフになります。

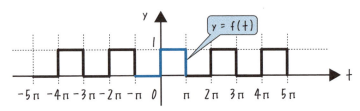

図 9.3:$y = f(t)$ のグラフとその拡張

$f(t)$ の値が t の値によって場合分けされていますので、積分の区間を $(0 \leq t < \pi)$ と $(-\pi \leq t < 0)$ に分割して計算しましょう。まず $\cos(kt)$ の係数 a_k は、$k = 0$ と $k \neq 0$ に分けて、

$$a_0 = \frac{1}{\pi} \int_{-\pi}^{\pi} f(t) \cos(0 \cdot t)\, dt$$

$$= \frac{1}{\pi} \int_{-\pi}^{0} \underbrace{f(t)}_{=0} 1\, dt + \frac{1}{\pi} \int_{0}^{\pi} \underbrace{f(t)}_{=1} 1\, dt$$

$$= \frac{1}{\pi} [t]_0^{\pi} = 1$$

$$\underbrace{a_k}_{(k \neq 0)} = \frac{1}{\pi} \int_{-\pi}^{\pi} f(t) \cos(kt)\, dt$$

$$= \frac{1}{\pi} \int_{-\pi}^{0} \underbrace{f(t)}_{=0} \cos(kt)\, dt + \frac{1}{\pi} \int_{0}^{\pi} \underbrace{f(t)}_{=1} \cos(kt)\, dt$$

$$= \frac{1}{\pi} \int_0^\pi \cos(kt) \, dt$$

$$= \frac{1}{\pi} \left[\frac{1}{k} \sin(kt) \right]_0^\pi$$

$$= \frac{1}{\pi k} [\sin(k\pi) - \sin 0] = 0$$

となります。次に $\sin(kt)$ の係数 b_k は、次のようになります。

$$b_k = \frac{1}{\pi} \int_{-\pi}^{\pi} f(t) \sin(kt) \, dt$$

$$= \frac{1}{\pi} \int_{-\pi}^{0} \underbrace{f(t)}_{=0} \sin(kt) \, dt + \frac{1}{\pi} \int_{0}^{\pi} \underbrace{f(t)}_{=1} \sin(kt) \, dt$$

$$= \frac{1}{\pi} \int_0^\pi \sin(kt) \, dt$$

$$= \frac{1}{\pi} \left[-\frac{1}{k} \cos(kt) \right]_0^\pi$$

$$= \frac{1}{\pi k} [-\cos(k\pi) - (-\cos 0)]$$

$$= \frac{1}{\pi k} [-(-1)^k + 1]$$

$$= \frac{1}{\pi k} [1 - (-1)^k]$$

$$= \begin{cases} \dfrac{2}{\pi k} & (k \text{ が奇数のとき}) \\ 0 & (k \text{ が偶数のとき}) \end{cases}$$

なお、k が奇数のとき、$(-1)^k = -1$ なので $1 - (-1)^k = 1 - (-1) = 2$ であり、k が偶数のとき、$(-1)^k = +1$ なので $1 - (-1)^k = 1 - (+1) = 0$ となります。

ここで $\sin(k\pi)$ と $\cos(k\pi)$ の値を、図9.4のような単位円上での角度 $k\pi$ の座標として考えると、k が偶数のとき $(1, 0)$、k が奇数のとき $(-1, 0)$ となります。y 座標はいつでもゼロなので、$\sin(k\pi) = 0$ となります。x 座標は k が偶数のときに 1、奇数のとき -1 となることから、$\cos(k\pi) = (-1)^k$ とすればうまく表すことができますね。

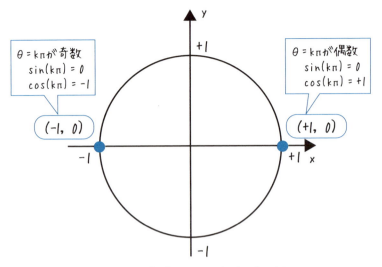

図 9.4：$\sin(k\pi) = 0$ と $\cos(k\pi) = (-1)^k$

以上より、$f(t)$ のフーリエ級数は、

$$f(t) \sim \frac{a_0}{2} + \sum_{k=1}^{\infty} [a_k \cos(kt) + b_k \sin(kt)]$$

$$= \frac{1}{2} + \sum_{k=1}^{\infty} \frac{1}{\pi k} [1 - (-1)^k] \sin(kt)$$

$$= \underbrace{\frac{1}{2}}_{k=0} + \underbrace{\frac{2}{\pi} \sin(t)}_{k=1} + \underbrace{\frac{2}{3\pi} \sin(3t)}_{k=3} + \underbrace{\frac{2}{5\pi} \sin(5t)}_{k=5} + \underbrace{\frac{2}{7\pi} \sin(7t)}_{k=7} + \cdots\cdots$$

となります。

得られたフーリエ級数を、一部分の和（部分和）までコンピュータで計算してグラフにしたものを図 9.5 に示します。k が大きくなると、どんどん方形波に近づくことがわかりますね。また、どのグラフも $t = -\pi$、0、π の付近でちょっとだけ振動していることがわかります。これは**ギブス現象**と呼ばれるもので、関数がつながっていない[*8] 場所付近で一般的に起こってしまう現象です。フーリエ級数は元の関数を完全に再現するものではないのです。このことから、展開を表す記号として「＝」でなく「～」が使われています。

[*8] 数学の専門用語で**不連続**といいます。

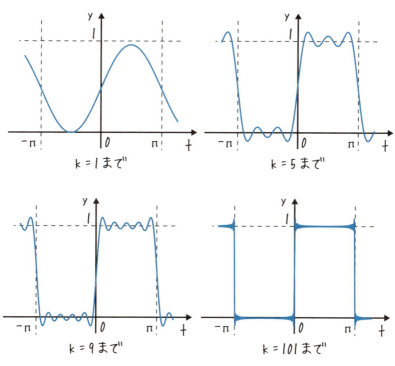

図 9.5：フーリエ級数の部分和

問 9-3 関数 $f(t) = t \, (-\pi < t \leq \pi)$ のフーリエ級数を求めましょう。

正解は P.320

9-4 ▶複素フーリエ級数・フーリエ変換
～すきまなく～

難易度 ★★★★

 ▶【複素フーリエ級数】
a_k と b_k をまとめて複素数 c_k で表す

オイラーの公式から $\sin\theta = \dfrac{e^{j\theta} - e^{-j\theta}}{2j}$、$\cos\theta = \dfrac{e^{j\theta} + e^{-j\theta}}{2}$ であることを使って、$\theta = kt$ と置いて **9-2** の式（♪）を書き直せば、

$$\dfrac{a_0}{2} + \sum_{k=1}^{\infty}(a_k \cos(kt) + b_k \sin(kt))$$

$$= \dfrac{a_0}{2} + \sum_{k=1}^{\infty}\left(a_k \dfrac{e^{jkt} + e^{-jkt}}{2} + b_k \dfrac{e^{jkt} - e^{-jkt}}{2j}\right)$$

$$= \dfrac{a_0}{2} + \sum_{k=1}^{\infty}\left(\dfrac{a_k - jb_k}{2}e^{jkt} + \dfrac{a_k + jb_k}{2}e^{-jkt}\right) \quad \Leftarrow\ e^{jkt} と e^{-jkt} の項に分けた$$

$$= \dfrac{a_0}{2} + \sum_{k=1}^{\infty}\left(\dfrac{a_k - jb_k}{2}e^{jkt}\right) + \sum_{k=-1}^{-\infty}\left(\dfrac{a_{-k} + jb_{-k}}{2}e^{+jkt}\right) \quad \Leftarrow\ 第3項：和の範囲を負にして、k の符号を入れ替え$$

となり、

$$c_0 = \dfrac{a_0}{2},\ c_k = \dfrac{a_k - jb_k}{2}\ (k>0),\ c_{-k} = \dfrac{a_k + jb_k}{2}\ (k<0)$$

と置けば **9-2** の式（♪）の三角関数で書かれたフーリエ級数は、

$$\dfrac{a_0}{2} + \sum_{k=1}^{\infty}[a_k \cos(kt) + b_k \sin(kt)] = \sum_{k=-\infty}^{\infty} c_n e^{jkt} \quad (♪ふ)$$

と、指数関数で書くことができます。そこで、c_k を $f(t)$ の**複素フーリエ係数**といい、式（♪ふ）の展開を**複素フーリエ級数**あるいは**複素フーリエ展開**といいます。このとき複素フーリエ係数は、a_k と b_k を求めてあげれば、次のように表されます。

$$c_k = \dfrac{1}{2}(a_k - jb_k) = \dfrac{1}{2\pi}\int_{-\pi}^{\pi} f(t)[\cos(kt) - j\sin(kt)]\,dt$$

$$= \dfrac{1}{2\pi}\int_{-\pi}^{\pi} f(t)\,e^{-jkt}\,dt$$

問 9-4 **9-3** の $f(t)$ で、複素フーリエ係数を求めましょう。

正解は P.322

▶【フーリエ変換】
フーリエ級数をすきまなく

　これまでのフーリエ級数や複素フーリエ級数は、添え字が整数の値を取り、図 9.2 (b) のようにフーリエ級数のグラフは点になりました。この点の集まりを増やしてグラフが線になるように拡張したものがフーリエ変換です。複素フーリエ級数 c_k を k の関数だと思って、

$$c_k = \frac{1}{2\pi} \int_{-\infty}^{\infty} f(t) e^{-jkt} dt$$

を考えれば、実数 k の値に対して c_k の値が決まる関数 $c(k)$ とすることができます。すると、k を横軸、$c(k)$ を縦軸に取った関数のグラフが描けるようになります。複素フーリエ係数 c_k だと、k はとびとびの整数値（…、-2、-1、0、1、2、…）だったので、グラフにすると点の集まりになります。関数として k を実数に拡張すれば、整数と整数の間もすきまなく k の値に対して $c(k)$ の値が決まり、グラフは線になります。

　そこで、**フーリエ変換** $\mathcal{F}[f(t)]$ を $F(\omega)$ と書いて、

$$\mathcal{F}[f(t)] = F(\omega) = \frac{1}{\sqrt{2\pi}} \int_{-\infty}^{\infty} f(t) e^{-j\omega t} dt$$

と定義します。これを元に戻す**フーリエ逆変換**は $\mathcal{F}^{-1}[F(\omega)] = f(t)$ となるもので、次式となります[*9]。

$$f(t) = \mathcal{F}^{-1}[F(\omega)] = \frac{1}{\sqrt{2\pi}} \int_{-\infty}^{\infty} F(\omega) e^{+j\omega t} dt$$

　フーリエ変換はラプラス変換と似た性質をもち、波動方程式や熱伝導方程式などに代表される偏微分方程式を解く際に活躍します。

[*9] 係数を $\frac{1}{\sqrt{2\pi}}$ に取った理由は、フーリエ変換とフーリエ逆変換を行った際に、関数の大きさ $\sqrt{\int_{-\infty}^{\infty} |f(t)|^2 dt}$（これを**ノルム**といいます）が変わらないようにするためです。大きさを変えない変換を**ユニタリ変換**といいます。

● **例**　**9-3** の関数 $f(t)$ のフーリエ変換 $F(\omega)$ を求め、フーリエ係数との関係を調べましょう。

答　$f(t)$ は $(0 \leq t < \pi)$ 以外の値では 0 なので、

$$F(\omega) = \frac{1}{\sqrt{2\pi}} \int_{-\infty}^{\infty} f(t) e^{-j\omega t} dt = \frac{1}{\sqrt{2\pi}} \int_0^{\pi} 1 \cdot e^{-j\omega t} dt$$

$$= \frac{1}{\sqrt{2\pi}} \left[\frac{e^{-j\omega t}}{-j\omega} \right]_0^{\pi} = \frac{1}{\sqrt{2\pi}} \frac{e^{-j\omega \pi} - 1}{-j\omega}$$

となります。さらに、複素数の絶対値がもつ $|z_1 z_2| = |z_1||z_2|$ という性質から $|F(\omega)| = \left| \frac{1}{\sqrt{2\pi}} \right| \frac{|e^{-j\omega \pi} - 1|}{|-j\omega|}$ として、

$$|e^{-j\omega \pi} - 1| = |\cos(\omega \pi) - j \sin(\omega \pi) - 1|$$
$$= \sqrt{[\cos^2(\omega \pi) - 1]^2 + \sin^2(\omega \pi)}$$
$$= \sqrt{\cos^2(\omega \pi) - 2\cos(\omega \pi) + 1^2 + \sin^2(\omega \pi)}$$
$$= \sqrt{2[1 - \cos(\omega \pi)]}$$

となります。ここでは、三角関数の相互関係 $\cos^2(\omega \pi) + \sin^2(\omega \pi) = 1$ を使いました。以上のことから、次の式が得られます。

$$|F(\omega)| = \frac{1}{\sqrt{2\pi}} \frac{\sqrt{2[1 - \cos(\omega \pi)]}}{|\omega|}$$

が得られます。

ω が整数のときの値を調べると、$\cos(\omega \pi) = (-1)^{\omega}$ なので、

$$|F(\omega)| = \frac{1}{\sqrt{2\pi}} \frac{\sqrt{2[1 - (-1)^{\omega}]}}{|\omega|} = \begin{cases} \dfrac{2}{\sqrt{2\pi}\omega} & (\omega \text{が奇数のとき}) \\ 0 & (\omega \text{が偶数のとき}) \end{cases}$$

となり、奇数となる ω では、

$$F(\omega) = \sqrt{\frac{\pi}{2}} b_{\omega} \quad (b_{\omega} \text{はフーリエ係数の} b_k \text{の} k \text{を} \omega \text{に置き換えたもの})$$

となって、フーリエ係数の定数倍になりますね。一般に、フーリエ変換の大きさと複素フーリエ係数の大きさ $|c_k|$ は、似た振る舞いをすることになります。

実際、$|F(\omega)|$ を縦軸、ω を横軸にとったグラフを図 9.6 に示します。実線が $|F(\omega)|$ そのもので、破線は ω が奇数のときのものを勝手に実数に拡張してグラフにしたものです。ω が奇数のところで実線と破線が一致し、さらに、ω が偶数のところでゼロになっています。

フーリエ係数 $b_{\omega} = \sqrt{\dfrac{2}{\pi}} |F(\omega)|$ をグラフにすると、奇数の部分の点

は $|F(\omega)|$ を $\sqrt{2\pi}$ で割った値、偶数はゼロの点になります。

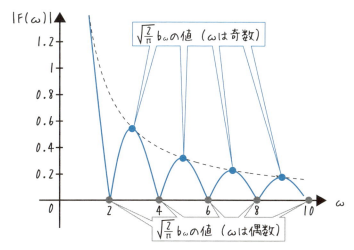

図 9.6：$|F(\omega)|$ のグラフ

○（補足）複素数の積分

複素数の値を取る関数 $f(x)$ の実部と虚部を $u(x) = \mathrm{Re} f(x)$、$v(x) = \mathrm{Im} f(x)$、つまり、

$$f(x) = u(x) + jv(x)$$

とするとき、

$$\int f(x)\,dx = \int u(x)\,dx + j\int v(x)\,dx$$

とします。すると、たとえば、**8-4** で複素数の微分を拡張したように、$(e^{\lambda x})' = \lambda e^{\lambda x}$ となるので、$\lambda \neq 0$ のとき、次式となります。

$$\int e^{\lambda x}\,dx = \int \left(\frac{1}{\lambda}e^{\lambda x}\right)'\,dx = \frac{1}{\lambda}e^{\lambda x} + C$$

複素数 $\lambda x = jm\theta$ として（m は整数）、積分を $\theta = -\pi$ から $\theta = +\pi$ まで実行すれば、$m \neq 0$ のとき、

$$\int_{-\pi}^{\pi} e^{jm\theta}\,d\theta = \left[\frac{1}{jm}e^{jm\theta}\right]_{-\pi}^{\pi} = \frac{1}{jm}[e^{jm\pi} - e^{-jm\pi}]$$
$$= \frac{2}{m}\sin(m\pi) = 0$$

となります。$m = 0$ のときは、

$$\int_{-\pi}^{\pi} e^{jm\theta} \mathrm{d}\theta = \int_{-\pi}^{\pi} e^{0} \mathrm{d}\theta = \int_{-\pi}^{\pi} 1 \mathrm{d}\theta = [\theta]_{-\pi}^{\pi} = 2\pi$$

となります。以上から、次式が得られます。

$$\int_{-\pi}^{\pi} e^{jm\theta} \mathrm{d}\theta = \delta_{m0} 2\pi$$

すると、$e^{jmx} = \cos(mx) + j\sin(mx)$ と $e^{-jnx} = \cos(nx) - j\sin(nx)$ という2つの複素数の積を $x = -\pi$ から $x = +\pi$ まで積分することを考えれば、次式が得られます。

$$\int_{-\pi}^{\pi} e^{jm\theta} e^{-jn\theta} \mathrm{d}\theta = \int_{-\pi}^{\pi} e^{j(m-n)\theta} \mathrm{d}\theta = \delta_{mn} 2\pi$$

e^{jmx} も、$\sin(mx)$ や $\cos(mx)$ と似た性質を持つことになるのです。

> **COLUMN　フーリエ変換とラプラス変換**
>
> 第8章ではラプラス変換について、第9章ではフーリエ級数・フーリエ変換について紹介しました。ゲームのキャラクターの名前と同じだそうですが、フーリエ先生とラプラス先生は共にフランスの著名な数学・物理学者でいらっしゃいます。原語で書けば Fourier と Laplace というお名前で、お二人とも幅広い分野で活躍をされました。
>
> せっかくフーリエ変換とラプラス変換を紹介しましたので、両者が結構簡単に関連付けられることを紹介します。関数 $f(t)$ は $t < 0$ で $f(t) = 0$ になるとします。そして σ を実数の定数として、$\sqrt{2\pi} e^{-\sigma t} f(t)$ という関数をフーリエ変換すると、
>
> $$\begin{aligned}\mathcal{F}[\sqrt{2\pi} e^{-\sigma t} f(t)] &= \int_{-\infty}^{\infty} e^{-\sigma t} f(t) e^{-j\omega t} \mathrm{d}t \\ &= \int_{-\infty}^{0} e^{-\sigma t} \underbrace{f(t)}_{=0} e^{-j\omega t} \mathrm{d}t + \int_{0}^{\infty} e^{-\sigma t} f(t) e^{-j\omega t} \mathrm{d}t \\ &= \int_{0}^{\infty} f(t) e^{-\sigma t - j\omega t} \mathrm{d}t\end{aligned}$$
>
> となり、$s = \sigma + j\omega$ と置けば、
>
> $$\mathcal{F}[\sqrt{2\pi} e^{-\sigma t} f(t)] = \int_{0}^{\infty} f(t) e^{-st} \mathrm{d}t = \mathcal{L}[f(t)]$$
>
> と、$\sqrt{2\pi} e^{-\sigma t} f(t)$ のフーリエ変換は $f(t)$ のラプラス変換 $\mathcal{L}[f(t)]$ になります。フーリエ変換は、時間で表された関数から周波数 ω の情報を抽出する働きがあります。ラプラス変換はさらに、振動の大きさの変動 σ と周波数 ω の情報を抽出しています。

問題の解答

第 1 章

問の解答

問 1-1

(1) 3 桁：$3.\overset{1\ 2\ 3}{14}$　　(2) 4 桁：$3.\overset{1\ 2\ 3\ 4}{141}$　　(3) 5 桁：$3.\overset{1\ 2\ 3\ 4\ 5}{1415}$

(4) 9 桁：$\overset{1\ 2\ 3\ 4\ 5\ 6\ 7\ 8\ 9}{1.73205080}$　　(5) 6 桁：$\overset{1\ 2\ 3\ 4\ 5\ 6}{2.71828}$

問 1-2

(1) 2×10^{-3} m $= 2$ mm　　(2) 3×10^{3} m $= 3$ km

(3) 0.33×10^{-2} m $= 3.3 \times \underbrace{10^{-1} \times 10^{-2}}_{10^{-3}\text{が出るようにする}}$ m

　　　　　　　　　　 $= 3.3 \times 10^{-3}$ m $= 3.3$ mm

(4) 5×10^{-6} m $= 5$ μm

問 1-3

(1) 〔ルビは小数の位〕$\overset{1\ 2\ 3}{1.245} + \overset{1\ 2}{2.36} = \overset{1\ 2\ 3}{3.605} = \overset{1\ 2}{3.61}$

　　一番誤差が大きい桁は、小数第 2 位ですので、計算結果の小数第 2 位より小さい桁を四捨五入します。

(2) 〔ルビは小数の位〕$\overset{1\ 2}{3.51} - \overset{1}{2.7} = \overset{1\ 2}{0.81} = \overset{1}{0.8}$

　　(1) と同様に考えて、小数第 1 位より小さい桁を四捨五入します。

(3) 〔ルビは有効桁数〕$\overset{1\ 2}{4.5} \times \overset{1\ 2\ 3}{3.61} = \overset{1\ 2\ 3\ 4\ 5}{16.245} = \overset{1\ 2}{16}$

　　一番有効桁数が少ないのは $\overset{1\ 2}{4.5}$ の 2 桁ですので、計算結果は有効桁数を 2 にします。そのために、有効桁数が 3 桁目である小数第 1 位を四捨五入します。

(4) 〔ルビは有効桁数〕$\overset{1\ 2\ 3}{52.8} \div \overset{1\ 2}{2.4} = \overset{1\ 2}{22}$

　　(3) と同様に、有効桁数が一番小さい $\overset{1\ 2}{2.4}$ の 2 桁に計算結果を合わせます。たまたまキリのいい結果になって、有効桁数 3 桁目の小数第 1 位は四捨五入をする必要はありませんね。ただし、答えを $\overset{1\ 2\ 3\ 4\ 5}{22.000}$ などと表記すると有効桁数が 5 桁になり、誤りになります。

第 2 章

問の解答

問 2-1 閉じている。
なぜなら、(自然数)×(自然数)は自然数になるから。

問 2-2 閉じていない。
それを示すためには、1 つそうでないケース (数学の専門用語で「反例」といいます) をみつければ OK です。$3 \div 4$ などは 3 も 4 も自然数ですが、$3 \div 4 = \frac{3}{4}$ は自然数ではなく、有理数になります。

問 2-3

(1) $59 - 63 = -4$
引き算を入れ替えれば、$63 - 59 = 4$、つまり、59 から 63 を引くのに、4 だけ足りないことになります。よって、4 に負号をつけた -4 が答えとなります。

(2) $49 - 89 = -40$

(3) $8 + (-5) = 8 - 5 = 3$
負数を足すときは、その正数を引き算します。

(4) $-5 + 10 = 10 - 5 = 5$
符号を保ったまま順序を入れ替えても構いません。

(5) $(-2) + (-8) = -(2 + 8) = -10$
負数どうしの足し算は、符号をとった数を足し算したものに負号をつけます。

(6) $-9 \cdot 2 = -(9 \cdot 2) = -18$
負数と正数を掛けると負数になります。

(7) $3 \cdot (-5) = -(3 \cdot 5) = -15$

(8) $(-200) \cdot (-50) = +(200 \cdot 50) = 10000$
負数と負数を掛けると正数になります。

(9) $(-100) \cdot (-20) = +(100 \cdot 20) = 2000$

問 2-4 閉じている。
なぜなら、(整数)×(整数)は整数になります。

問 2-5 閉じていない。
$(-3) \div 4$ などは -3 も 4 も整数ですが、$(-3) \div 4 = -\frac{3}{4}$ は整数ではなく、有理数になります。

問 2-6

(1) $\sqrt{64} = \sqrt{8^2} = 8$

(2) $\sqrt{128} = \sqrt{2^2 \cdot 2^2 \cdot 2^2 \cdot 2} = 2 \cdot 2 \cdot 2\sqrt{2} = 8\sqrt{2}$

(3) $\sqrt{7} \cdot \sqrt{14} = \sqrt{7} \cdot \sqrt{7 \cdot 2} = \sqrt{7 \cdot 7 \cdot 2} = 7\sqrt{2}$

(4) $\dfrac{3}{\sqrt{3}} = \dfrac{3\sqrt{3}}{\sqrt{3}\sqrt{3}} = \dfrac{3\sqrt{3}}{3} = \sqrt{3}$

(5) 分母と分子に $(\sqrt{3}+1)$ を掛けて、分母を「有理化」しましょう。

$$\dfrac{\sqrt{3}+1}{\sqrt{3}-1} = \dfrac{(\sqrt{3}+1)(\sqrt{3}+1)}{(\sqrt{3}-1)(\sqrt{3}+1)} = \dfrac{(\sqrt{3})^2 + 2 \cdot \sqrt{3} \cdot 1 + 1^2}{(\sqrt{3})^2 - 1^2}$$
$$= \dfrac{3 + 2\sqrt{3} + 1}{3-1} = \dfrac{4 + 2\sqrt{3}}{2} = 2 + \sqrt{3}$$

問 2-7 $580\,A$ 円

1 房なら 580 円

2 房なら 2×580 円

3 房なら 3×580 円

$\qquad\qquad \vdots$

A 房なら $A \cdot 580$ 円 $= 580\,A$ 円

問 2-8

本文の説明から、リンゴ A 個、サバ B 個に対して $120\,A + 200\,B$ 円の勘定になりました。リンゴを 1 個半、サバを 2 匹とすれば、$A = 1.5$、$B = 2$ ですから、これらの値を代入して、以下が求める勘定になります。

$\quad 120\,A + 200\,B = 120 \cdot 1.5 + 200 \cdot 2 = 180 + 400 = 580$ 円

問 2-9

(1) $49\,x + 89\,x = (49 + 89)\,x = 138\,x$

(2) $59\,t - 63\,t = (59 - 63)\,t = -4\,t$

(3) $10\,A \cdot 72\,A = 10 \cdot 72 \cdot A \cdot A = 720\,A^2$

(4) $\dfrac{1}{2}\,a \cdot 4\,b = \dfrac{1}{2} \cdot 4 \cdot a \cdot b = 2\,ab$

(5) $\dfrac{15\,x}{81\,y} = \dfrac{3 \cdot 5 \cdot x}{3 \cdot 27 \cdot y} = \dfrac{5\,x}{27\,y}$

(6) $\dfrac{10\,a^5 b}{3\,a^2 b^3} = \dfrac{10\,a^2 a^3 b}{3\,a^2 b \cdot b^2} = \dfrac{10\,a^2 a^3 b}{3\,a^2 b \cdot b^2} = \dfrac{10\,a^3}{3\,b^2}$

(7) $\dfrac{1}{2}\,a^2 \cdot \dfrac{1}{4\,ab} = \dfrac{a^2}{2 \cdot 4\,ab} = \dfrac{a^2}{8\,ab} = \dfrac{a}{8\,b}$

(8) $\dfrac{A}{81\,B} \cdot \dfrac{6\,C}{A^2} \cdot \dfrac{15\,B}{2\,C} = \dfrac{6 \cdot 15 \cdot A \cdot C \cdot B}{81 \cdot 2 \cdot B \cdot A^2 \cdot C} = \dfrac{2 \cdot 3 \cdot 3 \cdot 5}{3 \cdot 3 \cdot 9 \cdot 2 \cdot A} = \dfrac{5}{9\,A}$

(9) 分母に $\sqrt{2}$ がありますので、有理化 (2-4 参照) もしておきましょう。

$$\frac{a^2 b}{\sqrt{2}\, ab^3} = \frac{a^2 \cancel{b}}{\sqrt{2}\, \cancel{a} b^{\cancel{3}2}} = \frac{a}{\sqrt{2}\, b^2}$$

次に有理化をします。

$$\frac{a}{\sqrt{2}\, b^2} = \frac{a \cdot \sqrt{2}}{\sqrt{2}\, b^2 \cdot \sqrt{2}} = \frac{\sqrt{2}\, a}{2\, b^2} = \frac{\sqrt{2}}{2} \frac{a}{b^2}$$

問 2-10

(1) から (4) の問題は、先に文字式を計算して整理してから $A = 4$、$B = 3$ を代入すると楽です。

(1) $2A + 3B + 5A = 7A + 3B = 7 \cdot 4 + 3 \cdot 3 = 28 + 9 = 37$

(2) $\dfrac{5A^3}{2A^2 B} = \dfrac{5A}{2B} = \dfrac{5 \cdot 4}{2 \cdot 3} = \dfrac{10}{3}$

(3) $\dfrac{5A^3 B}{A^2 B} = 5A = 5 \cdot 4 = 20$

(4) $\dfrac{81\, AB}{AB^2} = \dfrac{81\, \cancel{AB}}{\cancel{A}B^{\cancel{2}}} = \dfrac{81}{B} = \dfrac{81}{3} = 27$

(5) $\dfrac{AB}{A+B} = \dfrac{4 \cdot 3}{4+3} = \dfrac{12}{7}$

(6) $\dfrac{AB}{\sqrt{A^2 + B^2}} = \dfrac{4 \cdot 3}{\sqrt{4^2 + 3^2}} = \dfrac{12}{\sqrt{16+9}} = \dfrac{12}{\sqrt{25}} = \dfrac{12}{\sqrt{5^2}} = \dfrac{12}{5}$

問 2-11

(1) $R - \dfrac{R+1}{5} = \dfrac{5R}{5} - \dfrac{R+1}{5}$ ← 通分（第1項の分母を5に）

$\qquad = \dfrac{5R - (R+1)}{5}$ ← 引き算なので、負号に注意

$\qquad = \dfrac{5R - R - 1}{5}$

$\qquad = \dfrac{4R - 1}{5}$

(2) $\dfrac{2E-1}{3R} - \dfrac{3-E}{2R} = \dfrac{2(2E-1)}{6R} - \dfrac{3(3-E)}{6R}$ ← 通分（分母を6に）

$\qquad = \dfrac{2(2E-1) - 3(3-E)}{6R}$ ← 引き算なので、負号に注意

$\qquad = \dfrac{4E - 2 - 9 + 3E}{6R}$ ← カッコを外す

$\qquad = \dfrac{7E - 11}{6R}$

(3) $0.1 = \dfrac{1}{10}$、$1.5 = \dfrac{15}{10}$ と小数を分数に直しましょう。

$$0.1 \ V - \frac{-V + 1.5 \ RI}{3} = \frac{V}{10} - \frac{-V + \frac{15}{10} RI}{3}$$

$$= \frac{V}{10} - \frac{\left(-V + \frac{15}{10} RI\right) \cdot 10}{3 \cdot 10} \quad \leftarrow \boxed{\text{第 2 項の分母・分子に 10 を掛ける}}$$

$$= \frac{V}{10} - \frac{-10 \ V + 15 \ RI}{30} \quad \leftarrow \boxed{\text{カッコを外す}}$$

$$= \frac{3 \ V}{30} - \frac{-10 \ V + 15 \ RI}{30} \quad \leftarrow \boxed{\text{通分(分母を 30 に)}}$$

$$= \frac{3 \ V - (-10 \ V + 15 \ RI)}{30} \quad \leftarrow \boxed{\text{引き算なので、負号に注意}}$$

$$= \frac{3 \ V + 10 \ V - 15 \ RI}{30}$$

$$= \frac{13 \ V - 15 \ RI}{30}$$

答えは、分子の 2 項を分けて次のようにしても構いません。

$$\frac{13 \ V - 15 \ RI}{30} = \frac{13}{30} V - \frac{15}{30} RI = \frac{13}{30} V - \frac{1}{2} RI$$

問 2-12

(1) $\dfrac{1}{2} - \dfrac{1}{3} = \dfrac{1 \cdot 3}{2 \cdot 3} - \dfrac{1 \cdot 2}{3 \cdot 2}$ $\quad \leftarrow \boxed{\text{通分(分母を 6 に)}}$

$\qquad = \dfrac{3}{6} - \dfrac{2}{6} = \dfrac{3-2}{6} = \dfrac{1}{6}$

(2) $\dfrac{1}{\dfrac{1}{2} - \dfrac{1}{3}} = \dfrac{1 \ \frac{6}{6}}{\dfrac{1}{2} - \dfrac{1}{3}}$ $\quad \leftarrow \boxed{\text{分母・分子に 6 を掛ける}}$

$\qquad = \dfrac{6}{\left(\dfrac{1}{2} - \dfrac{1}{3}\right) \times 6}$ $\quad \leftarrow \boxed{\text{分母と分子をそれぞれ計算}}$

$\qquad = \dfrac{6}{\dfrac{1}{2} \times 6 - \dfrac{1}{3} \times 6}$ $\quad \leftarrow \boxed{\text{分母のカッコを外す}}$

$\qquad = \dfrac{6}{3-2} = \dfrac{6}{1} = 6$

【別解】(1) の答を使って、次のようにしてもかまいません。

$$\frac{1}{\frac{1}{2} - \frac{1}{3}} = \frac{1}{\frac{1}{6}} = 1 \div \frac{1}{6} = 1 \times \frac{6}{1} = 6$$

(3) $1 + \dfrac{1}{A} = \dfrac{A}{A} + \dfrac{1}{A} = \dfrac{A+1}{A}$ とまず分母を A に通分します。

$$\cfrac{1}{1+\cfrac{1}{A}} = \cfrac{1}{\cfrac{A+1}{A}}$$

$$= \cfrac{A}{\cfrac{A+1}{A} \cdot A}$$ ← **分母・分子に A を掛ける**

$$= \cfrac{A}{A+1}$$

(4) 一番底の分母を $1 + \cfrac{1}{A} = \cfrac{A+1}{A}$ と通分して、次のようになります。

$$\cfrac{1}{1+\cfrac{1}{1+\cfrac{1}{A}}} = \cfrac{1}{1+\cfrac{1}{\cfrac{A+1}{A}}} = \cfrac{1}{1+\cfrac{A}{A+1}}$$

さらに分母を次のように通分すれば、

$$1 + \cfrac{A}{A+1} = \cfrac{A+1}{A+1} + \cfrac{A}{A+1} = \cfrac{A+1+A}{A+1} = \cfrac{2A+1}{A+1}$$

次の答が得られます。

$$\cfrac{1}{1+\cfrac{1}{1+\cfrac{1}{A}}} = \cfrac{1}{\cfrac{2A+1}{A+1}} = \cfrac{A+1}{2A+1}$$

第3章

問の解答

問 3-1 どうぞご自身でお確かめください。

問 3-2

(1) 単項式　　(2) 単項式　　(3) 多項式 (2項) $\underbrace{ax}_{第1項} + \underbrace{b}_{第2項}$

(4) 多項式 (3項) $\underbrace{x^2}_{第1項} + \underbrace{y^2}_{第2項} + \underbrace{z^2}_{第3項}$　　(5) 単項式

問 3-3

(1) π　　(2) x^2　　(3) by　　(4) y^2

(5) 0　※ $ax = ax + 0$ と考えれば、2項目以降は0とみなせますね。

問 3-4

(1) a　　(2) $2x$　　(3) 2　　(4) b　　(5) 2　　(6) 2　　(7) a^2

問 3-5

(1) $x + 100 = 5000$ の両辺から 100 を引いて、$x + 100 - 100 = 5000 - 100$ より、$x = 4900$

(2) $x - 20 = 580$ の両辺に 20 を足して、$x - 20 + 20 = 580 + 20$ より、$x = 600$

(3) まず、$50x + 5 = 49x + 2$ の両辺から $49x$ を引いて、$50x + 5 - 49x = 49x + 2 - 49x$ より、$x + 5 = 2$ となります。さらに、両辺から 5 を引いて、$x + 5 - 5 = 2 - 5$ より、$x = -3$

問 3-6

(1) $3x = 9000$ の両辺を 3 で割って、$\frac{3x}{3} = \frac{9000}{3}$ より、$x = 3000$

(2) $5x = 95$ の両辺を 5 で割って、$\frac{5x}{5} = \frac{95}{5}$ より、$x = 19$

(3) $12345679x = 111111111$ の両辺を 12345679 で割って、$\frac{12345679x}{12345679} = \frac{111111111}{12345679}$ より、$x = 9$

(4) $\frac{x}{2} = 5$ の両辺に 2 を掛けて、$\frac{x}{2} \cdot 2 = 5 \cdot 2$ より、$x = 10$

(5) $\frac{x}{4} = -2$ の両辺に 4 を掛けて、$\frac{x}{4} \cdot 4 = -2 \cdot 4$ より、$x = -8$

(6) $\frac{x}{-5} = -3$ の両辺に -5 を掛けて、$\frac{x}{-5} \cdot (-5) = -3 \cdot (-5)$ より、$x = 15$

問 3-7

(1) $13x = 9$ の両辺を 13 で割って、$\frac{13x}{13} = \frac{9}{13}$ より、$x = \frac{9}{13}$ つまり、分数のままにしたものが数学的な解です。

(2) (1) の解を小数で表し、$x = \frac{9}{13} = 0.\underbrace{6}_{1}\underbrace{9}_{2}\underbrace{2}_{3桁}3\cdots$ と、有効数字を 3 桁にしたものが電気工学的な解です。

(3) $x = \frac{9}{13} = 0.\underbrace{6}_{1}\underbrace{9}_{2}\underbrace{2}_{3}\underbrace{3}_{4}\underbrace{0}_{5}\overset{1}{7}\cdots = 0.\underbrace{6}_{1}\underbrace{9}_{2}\underbrace{2}_{3}\underbrace{3}_{4}\underbrace{1}_{5桁}$ と、有効桁数 6 桁まで求めた解を有効桁数 5 桁にするために 6 桁目を四捨五入します。

問 3-8

(1) $\frac{2}{3}x = x - 2$ で、右辺の x を左辺に移項して $\frac{2}{3}x - x = -2$ より、$\left(\frac{2}{3} - 1\right)x = -2$ から、$-\frac{1}{3}x = -2$ となります。この両辺に -3 を掛けて、$-\frac{1}{3}x \cdot (-3) = -2 \cdot (-3)$ から、$x = 6$ が求める解となります。

(2) $\frac{5}{2}x = \frac{x}{2} + 2$ で、右辺の $\frac{x}{2}$ を左辺に移項して $\frac{5}{2}x - \frac{x}{2} = +2$ より、$\left(\frac{5}{2} - \frac{1}{2}\right)x = 2$ から、$\frac{4}{2}x = 2$ を約分して $2x = 2$ となります。この両辺を2で割って $\frac{2x}{2} = \frac{2}{2}$ から、$x = 1$ が求める解となります。

(3) $-\frac{1}{2}x = \frac{x}{3} + \frac{1}{2}$ の右辺にある $\frac{x}{3}$ を左辺に移項して $-\frac{1}{2}x - \frac{x}{3} = \frac{1}{2}$ より、x の項をまとめて $\left(-\frac{1}{2} - \frac{1}{3}\right)x = \frac{1}{2}$ となり、$-\frac{3+2}{6}x = \frac{1}{2}$ から $-\frac{5}{6}x = \frac{1}{2}$ が得られます。両辺に6を掛けて、$-\frac{5}{6}x \cdot 6 = \frac{1}{2} \cdot 6$ から $-5x = 3$ となり、両辺を -5 で割って $\frac{-5x}{-5} = \frac{3}{-5}$ から $x = -\frac{3}{5}$ が得られます。

(4) $1 - \frac{1}{2}x = \frac{x}{3} + \frac{1}{2}$ の右辺の $\frac{x}{3}$ を左辺に、左辺の1を右辺に移項すると、$-\frac{1}{2}x - \frac{x}{3} = +\frac{1}{2} - 1$ より、$\left(-\frac{1}{2} - \frac{1}{3}\right)x = -\frac{1}{2}$ から $-\frac{5}{6}x = -\frac{1}{2}$ となります。両辺に6を掛けて、$-\frac{5}{6}x \cdot 6 = -\frac{1}{2} \cdot 6$ から $-5x = -3$ となり、両辺を -5 で割って、$x = \frac{3}{5}$ なる解が得られます。

(5) $-\frac{1}{3}x = \frac{2x}{3} + \frac{1}{3}$ の右辺の $\frac{2x}{3}$ を左辺に移項して $-\frac{1}{3}x - \frac{2x}{3} = +\frac{1}{3}$ より、$-\left(\frac{1}{3} + \frac{2}{3}\right)x = +\frac{1}{3}$ から $-x = \frac{1}{3}$ となり、両辺に -1 を掛けて、$x = -\frac{1}{3}$ なる解が得られます。

(6) $\frac{2x}{5} + \frac{1}{3} = 0$ の左辺の $\frac{1}{3}$ を右辺に移項して $\frac{2x}{5} = -\frac{1}{3}$ となり、両辺に5を掛けて、$\frac{2x}{5} \cdot 5 = -\frac{1}{3} \cdot 5$ より、$2x = -\frac{5}{3}$ となります。さらに両辺を2で割れば、$x = -\frac{5}{3 \cdot 2} = -\frac{5}{6}$ なる解が得られます。

問 3-9

(1) 両辺を10で割る、つまり左から0を1つずつ取って、$150x = 6000$ とすれば $x = \frac{600}{15}$ となり、計算がちょっと楽になりますね。さらに、$15 = 3 \cdot 5$、$600 = 3 \cdot 200 = 3 \cdot 5 \cdot 40$ と考えれば、$x = \frac{3 \cdot 5 \cdot 40}{3 \cdot 5} = 40$ というように、さらに楽になります。

(2) $0.01x = 0.1x + 9$ で、一番小数の位が高い0.01を1に持っていくために、両辺を100倍すれば、$x = 10x + 900$ となります。これより、少し解きや

すくなり、$x = -100$ が得られます。

(3) $0.8x + 64 = \dfrac{14}{100}x$ の分数 $\dfrac{14}{100}$ を払うために両辺を 100 倍すれば、$80x + 6400 = 14x$ となって、0.8 という小数も整数へ持っていくことができます。これなら解きやすくなって、$x = -\dfrac{6400}{66} = -\dfrac{3200}{33}$ となります（最後の解答で、分数は約分しておくのがお約束です）。

問 3-10 次の方程式を解きましょう。

(1) まず両辺に $x + 1$ を掛けて、$\dfrac{3}{x+1}(x+1) = 2(x+1)$ から $3 = 2(x+1)$ より、$3 = 2x + 2$ となって、$x = \dfrac{1}{2}$ が求められます。

(2) まず両辺に $\dfrac{1}{x} + 1$ を掛けて、$\dfrac{1}{\frac{1}{x}+1}\left(\dfrac{1}{x}+1\right) = 2\left(\dfrac{1}{x}+1\right)$ より $1 = \dfrac{2}{x} + 2$ が得られます。両辺に x を掛けて、$1 \cdot x = \left(\dfrac{2}{x} + 2\right)x$ より $x = 2 + 2x$ となって、$x = -2$ が得られます。

(3) $\dfrac{1}{x + \frac{3}{2}} = \dfrac{1}{2x + \frac{1}{2}}$ の両辺に $\left(x + \dfrac{3}{2}\right)\left(2x + \dfrac{1}{2}\right)$ を掛けて、

（左辺）$= \dfrac{1}{x + \frac{3}{2}} \cdot \left(x + \dfrac{3}{2}\right)\left(2x + \dfrac{1}{2}\right) = 2x + \dfrac{1}{2}$

（右辺）$= \dfrac{1}{2x + \frac{1}{2}} \cdot \left(x + \dfrac{3}{2}\right)\left(2x + \dfrac{1}{2}\right) = x + \dfrac{3}{2}$

となり、方程式は次のようになります。

$2x + \dfrac{1}{2} = x + \dfrac{3}{2}$

左辺の $\dfrac{1}{2}$ を右辺に、右辺の x を左辺に移項すれば、$2x - x = \dfrac{3}{2} - \dfrac{1}{2}$ より $x = 1$ が得られます。

問 3-11

与えられた方程式

$V_1 + V_2 = R_1 I_1 + R_2 I_2 - R_3 I_3$

を「$I_3 = $ ○○○」という形に変形することを考えましょう。左辺のすべてを右辺に、右辺の第 3 項を左辺に移項して、

$+R_3 I_3 = R_1 I_1 + R_2 I_2 - (V_1 + V_2)$

両辺を R_3 で割れば、求める答が得られます。

$$I_3 = \frac{R_1 I_1 + R_2 I_2 - (V_1 + V_2)}{R_3}$$

問 3-12

電車の長さを x 〔m〕として方程式をたてて、それを解くことで電車の長さを求めましょう。絵のように、電車がトンネルを通過するには、電車はトンネルの長さと自分自身の長さだけ移動しなければなりません。つまり、移動しないといけない長さは $76 + x$ 〔m〕となります。

これに対して移動するのにかかった時間は 7 秒、電車の速さは秒速 13 m で、

（移動距離）=（かかった時間）・（秒速）

の関係から、

$76 + x = 7 \cdot 13$

という方程式ができます。これを解けば $x = 15$ 〔m〕という解が得られます。よって電車の長さは 15 m です。

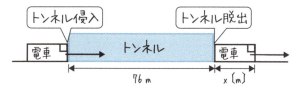

問 3-13

$V = IR$ を I についての方程式だと思って両辺を R で割れば、$I = \dfrac{V}{R}$ が得られます。また、$V = IR$ を R についての方程式だと思って両辺を I で割れば、$R = \dfrac{V}{I}$ が得られます。

問 3-14

$R_1 R_2 = R_3 R_x$ の関係を R_x についての方程式だと思って解けば、$R_x = \dfrac{R_1 R_2}{R_3}$ と R_x を求めることができます。文章の題意から、解の右辺の値 R_1、R_2、R_3 はすべて既知（既に知られている）ですので、答えは求まったことになります。

このように、抽象的な問題の解は答えが文字式で構成されることがあります。それに恐れることはないのですが、答えとして提示した文字が、知られていない値・自分で勝手に作った問題文にない文字・求めるべき値などが使われていなくて、題意に沿った答え方ができているかを確認することは大切です。

第4章

問の解答

問 4-1

$x = 20$、$y = 30$ を方程式に代入すれば、$7x + 5y = 7 \cdot 20 + 5 \cdot 30 = 290$、$4x + 3y = 4 \cdot 20 + 3 \cdot 30 = 170$ となって、解であることが確認できます。

問 4-2

加減法 $x = 1$、$y = 3$

yを消去することを考えて、式(あ) − 式(い) を実行しましょう。

$$
\begin{array}{r}
2x + y = 5 \quad \cdots\cdots (\text{あ})\\
-)\quad x + y = 4 \quad \cdots\cdots (\text{い})\\
\hline
1 \cdot x + 0 = 1 \quad \cdots\cdots (\text{あ})-(\text{い})
\end{array}
$$

より、$x = 1$ が得られますね。これを式(い)に代入すれば $1 + y = 4$ から $y = 4 - 1 = 3$ が得られます。

代入法 $x = 1$、$y = 3$

yを消去することを考えて、(い)より $y = 4 - x$ を式(あ)に代入すれば、

$$2x + \underbrace{(4 - x)}_{y = 4 - x を代入} = 5$$

が得られます。この式は未知数としてxしか含んでいませんので、xの1次方程式として解くことができますね。カッコを外せば $2x + 4 - x = 5$ となって $x = 1$ が得られます。これを式(い)に代入すれば $1 + y = 4$ より $y = 3$ が得られます。当然ですが、代入法でも加減法でも、同じ答えが得られますね。

問 4-3

代入法で解いてみましょう。yを消去することを考えて、式(あ)から $y = 35 - x$ となるものを式(い)に代入します。すると、

$$2x + 4\underbrace{(35 - x)}_{y = 35 - x を代入} = 94$$

となり、これはxについての1次方程式になりますね。カッコを外せば $2x + 140 - 4x = 94$ より $2x = 46$ から $x = 23$ が得られます。これを(あ)に代入すれば $y = 35 - 23 = 12$ が求まります。

問 4-4 (あ)……電圧〔V〕、(い)……電圧〔V〕、(う)……電流〔A〕

等式の右辺と左辺の単位は必ず同じになりますので、どちらか片方を調べれば十分です。式（あ）の左辺をみれば、電圧 V_1 と V_2 が引き算になっていますね。つまり、式（あ）は電圧〔V〕についての式となります。当然、右辺も単位は電圧で、抵抗と電流の掛け算の単位は、オームの法則によって電圧になります。よって右側の $R_1 I_1$ や $R_2 I_2$ の引き算も電圧の単位を持つことがわかります。同じ理由で式（い）も電圧に関する式となりますね。最後に式（う）ですが、右辺が電流 I_3 になっていますからこれは電流〔A〕についての式となります。当然左辺の単位も電流で、ちゃんと電流 I_1、I_2 の足し算となっています。

問 4-5 $x = \dfrac{1}{3}$、$y = \dfrac{2}{3}$、$z = 1$、$w = \dfrac{1}{3}$

$A = \begin{bmatrix} 1 & 2 \\ 3 & 4 \end{bmatrix}$、$3X = \begin{bmatrix} 3x & 3y \\ 3z & 3(w+1) \end{bmatrix}$ ですから、$A = 3X$ の各成分を調べれば、

$[(1, 1)成分] 1 = 3x \quad [(1, 2)成分] 2 = 3y$
$[(2, 1)成分] 3 = 3z \quad [(2, 2)成分] 4 = 3(w+1)$

というように、等式が4つできます。これらを解けば $x = \dfrac{1}{3}$、$y = \dfrac{2}{3}$、$z = \dfrac{3}{3} = 1$、$w = \dfrac{4}{3} - 1 = \dfrac{1}{3}$ が求まります。

問 4-6

$AB = \begin{bmatrix} 1 & 2 \\ 3 & 4 \end{bmatrix}\begin{bmatrix} 4 & 3 \\ 2 & 1 \end{bmatrix} = \begin{bmatrix} 1\cdot4+2\cdot2 & 1\cdot3+2\cdot1 \\ 3\cdot4+4\cdot2 & 3\cdot3+4\cdot1 \end{bmatrix} = \begin{bmatrix} 8 & 5 \\ 20 & 13 \end{bmatrix}$

$BA = \begin{bmatrix} 4 & 3 \\ 2 & 1 \end{bmatrix}\begin{bmatrix} 1 & 2 \\ 3 & 4 \end{bmatrix} = \begin{bmatrix} 4\cdot1+3\cdot3 & 4\cdot2+3\cdot4 \\ 2\cdot1+1\cdot3 & 2\cdot2+1\cdot4 \end{bmatrix} = \begin{bmatrix} 13 & 20 \\ 5 & 8 \end{bmatrix}$

より、各成分は一致していませんね。よって $AB \neq BA$ となります。

一般に、行列の積 AB と BA は等しくなりません。ただし、成分によっては $AB = BA$ を満たしてくれるものもあり、このような行列は**可換**（かかん）であるといわれます。

問 4-7

連立方程式の係数を書き出せば、次のようになるので、

x の係数	y の係数	z の係数	w の係数
7	5	1	-1
2	-3	1	1
4	2	0	1
0	2	-1	3

$$A = \begin{bmatrix} 7 & 5 & 1 & -1 \\ 2 & -3 & 1 & 1 \\ 4 & 2 & 0 & 1 \\ 0 & 2 & -1 & 3 \end{bmatrix}$$

が左辺の係数を表す行列になります。これに、$X = \begin{bmatrix} x \\ y \\ z \\ w \end{bmatrix}$ という行列と掛け算をすれば、AX は連立方程式の左辺を表します。右辺の値は $B = \begin{bmatrix} 290 \\ 9 \\ 190 \\ 32 \end{bmatrix}$ とまとめることで、問題の連立方程式は $AX = B$ と表すことができます。

問 4-8 $x = 23$、$y = 12$

拡大係数行列は $\begin{bmatrix} 1 & 1 & | & 35 \\ 2 & 4 & | & 94 \end{bmatrix}$ となります。簡約化は、

$$\begin{array}{cc|c}
1 & 1 & 35 \\
2 & 4 & 94 \\
\hline
1 & 1 & 35 \\
0 & 2 & 24 \\
\end{array} \quad (2) - (1) \times 2$$

$$\begin{array}{cc|c}
1 & 1 & 35 \\
0 & 1 & 12 \\
\end{array} \quad (2) \times \frac{1}{2}$$

$$\begin{array}{cc|c}
1 & 0 & 23 \\
0 & 1 & 12 \\
\end{array} \quad (1) - (2)$$

となって、もとの連立方程式は、

$$\begin{cases} x = 23 \\ y = 12 \end{cases}$$

となり、$x = 23$、$y = 12$ が求まります。

問 4-9

(1)
$$\begin{array}{cc|c}
1 & 1 & 50 \\
1 & -2 & -20 \\
2 & 1 & 20 \\
\hline
1 & 1 & 50 \\
0 & -3 & -70 \\
0 & -1 & -80 \\
\end{array} \quad \begin{array}{l} \\ \\ \\ \\ (2) - (1) \\ (3) - (1) \times 2 \end{array}$$

$$\begin{array}{cc|c} 1 & 1 & 50 \\ 0 & -1 & -80 \\ 0 & -3 & -70 \end{array}\quad \text{(2)と(3)を入れ替え}$$

$$\begin{array}{cc|c} 1 & 1 & 50 \\ 0 & -1 & -80 \\ 0 & 0 & 170 \end{array}\quad \text{(3)}-\text{(2)}\times 3$$

3 行目を取り出すと、$0 \cdot x_1 + 0 \cdot x_2 = 170$

となります。どんな x_1 と x_2 を選んでもこの式を成立させることは不可能ですね。よって「解なし」となります。

(2)
$$\begin{array}{ccc|c} 1 & 2 & 3 & 4 \\ 5 & 6 & 7 & 8 \end{array}$$

$$\begin{array}{ccc|c} 1 & 2 & 3 & 4 \\ 0 & -4 & -8 & -12 \end{array}\quad \text{(2)}-\text{(1)}\times 5$$

$$\begin{array}{ccc|c} 1 & 2 & 3 & 4 \\ 0 & 1 & 2 & 3 \end{array}\quad \text{(2)}\times\left(-\frac{1}{4}\right)$$

$$\begin{array}{ccc|c} 1 & 0 & -1 & -2 \\ 0 & 1 & 2 & 3 \end{array}\quad \text{(1)}-\text{(2)}\times 2$$

この 2 行分を具体的に書けば、

$x_1 - x_3 = -2$

$x_2 + 2\,x_3 = 3$

となり、未知数をすべて消去しきれません。また、拡大係数行列の階数は 2 であることから、未知数をすべて決めることができないこともわかります。そこで、$x_3 = c$ と任意定数 c によって表せば、

$x_1 = -2 + c$

$x_2 = 3 - 2\,c$

$x_3 = c$

というように、1 つの任意定数 c に任意性を残して解を書くことができます。任意定数 c が決まれば x_1、x_2、x_3 の値はすべて決まりますね。

問 4-10 $x = \begin{bmatrix} 3 \\ -2 \\ 2 \end{bmatrix}$

$A = \begin{bmatrix} 1 & 2 & 1 \\ 2 & 3 & 1 \\ 1 & 2 & 2 \end{bmatrix}$ の逆行列は、本文中で求めたように $A^{-1} = \begin{bmatrix} -4 & 2 & 1 \\ 3 & -1 & -1 \\ -1 & 0 & 1 \end{bmatrix}$
で、連立方程式 $Ax = b$ の解は $x = A^{-1}b$ なので、

$$x = \begin{bmatrix} -4 & 2 & 1 \\ 3 & -1 & -1 \\ -1 & 0 & 1 \end{bmatrix} \begin{bmatrix} 1 \\ 2 \\ 3 \end{bmatrix} = \begin{bmatrix} -4 \cdot 1 + 2 \cdot 2 & + 1 \cdot 3 \\ 3 \cdot 1 & + (-1) \cdot 2 + (-1) \cdot 3 \\ -1 \cdot 1 + 0 \cdot 2 & + 1 \cdot 3 \end{bmatrix} = \begin{bmatrix} 3 \\ -2 \\ 2 \end{bmatrix}$$

第 5 章

問の解答

問 5-1 $f(お) = オ$

問 5-2 $f^{-1}(ウ) = う$

問 5-3

㋐ $= f(3) = 3 \cdot 3 + 1 = 10$

㋑ $= f(-1) = 3 \cdot (-1) + 1 = -2$

㋒ $= f(a) = 3a + 1$

㋓ $= \dfrac{4}{3}$

$f(㋓) = 5$ となる一方で、$f(㋓) = 3㋓ + 1$ ですから、$5 = 3㋓ + 1$ を㋓について解いて ㋓ $= \dfrac{4}{3}$ が得られます。

※㋓は逆関数の具体的な値 $f^{-1}(5) = \dfrac{4}{3}$ を求める問題です。

問 5-4

(1) $f(1) = 1^2 - 1 + 1 = 1$

(2) $f(2) = 2^2 - 2 + 1 = 3$

(3) $f(-1) = (-1)^2 - (-1) + 1 = 3$

(4) $f(a) = a^2 - a + 1$

問 5-5

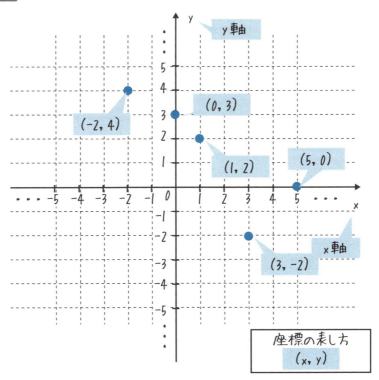

問 5-6 表とグラフは次のようになります。

x	-4	-3	-2	-1	0	1	2	3	4
y	17	10	5	2	1	2	5	10	17

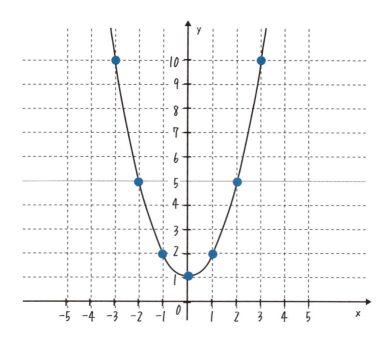

問 5-7 $\cos 30° = \dfrac{底辺}{斜辺} = \dfrac{\sqrt{3}}{2}$

$\tan 30° = \dfrac{高さ}{底辺} = \dfrac{1}{\sqrt{3}}$

$\csc 30° = \dfrac{斜辺}{高さ} = \dfrac{2}{1} = 2$

$\sec 30° = \dfrac{斜辺}{底辺} = \dfrac{2}{\sqrt{3}}$

$\cot 30° = \dfrac{底辺}{高さ} = \dfrac{\sqrt{3}}{1} = \sqrt{3}$

問 5-8

$\sin 390° = \sin(30° + 360°) = \sin 30° = \dfrac{1}{2}$

$\cos \dfrac{19\pi}{6} = \cos\left(\dfrac{12\pi}{6} + \dfrac{7\pi}{6}\right) = \cos\left(2\pi + \dfrac{7\pi}{6}\right) = \cos\left(\dfrac{7\pi}{6}\right) = -\dfrac{\sqrt{3}}{2}$

問 5-9

紙面の都合上 $\theta = 0$、$\dfrac{\pi}{6}$、$\dfrac{\pi}{4}$、$\dfrac{\pi}{3}$ だけ紹介しますが、他の角度でも $\tan\theta$ を求める方法はすべて同じです。

$\tan 0 = \dfrac{\sin 0}{\cos 0} = \dfrac{0}{1} = 0$

$$\tan\frac{\pi}{6} = \frac{\sin\frac{\pi}{6}}{\cos\frac{\pi}{6}} = \frac{\frac{1}{2}}{\frac{\sqrt{3}}{2}} = \frac{1}{2} \div \frac{\sqrt{3}}{2} = \frac{1}{2} \times \frac{2}{\sqrt{3}} = \frac{1}{\sqrt{3}}$$

$$\tan\frac{\pi}{4} = \frac{\sin\frac{\pi}{4}}{\cos\frac{\pi}{4}} = \frac{\frac{\sqrt{2}}{2}}{\frac{\sqrt{2}}{2}} = 1$$

$$\tan\frac{\pi}{3} = \frac{\sin\frac{\pi}{3}}{\cos\frac{\pi}{3}} = \frac{\frac{\sqrt{3}}{2}}{\frac{1}{2}} = \frac{\sqrt{3}}{2} \div \frac{1}{2} = \frac{\sqrt{3}}{2} \times \frac{2}{1} = \sqrt{3}$$

問 5-10

三角形の相互関係より $\sin^2\theta + \cos^2\theta = 1$ ですから、これに $\sin\theta = 0.6$ を代入すれば、$0.4^2 + \cos^2\theta = 1$ より $\cos^2\theta = 1 - 0.4^2 = 1 - 0.36 = 0.64$ となります。よって $\cos\theta = \pm\sqrt{0.64} = \pm\sqrt{0.8^2} = \pm 0.8$ となります。

三角関数の表や図からわかるように、$0 < \theta < \frac{\pi}{2}$ の第1象限の範囲では、$0 < \cos\theta < 1$ となりますから、$\cos\theta = \pm 0.8$ のうち、θ の範囲から適切な値は $\cos\theta = +0.8$ となります。

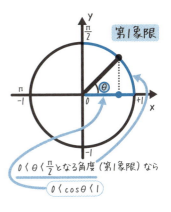

問 5-11

(1) $\sin 75° = \sin(45° + 30°) = \sin 45°\cos 30° + \cos 45°\sin 30°$
$= \frac{\sqrt{2}}{2} \cdot \frac{\sqrt{3}}{2} + \frac{\sqrt{2}}{2} \cdot \frac{1}{2} = \frac{\sqrt{6} + \sqrt{2}}{4}$

(2) $\cos\frac{5\pi}{12} = \cos\left(\frac{3\pi}{12} + \frac{2\pi}{12}\right) = \cos\left(\frac{\pi}{4} + \frac{\pi}{6}\right)$
$= \cos\frac{\pi}{4}\cos\frac{\pi}{6} - \sin\frac{\pi}{4}\sin\frac{\pi}{6} = \frac{\sqrt{2}}{2} \cdot \frac{\sqrt{3}}{2} - \frac{\sqrt{2}}{2} \cdot \frac{1}{2}$
$= \frac{\sqrt{6} - \sqrt{2}}{4}$

弧度法 $\frac{5\pi}{12}$ がわかりにくければ、$\frac{5\pi}{12} = 75° = 45° + 30°$ と考えても構いません。

(3) ヒントの通り、$\sin(0° - 75°) = \sin 0°\cos 75° - \cos 0°\sin 75° = 0 \cdot \cos 75° - 1 \cdot \sin 75° = -\sin 75°$ として $\sin 75° = \frac{\sqrt{6} + \sqrt{2}}{4}$ だったので、$\sin(-75°)$

$$= -\frac{\sqrt{6} + \sqrt{2}}{4}$$ となります。

一般に、次の式が成り立ちます。

$\sin(-\theta) = -\sin\theta$、$\cos(-\theta) = +\cos\theta$、$\tan(-\theta) = -\tan\theta$

問 5-12

加法定理の $\sin(A + B) = \sin A \cos B + \cos A \sin B$ の式で、$A = B = \theta$ と置けば、$\sin(2\theta) = \sin\theta\cos\theta + \cos\theta\sin\theta$ となります。右辺は $\sin\theta\cos\theta = \cos\theta\sin\theta$ ですから $2\sin\theta\cos\theta$ となって、$\sin(2\theta) = 2\sin\theta\cos\theta$ が得られます。

同様にして、加法定理の $\cos(A + B) = \cos A \cos B - \sin A \sin B$ の式で、$A = B = \theta$ と置けば、$\cos(2\theta) = \cos\theta\cos\theta - \sin\theta\sin\theta$ より

$$\cos(2\theta) = \cos^2\theta - \sin^2\theta$$

となります。三角関数の相互関係 $\sin^2\theta + \cos^2\theta = 1$ より

$\cos^2\theta = 1 - \sin^2\theta$　を使えば　$\cos(2\theta) = 1 - 2\sin^2\theta$
$\sin^2\theta = 1 - \cos^2\theta$　を使えば　$\cos(2\theta) = 2\cos^2\theta - 1$

と表すことができます。

問 5-13

(1) $f(1) = 3^1 = 3$、$f(2) = 3^2 = 9$ ですから $f(1) < f(2)$ となります。つまり $f(2)$ の方が大きいです。

(2) $g(1) = \left(\frac{1}{3}\right)^1 = \frac{1}{3}$、$g(2) = \left(\frac{1}{3}\right)^2 = \frac{1^2}{3^2} = \frac{1}{9}$ ですから、$g(1) > g(2)$ となります。つまり $g(1)$ の方が大きいです。

(3) 底が1より大きい $f(x) = 3^x$ のような関数は、x が大きくなるほど $f(x)$ の値も大きくなります。底が1より小さい $g(x) = \left(\frac{1}{3}\right)^x$ のような関数は、x が大きくなるほど $g(x)$ の値は小さくなります。

問 5-14

(1) $\log_3 27 = \log_3 3^3 = 3$
(2) $\log_2 0.5 = \log_2 \frac{1}{2} = \log_2 2^{-1} = -1$
(3) $\log_{1.5} 1 = \log_{1.5} 1.5^0 = 0$

問 5-15　20 dB 増える

本文にある例から、利得が10倍になるにつれて利得は +20 dB 増えていることがわかります。具体的には、例(3)の $A_v = 0.1$ が例(2)で $A_v = 1$ と10倍になる

と、利得は例（3）で $G = -20$ dB だったのが例（2）で 20 dB 増えて $G = 0$ dB になっていますね。

5-19 で学ぶ対数関数の性質①を使えば、増幅度が $(10\,A_v)$ の利得は、

$$\begin{aligned}20 \log_{10}(10 \cdot A_v) &= 20 \log_{10} 10 + 20 \log_{10} A_v \\ &= 20 \cdot 1 + 20 \log_{10} A_v \\ &= 20 + \underbrace{20 \log_{10} A_v}_{\text{増幅度が}(A_v)\text{の利得}}\end{aligned}$$

となり、増幅度が (A_v) の利得よりも 20 dB 大きくなることがわかります。

問 5-16

(1) ①を逆に使えば、
$$\log_2 24 + \log_2 \frac{1}{3} = \log_2\left(24 \cdot \frac{1}{3}\right) = \log_2 8 = \log_2 2^3 = 3$$

(2) $8 = 2^3$ ですから、
$$8^5 = (2^3)^5 = 2^{3 \cdot 5} = 2^{15} \text{ となって、} \log_2 8^5 = \log_2 2^{15} = 15$$

(3) 底の変換③を使って底を 3 に変換しましょう。
$$\log_{\sqrt{3}} 9 = \frac{\log_3 9}{\log_3 \sqrt{3}} = \frac{\log_3 3^2}{\log_3 3^{\frac{1}{2}}} = \frac{2}{\frac{1}{2}} = 2 \div \frac{1}{2} = 2 \times \frac{2}{1} = 4$$

変換先の底を 3 にしたのは、$\log_3 9$ と $\log_3 \sqrt{3}$ の両方が求めることができる、もっとも簡単なものだからです。

(4) ②を逆に使って、
$$\log_{\sqrt{3}} 162 - \log_{\sqrt{3}} 6 = \log_{\sqrt{3}} \frac{162}{6} = \log_{\sqrt{3}} 27$$

さらに底の変換③を使って底を 3 に変換すれば、
$$\log_{\sqrt{3}} 27 = \frac{\log_3 27}{\log_3 \sqrt{3}} = \frac{\log_3 3^3}{\log_3 3^{\frac{1}{2}}} = \frac{3}{\frac{1}{2}} = 3 \div \frac{1}{2} = 3 \times \frac{2}{1} = 6$$

問 5-17 少しでもイメージしやすくなるように、次の図を提供します。頑張ってください！

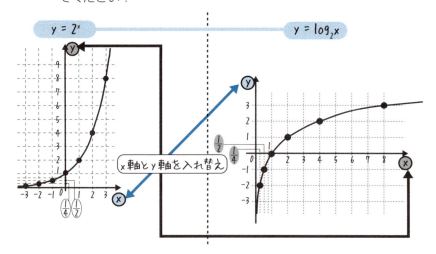

第 6 章

問の解答

問 6-1

B：直交座標なら $(2, 8)$、複素数なら $2 + j8$
C：直交座標なら $(-3, 5)$、複素数なら $-3 + j5$
D：直交座標なら $(-3, -6)$、複素数なら $-3 - j6$
E：直交座標なら $(5, -6)$、複素数なら $5 - j6$

問 6-2

B：$30 \angle \dfrac{\pi}{4}$　　C：$30 \angle \dfrac{7\pi}{6}$　　D：$30 \angle \dfrac{3\pi}{2}$　　E：$20 \angle \dfrac{7\pi}{4}$

問 6-3

B$(-3\sqrt{3}, 3)$ なので、

$$r = \sqrt{x^2 + y^2} = \sqrt{(-3\sqrt{3})^2 + 3^2} = \sqrt{9 \cdot 3 + 9} = \sqrt{36} = 6$$

$$\theta = \tan^{-1} \dfrac{y}{x} = \tan^{-1} \dfrac{3}{-3\sqrt{3}} = \tan^{-1} \dfrac{1}{-\sqrt{3}} = \dfrac{5\pi}{6}$$

より、B$(-3\sqrt{3}, 3)$ を極座標で表せば、$6 \angle \dfrac{5\pi}{6}$ となります。

C$(5, -5)$ も、B と同様にして、

$$r = \sqrt{x^2 + y^2} = \sqrt{5^2 + (-5)^2} = \sqrt{25 + 25} = \sqrt{50} = 5\sqrt{2}$$
$$\theta = \tan^{-1}\frac{y}{x} = \tan^{-1}\frac{-5}{5} = \tan^{-1}(-1) = \frac{7\pi}{4}$$

より、C$(5, -5)$ を極座標で表せば、$5\sqrt{2} \angle \dfrac{7\pi}{4}$ となります。

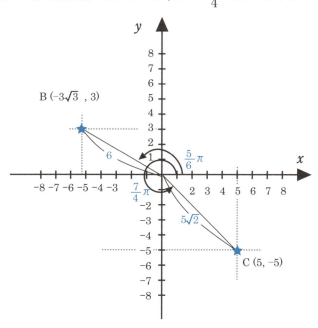

問 6-4

(1) $z_1 + z_2 = (-6 + j8) + (3 + j4) = (-6 + 3) + j(8 + 4)$
$= -3 + j12$

(2) $z_1 - z_2 = (-6 + j8) - (3 + j4) = (-6 - 3) + j(8 - 4)$
$= -9 + j4$

(3) $z_1 z_2 = (-6 + j8)(3 + j4)$
$= -6 \cdot 3 + (-6) \cdot j4 + j8 \cdot 3 + j8 \cdot j4$
$= -18 - j24 + j24 + j^2 32 = -18 + (-1) \cdot 32$
$= -18 - 32 = -50$

(4) $\overline{z_2} = 3 - j4$ だから $z_2 \overline{z_2} = (3 + j4)(3 - j4) = 3^2 - (j4)^2$
$= 9 - j^2 4^2 = 9 - (-1) \cdot 16 = 25$

(5) $\dfrac{z_1}{z_2} = \dfrac{-6 + j8}{3 + j4}$ で、分母分子に分母 $3 + j4$ の複素共役 $3 - j4$ を掛けて、

$\dfrac{z_1}{z_2} = \dfrac{(-6 + j8)(3 - j4)}{(3 + j4)(3 - j4)}$ となります。分母は (4) で求めた $z_2 \overline{z_2}$ と同じ 25 に

なり、分子は $(-6+j8)(3-j4) = -6 \cdot 3 - 6 \cdot (-j4) + j8 \cdot 3 + j8 \cdot (-j4) = -18 + j24 + j24 - j^2 32 = -18 - (-1) \cdot 32 + j48 = 14 + j48$ となります。よって、$\dfrac{z_1}{z_2} = \dfrac{14 + j48}{25}$ となります。

問 6-5

(1) $z_1 z_2 = (10 \angle 60°)(5 \angle 30°) = (10 \cdot 5) \angle (60° + 30°) = 50 \angle 90°$

(2) $\dfrac{z_1}{z_2} = \dfrac{10 \angle 60°}{5 \angle 30°} = \left(\dfrac{10}{5}\right) \angle (60° - 30°) = 2 \angle 30°$

(3) 足し算・引き算は直交座標に変換して計算しましょう。

$z_1 = 10 \angle 60° = 10 \cos 60° + j10 \sin 60° = 10 \cdot \dfrac{1}{2} + j10 \cdot \dfrac{\sqrt{3}}{2}$
$\quad = 5 + j5\sqrt{3}$

$z_2 = 5 \angle 30° = 5 \cos 30° + j5 \sin 30° = 5 \cdot \dfrac{\sqrt{3}}{2} + j5 \cdot \dfrac{1}{2}$
$\quad = \dfrac{5\sqrt{3}}{2} + j\dfrac{5}{2}$

より、次式が答えとなります。

$z_1 + z_2 = (5 + j5\sqrt{3}) + \left(\dfrac{5\sqrt{3}}{2} + j\dfrac{5}{2}\right)$
$\quad = \left(5 + \dfrac{5\sqrt{3}}{2}\right) + j\left(\dfrac{5}{2} + 5\sqrt{3}\right)$

(4) (3)で直交座標を求めたので、その結果より、

$z_1 - z_2 = (5 + j5\sqrt{3}) - \left(\dfrac{5\sqrt{3}}{2} + j\dfrac{5}{2}\right)$
$\quad = \left(5 - \dfrac{5\sqrt{3}}{2}\right) + j\left(-\dfrac{5}{2} + 5\sqrt{3}\right)$

問 6-6
【①掛け算の証明】と同じく、直交座標表示に変換して計算してみましょう。

$\dfrac{r_1 \angle \theta_1}{r_2 \angle \theta_2}$

$= \dfrac{r_1 \cos \theta_1 + jr_1 \sin \theta_1}{r_2 \cos \theta_2 + jr_2 \sin \theta_2}$

$= \dfrac{(r_1 \cos \theta_1 + jr_1 \sin \theta_1)(r_2 \cos \theta_2 - jr_2 \sin \theta_2)}{(r_2 \cos \theta_2 + jr_2 \sin \theta_2)(r_2 \cos \theta_2 - jr_2 \sin \theta_2)}$

$= \dfrac{r_1 \cos \theta_1 r_2 \cos \theta_2 + r_1 \cos \theta_1(-jr_2 \sin \theta_2) + jr_1 \sin \theta_1 r_2 \cos \theta_2 + jr_1 \sin \theta_1(-jr_2 \sin \theta_2)}{(r_2 \cos \theta_2)^2 + (r_2 \sin \theta_2)^2}$

$= r_1 r_2 \dfrac{\cos \theta_1 \cos \theta_2 + \sin \theta_1 \sin \theta_2 + j(\sin \theta_1 \cos \theta_2 - \cos \theta_1 \sin \theta_2)}{r_2^2(\cos^2 \theta_2 + \sin^2 \theta_2)}$

ここで、加法定理から、

(分子の実部) $= \cos \theta_1 \cos \theta_2 + \sin \theta_1 \sin \theta_2 = \cos(\theta_1 - \theta_2)$

（分子の虚部）$= \sin\theta_1\cos\theta_2 - \cos\theta_1\sin\theta_2 = \sin(\theta_1 - \theta_2)$

となり、三角関数の相互関係$\cos^2\theta_2 + \sin^2\theta_2 = 1$より分母は$r_2^2$となります。よって、

$$\frac{r_1\angle\theta_1}{r_2\angle\theta_2}$$

$$= r_1 r_2 \frac{\cos(\theta_1 - \theta_2) + j\sin(\theta_1 - \theta_2)}{r_2^2}$$

$$= \frac{r_1}{r_2}[\cos(\theta_1 - \theta_2) + j\sin(\theta_1 - \theta_2)]$$

$$= \frac{r_1}{r_2}\cos(\theta_1 - \theta_2) + \frac{r_1}{r_2}j\sin(\theta_1 - \theta_2)$$

$$= \frac{r_1}{r_2}\angle(\theta_1 - \theta_2)$$

となります。（証明終わり）

第7章

問の解答

問7-1

ヒントの通り、$(X + Y)^3 = X^3 + 3X^2Y + 3XY^2 + Y^3$という公式で$X = t_A$、$Y = \Delta t$とすれば、$(t_A + \Delta t)^3 = t_A^3 + 3t_A^2\Delta t + 3t_A(\Delta t)^2 + (\Delta t)^3$となることを使います。

$$y'(t_A) = \lim_{\Delta t \to 0} \frac{y(t_A + \Delta t) - y(t_A)}{\Delta t} = \lim_{\Delta t \to 0} \frac{(t_A + \Delta t)^3 - t_A^3}{\Delta t}$$

$$= \lim_{\Delta t \to 0} \frac{t_A^3 + 3t_A^2\Delta t + 3t_A(\Delta t)^2 + (\Delta t)^3 - t_A^3}{\Delta t} \quad \Leftarrow \boxed{\text{ここでヒントを使用}}$$

$$= \lim_{\Delta t \to 0} \frac{\cancel{t_A^3} + 3t_A^2\Delta t + 3t_A(\Delta t)^2 + (\Delta t)^3 - \cancel{t_A^3}}{\Delta t}$$

$$= \lim_{\Delta t \to 0} \Delta t \frac{3t_A^2 + 3t_A(\Delta t) + (\Delta t)^2}{\Delta t} \quad \Leftarrow \boxed{\text{分子を}\Delta t\text{でくくり出した}}$$

$$= \lim_{\Delta t \to 0} \cancel{\Delta t} \frac{3t_A^2 + 3t_A(\Delta t) + (\Delta t)^2}{\cancel{\Delta t}}$$

$$= \lim_{\Delta t \to 0} [3t_A^2 + 3t_A(\Delta t) + (\Delta t)^2] \quad \Leftarrow \boxed{\text{ここで}\Delta t \to 0\text{とする}}$$

$$= 3t_A^2 + 3t_A \cdot 0 + 0^2 = 3t_A^2$$

問 7-2

問 7-1 の結果から、$y(t) = t^3$ のとき $t = t_A$ での微分係数は $y'(t_A) = 3\,t_A^2$ でした。ここで t_A がどんな値であるかは特に指定しなかったので、実はどんな t_A の値でも $y'(t_A) = 3\,t_A^2$ は保証されています。よって t_A の代わりに x を使って、$y(x) = x^3$ に対して $y'(x) = 3\,x^2$ がいえます。

問 7-3

本文中で $y''(x) = 6\,x$ の 2 階微分まで求めたので、3 階微分 $y^{(3)}(x)$ は $y''(x)$ をもう一度微分して次のようになります。

$$y^{(3)}(x) = (y''(x))' = (6\,x)' = 6\,(x)' = 6 \cdot 1 = 6$$

問 7-4

(1) $u = 2\,x + 1$ と置けば $\dfrac{du}{dx} = 2$ で、④合成関数の式から、

$$\frac{df_1}{dx}(x) = \frac{df_1}{du}\frac{du}{dx} = [3\,u^4]' \cdot 2 = 3 \cdot 4\,u^3 \cdot 2 = 24\,u^3$$
$$= 24(2\,x + 1)^3$$

(2) $u = x^2$ と置けば $\dfrac{du}{dx} = 2\,x$ で、④合成関数の式から、

$$\frac{df_2}{dx}(x) = \frac{df_2}{du}\frac{du}{dx} = [\sin u]' \cdot 2\,x = \cos u \cdot 2\,x = 2\,x \cos(x^2)$$

(3) $u = kx + \theta$ と置けば $\dfrac{du}{dx} = k$ で、④合成関数の式から、

$$\frac{df_3}{dx}(x) = \frac{df_3}{du}\frac{du}{dx} = [\sin u]' \cdot k = \cos u \cdot k = k\cos(kx + \theta)$$

(4) ③の商の微分の式から、

$$\frac{df_4}{dx}(x) = \frac{(x)' \ln x - x(\ln x)'}{(\ln x)^2} = \frac{1 \cdot \ln x - x \cdot \dfrac{1}{x}}{(\ln x)^2} = \frac{\ln x - 1}{(\ln x)^2}$$

問 7-5

グラフは図に示した通りです。$y = f(x) = \sin x$ と $y = f'(x) = \cos x$ を $x = 0°$ あたりから $360°$ あたりまで、1 周期は入るように描いています。

まず、$x = 0°$ では $f'(0°) = \cos 0° = 1$ となり、グラフからもわかるように、ここで接線の傾きがプラスで(右上がり)最大になります。$0° < x < 90°$ の間は $f'(x) > 0$ ですから、接線の傾きはプラスとなって、関数 $y = f(x)$ の値は大きくなっていきます。

$x = 90°$ になったところで $f'(90°) = \cos 90° = 0$ となり、接線の傾きがゼロ

になります。つまり、ここで関数 $f(x) = \sin x$ は極値をとることになります。$x = 90°$ より少しずれたときの関数 $f(x) = \sin x$ は、$x = 90°$ での値より少し小さくなりますので、$x = 90°$ の極値は「極大値」となります。$90° < \theta < 180°$ の間は $f'(x) < 0$ ですから、接線の傾きはマイナスとなって、関数 $y = f(x)$ の値は小さくなっていきます。

$x = 180°$ になったところで $f'(180°) = \cos 180° = -1$ となり、接線の傾きがマイナス（右下がり）で、最小となります。引き続き、$180° < x < 270°$ の間は $f'(x) < 0$ ですから、接線の傾きはマイナスのままで、関数 $y = f(x)$ の値は小さくなっていきます。

$x = 270°$ になったところで $f'(270°) = \cos 270° = 0$ となり、接線の傾きがゼロになります。つまり、ここで関数 $f(x) = \sin x$ は極値をとることになります。$x = 270°$ より少しずれたときの関数 $f(x) = \sin x$ は、$x = 270°$ での値より少し大きくなりますので、$x = 270°$ の極値は「極小値」となります。$270° < \theta < 360°$ の間は $f'(x) > 0$ ですから、接線の傾きはプラスとなって、関数 $y = f(x)$ の値は大きくなっていきます。

$x < 0°$ と $360° < x$ のときは三角関数の性質から同じ性質を $360°$ で繰り返すことになります。

このように微分係数の正負によって、関数の増減を知ることができます。また、微分係数がゼロになるところで関数が極値をとることも理解できます。このことから、グラフを描く際に極値の場所を押さえることで、関数の特徴をとらえることができるようになります。

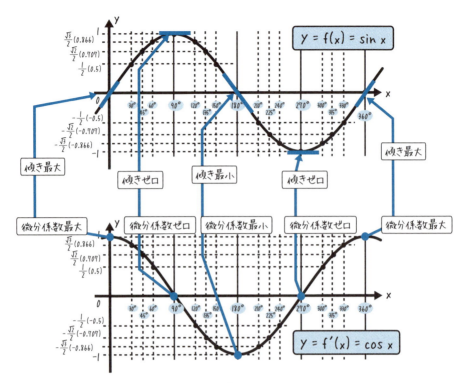

問 7-6 x^3 の原始関数は表 7.1 から $\frac{1}{4} x^4$ です。よって、

$$\int_0^1 x^3 \mathrm{d}x = \left[\frac{1}{4} x^4\right]_0^1 = \frac{1}{4}[1^4 - 0^4] = \frac{1}{4}$$

問 7-7 表の右側を微分していきます。

x^n

$$\left(\frac{1}{n+1} x^{n+1}\right)' = \frac{1}{n+1} (x^{n+1})' = \frac{1}{n+1} (n+1) x^{n+1-1} = x^n$$

$x > 0$ のとき

$$(\ln |x|)' = (\ln x)' = \frac{1}{x}$$

$x < 0$ のとき（※このとき $-x > 0$ となります！）

$$(\ln |x|)' = [\ln (-x)]'$$

$u = -x$ と置けば $\frac{\mathrm{d}u}{\mathrm{d}x} = -1$ だから、

$$[\ln(-x)]' = (\ln u)' \frac{du}{dx} = \frac{1}{u} \cdot (-1) = \frac{1}{-x} \cdot (-1) = \frac{1}{x}$$

sin x　　$(-\cos x)' = -(\cos x)' = -(-\sin x) = \sin x$

cos x　　$(\sin x)' = \cos x$

e^x　　$(e^x)' = e^x$

ln $x\ (x > 0)$　　$(x \ln x - x)' = (x \ln x)' - (x)'$

ここで、積の微分より

$$(x \ln x)' = (x)' \ln x + x(\ln x)' = \ln x + x\frac{1}{x} = \ln x + 1$$

よって、

$$(x \ln x - x)' = (x \ln x)' - (x)' = \ln x + 1 - 1 = \ln x$$

sinh x　　$(\cosh x)' = \sinh x$　　：詳しくは **7-5** ③参照

cosh x　　$(\sinh x)' = \cosh x$　　：詳しくは **7-5** ③参照

$\sin^{-1}\dfrac{x}{a}$

$y = \sin^{-1}\dfrac{x}{a}$ とすれば $x = a \sin y$ で、$\dfrac{dx}{dy} = a \cos y$ となります。よって、

$$\frac{dy}{dx} = \frac{1}{\dfrac{dx}{dy}} = \frac{1}{a \cos y}$$

ですが、三角関数の相互関係 $\sin^2 y + \cos^2 y = 1$ より、

$$\cos y = \pm\sqrt{1 - \sin^2 y} = \pm\sqrt{1 - \left(\frac{x}{a}\right)^2}$$

となります。逆三角関数の定義域は $-\dfrac{\pi}{2} < y < \dfrac{\pi}{2}$ と限定するので、

$$\cos y = +\sqrt{1 - \left(\frac{x}{a}\right)^2}$$

をとります。以上から、

$$\frac{dy}{dx} = \frac{1}{a\sqrt{1 - \left(\dfrac{x}{a}\right)^2}} = \frac{1}{\sqrt{a^2 - x^2}}$$

$\tan^{-1}\dfrac{x}{a}$

$y = \tan^{-1}\dfrac{x}{a}$ とすれば $x = a \tan y$ で、$\dfrac{dx}{dy} = \dfrac{a}{\cos^2 y}$ となります。よって、

$$\frac{dy}{dx} = \frac{1}{\dfrac{dx}{dy}} = \frac{1}{\dfrac{a}{\cos^2 y}} = \frac{1}{a}\cos^2 y$$

ですが、三角関数の相互関係 $\sin^2 y + \cos^2 y = 1$ の両辺を $\cos^2 y$ で割って $\left(\dfrac{\sin y}{\cos y}\right)^2 + 1 = \dfrac{1}{\cos^2 y}$ とし、$\tan y = \dfrac{\sin y}{\cos y}$ とすれば $\tan^2 y + 1 = \dfrac{1}{\cos^2 y}$ であることから、

$$\dfrac{\mathrm{d}y}{\mathrm{d}x} = \dfrac{1}{a}\cos^2 y = \dfrac{1}{a(\tan^2 y + 1)} = \dfrac{1}{a\left[\left(\dfrac{x}{a}\right)^2 + 1\right]} = \dfrac{a}{x^2 + a^2}$$

$\sinh^{-1}\dfrac{x}{a}$

$y = \sinh^{-1}\dfrac{x}{a}$ と置けば $x = a\sinh y$ で、$\dfrac{\mathrm{d}x}{\mathrm{d}y} = a\cosh y$ となります。よって、

$$\dfrac{\mathrm{d}y}{\mathrm{d}x} = \dfrac{1}{\dfrac{\mathrm{d}x}{\mathrm{d}y}} = \dfrac{1}{a\cosh y}$$

ですが、

$$\cosh^2 y - \sinh^2 y = \left(\dfrac{e^y + e^{-y}}{2}\right)^2 - \left(\dfrac{e^y - e^{-y}}{2}\right)^2 = 1$$

となるので、$\cosh y = \sqrt{1 + \sinh^2 y}$ となり[*1]、

$$\dfrac{\mathrm{d}y}{\mathrm{d}x} = \dfrac{1}{a\sqrt{1 + \sinh^2 y}} = \dfrac{1}{a\sqrt{1 + \left(\dfrac{x}{a}\right)^2}} = \dfrac{1}{\sqrt{x^2 + a^2}}$$

問 7-8

$$\int x\cos x\,\mathrm{d}x = \int x(\sin x)'\,\mathrm{d}x$$
$$= x\sin x - \int (x)'\sin x\,\mathrm{d}x$$
$$= x\sin x - \int \sin x\,\mathrm{d}x$$
$$= x\sin x - (-\cos x) + C$$
$$= x\sin x + \cos x + C$$

問 7-9

ヒントの通り、$\sqrt{x-1} = u$ と置けば、$x = u^2 + 1$ で、

$x = 1$ のとき、$u = \sqrt{1-1} = 0$

$x = 2$ のとき、$u = \sqrt{2-1} = 1$

なので、

x	1	→	2
u	0	→	1

[*1] $\cosh y \geq 0$ だから $\cosh y = -\sqrt{1 + \sinh^2 y}$ は考えなくてよい。

という対応表が書けます。また、

$$\frac{dx}{du} = \frac{d}{du}(u^2 + 1) = 2u$$

となり、

$$dx = 2u\,du$$

と置き換えればよいことがわかります。よって、

$$\int_1^2 x\sqrt{x-1}\,dx = \int_0^1 (u^2+1)u\,2u\,du = 2\int_0^1 (u^4 + u^2)du$$

$$= 2\left[\frac{u^5}{5} + \frac{u^3}{3}\right]_0^1 = 2\left\{\frac{1}{5} + \frac{1}{3} - \left(\frac{0}{5} + \frac{0}{3}\right)\right\}$$

$$= 2\left(\frac{1}{5} + \frac{1}{3}\right) = \frac{16}{15}$$

第8章

問の解答

問 8-1

$f_1(x) = \sin(x + \theta)$ とすれば、$f_1'(x) = \cos(x + \theta)$、$f_1''(x) = -\sin(x + \theta)$ なので、$f_1''(x) + f_1(x) = 0$ を満たします。

$f_2(x) = \cos(x + \theta)$ とすれば、$f_2'(x) = -\sin(x + \theta)$、$f_2''(x) = -\cos(x + \theta)$ なので、これも $f_2''(x) + f_2(x) = 0$ を満たします。

$f(x) = A\sin(x + \theta) + B\cos(x + \theta)$ とすれば、$f(x) = Af_1(x) + Bf_2(x)$ となり、$f_1(x), f_2(x)$ は（♪）を満たすものになります。微分の線形性から $f''(x) = Af_1''(x) + Bf_2''(x)$ となりますので、

$$f''(x) + f(x) = Af_1''(x) + Bf_2''(x) + Af_1(x) + Bf_2(x)$$
$$= A(f_1''(x) + f_1(x)) + B(f_2''(x) + f_2(x))$$
$$= A \cdot 0 + B \cdot 0 = 0$$

問 8-2

$y'(t) = (e^{kt})' = ke^{kt} = ky(t)$ より、（♪♪）を満たすことがわかります。

問 8-3

$y_1'(t) = A\omega\cos\omega t$、$y_1''(t) = -A\omega^2\sin\omega t$ より、$y_1''(t) + \omega^2 y_1(t) = -A\omega^2\sin\omega t + \omega^2 A\sin\omega t = 0$ がわかります。

同様にして、$y_2'(t) = -B\omega \sin \omega t$、$y_2''(t) = -B\omega^2 \cos \omega t$ より、$y_2''(t) + \omega^2 y_2(t) = -B\omega^2 \cos \omega t + \omega^2 B \cos \omega t = 0$ がわかります。

最後に、微分の線形性から $y''(x) = y_1''(x) + y_2''(x)$ となりますので、$y''(x) + \omega^2 y(x) = y_1''(x) + y_2''(x) + \omega^2(y_1(x) + y_2(x)) = y_1''(t) + \omega^2 y_1(t)) + (y_2''(t) + \omega^2 y_2(t)) = 0 + 0 = 0$ がわかります。

問 8-4

A は定数ですから、$u(t) = \dfrac{y(t)}{A} = e^{-\lambda t} \sin(\omega_* t)$ が（★）を満たせば、$y(t)$ も（★）を満たします。よって、$u(t)$ を（★）に代入してみましょう。まず、積の微分から、

$$u'(t) = -\lambda e^{-\lambda t} \sin(\omega_* t) + e^{-\lambda t} \omega_* \cos(\omega_* t)$$
$$u''(t) = +\lambda^2 e^{-\lambda t} \sin(\omega_* t) - \lambda e^{-\lambda t} \omega_* \cos(\omega_* t)$$
$$\quad -\lambda e^{-\lambda t} \omega_* \cos(\omega_* t) - e^{-\lambda t} \omega_*^2 \sin(\omega_* t)$$

が求められます。よって（★）は、

$$0 = u''(t) + 2\lambda u'(t) + \omega^2 u(t)$$
$$= +\lambda^2 e^{-\lambda t} \sin(\omega_* t) - \lambda e^{-\lambda t} \omega_* \cos(\omega_* t)$$
$$\quad -\lambda e^{-\lambda t} \omega_* \cos(\omega_* t) - e^{-\lambda t} \omega_*^2 \sin(\omega_* t)$$
$$\quad -2\lambda^2 e^{-\lambda t} \sin(\omega_* t) + 2\lambda e^{-\lambda t} \omega_* \cos(\omega_* t) + \omega^2 e^{-\lambda t} \sin(\omega_* t)$$

となります。すべての項にある $e^{-\lambda t}$ で両辺を割り、$\sin(\omega_* t)$ と $\cos(\omega_* t)$ の項に分ければ、次式のようになります。

$$0 = \sin(\omega_* t)(\lambda^2 - 2\lambda^2 - \omega_*^2 + \omega^2)$$
$$\quad + \cos(\omega_* t)(-\lambda \omega_* - \lambda \omega_* + 2\lambda \omega_*) \quad (\#)$$

$\cos(\omega_* t)$ の項は $(-\lambda \omega_* - \lambda \omega_* + 2\lambda \omega_*) = 0$ となり、$\sin(\omega_* t)$ の項は $\omega_* = \sqrt{\omega^2 - \lambda^2}$ でしたので、

$$\lambda^2 - 2\lambda^2 - \omega_*^2 + \omega^2 = -\lambda^2 - \omega_*^2 + \omega^2 = -\lambda^2 - (\omega^2 - \lambda^2) + \omega^2 = 0$$

となり、結局、式（#）の右辺も 0 になりますから、$u(t)$ は式（★）を満たすことが示されました。

同様にして、$v(t) = e^{-\lambda t} \cos(\omega_* t)$ として式（★）を満たすことも示されます。

問 8-5

これは **8-2** の式（♪）に掲載された微分方程式ですね。$\dfrac{1}{y} y' = k$ の両辺を x で積分すれば、

$$\int \frac{1}{y} y' \, dx = \int k \, dx$$

となります。左辺の積分の変数を x から y に変換すれば

$$(\text{左辺}) = \int \frac{1}{y} \frac{\mathrm{d}y}{\mathrm{d}x} \mathrm{d}x = \int \frac{1}{y} \mathrm{d}y = \ln|y| + C_1$$

とできます。また、

$$(\text{右辺}) = \int k \, \mathrm{d}x = kx + C_2$$

ですから、微分方程式は、

$\ln y + C_1 = kx + C_2$

より、

$\ln y = kx + C_2 - C_1$

から、

$y = e^{(kx + C_2 - C_1)} = Ce^{kx}$

ここで、定数を $C = e^{(C_2 - C_1)}$ とまとめました。

初期値問題は $1 = y(0) = Ce^0 = C$ より $C = 1$ と任意定数を決めて、

$y = e^{kx}$

問 8-6

(1) 両辺を L で割れば、

$$i'(t) + \frac{R}{L} i(t) = \frac{E_m}{L} \sin \omega t$$

となります。式 (☆) と照らし合わせて、$p(t) = \frac{R}{L}$, $q(t) = \frac{E_m}{L} \sin \omega t$ となりますね。よって、

$$g(t) = \int \frac{R}{L} \mathrm{d}t = \frac{R}{L} t$$

積分因子は、

$$f(t) = \exp\left(\frac{R}{L} t\right)$$

となり、一般解は、

$$i(t) = \exp(-g(t)) \int \exp(g(t)) q(t) \mathrm{d}t + C$$
$$= \exp\left(-\frac{R}{L} t\right) \int \exp\left(\frac{R}{L} t\right) \frac{E_m}{L} \sin \omega t \, \mathrm{d}t + C$$
$$= \exp\left(-\frac{R}{L} t\right) \frac{E_m}{L} \int \exp\left(\frac{R}{L} t\right) \sin \omega t \, \mathrm{d}t + C$$

積分を

$$u(t) = \int \exp\left(\frac{R}{L} t\right) \sin \omega t \, \mathrm{d}t$$

とおいて計算しましょう。部分積分を実行するために、

$$u(t) = \int \left(\frac{L}{R}\exp\left(\frac{R}{L}t\right)\right)' \sin\omega t\, dt$$

と考えて、

$$\begin{aligned}
u(t) &= \frac{L}{R}\exp\left(\frac{R}{L}t\right)\sin\omega t - \frac{L}{R}\int \exp\left(\frac{R}{L}t\right)(\sin\omega t)'\, dt \\
&= \frac{L}{R}\exp\left(\frac{R}{L}t\right)\sin\omega t - \frac{L}{R}\int \exp\left(\frac{R}{L}t\right)\omega\cos\omega t\, dt \\
&= \frac{L}{R}\exp\left(\frac{R}{L}t\right)\sin\omega t - \frac{\omega L}{R}\int \exp\left(\frac{R}{L}t\right)\cos\omega t\, dt
\end{aligned}$$

となります。さらにこの第2項を部分積分して、

$$\begin{aligned}
u(t) &= \frac{L}{R}\exp\left(\frac{R}{L}t\right)\sin\omega t - \frac{\omega L}{R}\int \exp\left(\frac{R}{L}t\right)\cos\omega t\, dt \\
&= \frac{L}{R}\exp\left(\frac{R}{L}t\right)\sin\omega t - \frac{\omega L}{R}\int \left(\frac{L}{R}\exp\left(\frac{R}{L}t\right)\right)'\cos\omega t\, dt \\
&= \frac{L}{R}\exp\left(\frac{R}{L}t\right)\sin\omega t - \left[\frac{\omega L}{R}\frac{L}{R}\exp\left(\frac{R}{L}t\right)\cos\omega t \right.\\
&\quad \left. - \frac{\omega L}{R}\int \frac{L}{R}\exp\left(\frac{R}{L}t\right)(\cos\omega t)'\, dt\right] \\
&= \frac{L}{R}\exp\left(\frac{R}{L}t\right)\sin\omega t - \left[\frac{\omega L}{R}\frac{L}{R}\exp\left(\frac{R}{L}t\right)\cos\omega t \right.\\
&\quad \left. + \frac{\omega^2 L^2}{R^2}\underbrace{\int \exp\left(\frac{R}{L}t\right)\sin\omega t\, dt}_{=\,u(t)}\right]
\end{aligned}$$

となって、さらに $u(t)$ が現れます。よって、

$$u(t) = \frac{L}{R}\exp\left(\frac{R}{L}t\right)\sin\omega t - \frac{\omega L^2}{R^2}\exp\left(\frac{R}{L}t\right)\cos\omega t - \frac{\omega^2 L^2}{R^2}u(t)$$

となり、これを $u(t)$ について解けば、

$$u(t) = \frac{\dfrac{L}{R}\exp\left(\dfrac{R}{L}t\right)\sin\omega t - \dfrac{\omega L^2}{R^2}\exp\left(\dfrac{R}{L}t\right)\cos\omega t}{1 + \dfrac{\omega^2 L^2}{R^2}}$$

となります。よって一般解は、

$$\begin{aligned}
i(t) &= \exp\left(-\frac{R}{L}t\right)\frac{E_m}{L}u(t) + C \\
&= \exp\left(-\frac{R}{L}t\right)\frac{E_m}{L}\frac{\dfrac{L}{R}\exp\left(\dfrac{R}{L}t\right)\sin\omega t - \dfrac{\omega L^2}{R^2}\exp\left(\dfrac{R}{L}t\right)\cos\omega t}{1 + \dfrac{\omega^2 L^2}{R^2}} + C
\end{aligned}$$

$$= \frac{\frac{E_m}{L}\exp\left(-\frac{R}{L}t\right)}{1+\frac{\omega^2 L^2}{R^2}}\left[\frac{L}{R}\exp\left(\frac{R}{L}t\right)\sin\omega t - \frac{\omega L^2}{R^2}\exp\left(\frac{R}{L}t\right)\cos\omega t\right] + C$$

$$= \frac{\frac{E_m}{L}}{1+\frac{\omega^2 L^2}{R^2}}\left[\frac{L}{R}\sin\omega t - \frac{\omega L^2}{R^2}\cos\omega t\right] + C$$

$$= \frac{\frac{E_m}{L}}{1+\frac{\omega^2 L^2}{R^2}}\frac{L}{R}\left[\sin\omega t - \frac{\omega L}{R}\cos\omega t\right] + C$$

$$= \frac{RE_m}{R^2+(\omega L)^2}\left[\sin\omega t - \frac{\omega L}{R}\cos\omega t\right] + C$$

となります。これは、この微分方程式が定常状態になったときの解となります。

(2) 初期条件を代入して、

$$0 = i(0) = \frac{RE_m}{R^2+(\omega L)^2}\left[0 - \frac{\omega L}{R}\cdot 1\right] + C$$

$$0 = -\frac{RE_m}{R^2+(\omega L)^2}\frac{\omega L}{R}\cdot 1 + C$$

より、

$$C = +\frac{\omega L}{R^2+(\omega L)^2}E_m$$

が求まります。よって、

$$i(t) = \frac{RE_m}{R^2+(\omega L)^2}\left[\sin\omega t - \frac{\omega L}{R}\cos\omega t\right] + \frac{\omega L}{R^2+(\omega L)^2}E_m$$

(3) 初期条件を代入して、

$$\frac{E_m}{R} = i(0) = \frac{RE_m}{R^2+(\omega L)^2}\left[0 - \frac{\omega L}{R}\cdot 1\right] + C$$

$$\frac{E_m}{R} = -\frac{RE_m}{R^2+(\omega L)^2}\frac{\omega L}{R}\cdot 1 + C$$

より、

$$C = \frac{E_m}{R} + \frac{\omega L}{R^2+(\omega L)^2}E_m$$

が求まります。よって、

$$i(t) = \frac{RE_m}{R^2+(\omega L)^2}\left[\sin\omega t - \frac{\omega L}{R}\cos\omega t\right] + \frac{E_m}{R}$$
$$+ \frac{\omega L}{R^2+(\omega L)^2}E_m$$

問 8-7

初期条件を代入して、

$y(0) = C_1 \cos 0 + C_2 \sin 0 = C_1 \cdot 1 = A$

$y'(0) = \omega(-C_1 \sin 0 + C_2 \cos 0) = \omega C_2 \cdot 1 = 0$

より、

$C_1 = A$

$C_2 = 0$

を得ます。よって、次式が初期値問題の解です。

$y(t) = A\cos\omega t$

問 8-8

特性方程式は、

$\lambda^2 + 2\lambda + 2 = 0$

で、解の公式から、

$\lambda = \dfrac{-2 \pm \sqrt{2^2 - 4\cdot 2}}{2} = \dfrac{-2 \pm j2}{2} = -1 \pm j$

となります。これは、**8-4** の「2 階線形微分方程式の解」の分類でいうと③の場合となり、一般解は、

$y(t) = e^{-x}(C_1 \cos x + C_2 \sin x)$

となります。次に初期値問題を解きましょう。

$2 = y(0) = 1 \cdot (C_1 \cos 0 + C_2 \sin 0) = C_1$ より、$C_1 = 2$

これより $C_1 = 2$ が決まり、

$y(x) = e^{-x}(2\cos x + C_2 \sin x)$

とわかりました。また、

$y'(t) = (-e^{-x})(2\cos x + C_2 \sin x) + e^{-x}(-2\sin x + C_2 \cos x)$

より、

$y'(0) = -(2+0) + (0 + C_2) = -2$

となって、

$C_2 = 0$

が得られます。よってこの初期値問題の特殊解は、

$$y(t) = 2e^{-x}\cos x$$

と定まります。

問 8-9

$$\mathcal{L}[\sin(at)] = \frac{1}{j2}(\mathcal{L}[e^{jat}] - \mathcal{L}[e^{-jat}]) = \frac{1}{j2}\left(\frac{1}{s-ja} - \frac{1}{s+ja}\right) = \frac{a}{s^2+a^2}$$

問 8-10

$$\mathcal{L}[\sinh(at)] = \frac{1}{2}(\mathcal{L}[e^{at}] - \mathcal{L}[e^{-at}]) = \frac{1}{2}\left(\frac{1}{s-a} - \frac{1}{s+a}\right) = \frac{a}{s^2-a^2}$$

$$\mathcal{L}[\cosh(at)] = \frac{1}{2}(\mathcal{L}[e^{at}] + \mathcal{L}[e^{-at}]) = \frac{1}{2}\left(\frac{1}{s-a} + \frac{1}{s+a}\right) = \frac{s}{s^2-a^2}$$

問 8-11

$\cos(bt)$ のラプラス変換は、次のようになります。

$$\mathcal{L}[\cos(bt)] = \frac{s}{s^2+b^2}$$

これに e^{at} を掛ければ $s \to s-a$ と移動するので、

$$\mathcal{L}[e^{at}\cos(bt)] = \frac{s-a}{(s-a)^2+b^2}$$

となります。

問 8-12

(1) $\mathcal{L}[y''(t)] = s^2Y(s) - sy'(0) - y(0)$、$\mathcal{L}[y(t)] = Y(s)$

より、微分方程式は、

$$s^2Y(s) - sy'(0) - y(0) + Y(s) = \mathcal{L}[\sin t]$$

ここで、$\mathcal{L}[\sin t] = \dfrac{1}{s^2+1}$ より、

$$s^2Y(s) - sy'(0) - y(0) + Y(s) = \frac{1}{s^2+1}$$

となります。初期条件 $y(0) = 1$、$y'(0) = 0$ を代入して、

$$s^2Y(s) - 1 + Y(s) = \frac{1}{s^2+1}$$

(2) 得られた式を $Y(s)$ でくくれば、

$$Y(s)(s^2+1) - 1 = \frac{1}{s^2+1}$$

より、

$$Y(s)(s^2+1) = \frac{1}{s^2+1} + 1 = \frac{1}{s^2+1} + \frac{s^2+1}{s^2+1} = \frac{s^2+2}{s^2+1}$$

となって、両辺を s^2+1 で割れば、次式が得られます。

$$Y(s) = \frac{s^2 + 2}{(s^2 + 1)^2}$$

(3) 分子を $s^2 + 2 = (s^2 + 1) + 1$ と分ければ、次式が得られます。

$$Y(s) = \frac{(s^2+1)+1}{(s^2+1)^2} = \frac{s^2+1}{(s^2+1)^2} + \frac{1}{(s^2+1)^2} = \frac{1}{s^2+1} + \frac{1}{(s^2+1)^2}$$

(4)(3)の結果を逆ラプラス変換すれば、

$$y(t) = \mathcal{L}^{-1}[Y(s)] = \mathcal{L}^{-1}\left[\frac{1}{s^2+1} + \frac{1}{(s^2+1)^2}\right]$$

$$= \mathcal{L}^{-1}\left[\frac{1}{s^2+1}\right] + \mathcal{L}^{-1}\left[\frac{1}{(s^2+1)^2}\right]$$

ですが、第1項は、次のようになります。

$$\mathcal{L}^{-1}\left[\frac{1}{s^2+1}\right] = \sin t$$

また、第2項はたたみ込み（合成積）の式（**8-6** の「ラプラス変換の性質」の⑤）より、

$$\int_0^t \sin(t-x)\sin(x)\mathrm{d}x = \frac{1}{2}\sin t - \frac{t}{2}\cos t$$

となります。よって求める解は、

$$y(t) = \mathcal{L}^{-1}\left[\frac{1}{s^2+1}\right] + \mathcal{L}^{-1}\left[\frac{1}{(s^2+1)^2}\right]$$

$$= \sin t + \frac{1}{2}\sin t - \frac{t}{2}\cos t = \frac{3}{2}\sin t - \frac{t}{2}\cos t$$

第9章

問の解答

問 9-1

三角関数の加法定理は、

$\sin(A+B) = \sin A\cos B + \cos A\sin B$ （1）
$\sin(A-B) = \sin A\cos B - \cos A\sin B$ （2）
$\cos(A+B) = \cos A\cos B - \sin A\sin B$ （3）
$\cos(A-B) = \cos A\cos B + \sin A\sin B$ （4）

ですね。（3）+（4）を実行すれば、

$\cos(A+B) + \cos(A-B)$
$= (\cos A\cos B - \sin A\sin B) + (\cos A\cos B + \sin A\sin B)$
$= 2\cos A\cos B$

が得られます。同様に（3）−（4）を実行すれば、

$\cos(A+B) - \cos(A-B)$
$= (\cos A\cos B - \sin A\sin B) - (\cos A\cos B + \sin A\sin B)$
$= -2\sin A\sin B$

となります。（1）+（2）を実行すれば、次式が得られます。

$\sin(A+B) + \sin(A-B)$
$= (\sin A\cos B + \cos A\sin B) + (\sin A\cos B - \cos A\sin B)$
$= 2\sin A\cos B$

問 9-2

$\int_{-\pi}^{\pi} f(t)\cos(mt)\,dt$ と、$\int_{-\pi}^{\pi} f(t)\sin(mt)\,dt$ を計算してみましょう。

$\int_{-\pi}^{\pi} f(t)\cos(mt)\,dt$
$= \int_{-\pi}^{\pi} \frac{a_0}{2}\cos(mt)\,dt + \int_{-\pi}^{\pi} \sum_{k=1}^{\infty}[a_k\cos(kt) + b_k\sin(kt)]\cos(mt)\,dt$

ですが、第1項目は、

$\int_{-\pi}^{\pi} \frac{a_0}{2}\cos(mt)\,dt = \frac{a_0}{2}\int_{-\pi}^{\pi}\cos(mt)\,dt = \frac{a_0}{2}\cdot 0 = 0$

となります。第2項目は積分を和 $\sum_{k=1}^{\infty}$ の中に入れて 9.0 の結果を使えば、

$\sum_{k=1}^{\infty}\left[\int_{-\pi}^{\pi} a_k\cos(kt)\cos(mt)\,dt + \int_{-\pi}^{\pi} b_k\sin(kt)\cos(mt)\,dt\right]$

$= \sum_{k=1}^{\infty}\underbrace{[a_k\pi\delta_{km} + 0]}_{\delta_{km}\text{によって } k=m \text{ となる項だけ生き残る}} = a_m\pi$

となり、$\int_{-\pi}^{\pi} f(t)\cos(mt)\,dt = a_m\pi$ となります。よって、

$a_m = \frac{1}{\pi}\int_{-\pi}^{\pi} f(t)\cos(mt)\,dt$

無事にフーリエ係数を抽出できましたね。同じように $\int_{-\pi}^{\pi} f(t)\sin(mt)\,dt$ も

$$\int_{-\pi}^{\pi} f(t) \sin(mt) \, dt$$

$$= \int_{-\pi}^{\pi} \frac{a_0}{2} \sin(mt) \, dt + \int_{-\pi}^{\pi} \sum_{k=1}^{\infty} [a_k \cos(kt) + b_k \sin(kt)] \sin(mt) \, dt$$

ですが、第 1 項目は、

$$\int_{-\pi}^{\pi} \frac{a_0}{2} \sin(mt) \, dt = \frac{a_0}{2} \int_{-\pi}^{\pi} \sin(mt) \, dt = \frac{a_0}{2} \cdot 0 = 0$$

となります。第 2 項目は積分を和 $\sum_{k=1}^{\infty}$ の中に入れて 9.0 の結果を使えば、

$$\sum_{k=1}^{\infty} \left[\int_{-\pi}^{\pi} a_k \cos(kt) \sin(mt) \, dt + \int_{-\pi}^{\pi} b_k \sin(kt) \sin(mt) \, dt \right]$$

$$= \sum_{k=1}^{\infty} \underbrace{[0 + b_k \pi \delta_{km}]}_{\delta_{km} \text{によって } k = m \text{となる項だけ生き残る}} = b_m \pi$$

となり、$\int_{-\pi}^{\pi} f(t) \sin(mt) \, dt = b_m \pi$ が得られます。よって、フーリエ係数 b_m は次式となります。

$$b_m = \frac{1}{\pi} \int_{-\pi}^{\pi} f(t) \sin(mt) \, dt$$

問 9-3

まず、$k = 0$ での a_0 は、

$$a_0 = \frac{1}{\pi} \int_{-\pi}^{\pi} f(t) \, dt = \frac{1}{\pi} \int_{-\pi}^{\pi} t \, dt = \frac{1}{\pi} \left[\frac{t^2}{2} \right]_{-\pi}^{\pi} = \frac{1}{2\pi} (\pi^2 - (-\pi)^2) = 0$$

となります。次に $k \neq 0$ のとき、

$$a_k = \frac{1}{\pi} \int_{-\pi}^{\pi} f(t) \cos(kt) \, dt = \frac{1}{\pi} \int_{-\pi}^{\pi} t \cos(kt) \, dt$$

は、$\left[\frac{1}{k} \sin(kt) \right]' = \cos(kt)$ として部分積分を施して、

$$a_k = \frac{1}{\pi} \int_{-\pi}^{\pi} t \left[\frac{1}{k} \sin(kt) \right]' dt$$

$$= \frac{1}{\pi} \left[t \frac{1}{k} \sin(kt) \right]_{-\pi}^{\pi} - \frac{1}{\pi} \int_{-\pi}^{\pi} (t)' \frac{1}{k} \sin(kt) \, dt$$

$$= 0 - \frac{1}{\pi k} \int_{-\pi}^{\pi} \sin(kt) \, dt$$

$$= -\frac{1}{\pi k}\left[-\frac{1}{k}\cos(kt)\right]_{-\pi}^{\pi} = \frac{1}{\pi k}\left(-\frac{1}{k}\right)[\cos k\pi - \cos(-k\pi)]$$

$$= \frac{1}{\pi k^2}[(-1)^2 - (-1)^2] = 0$$

が得られます。同様に、

$$b_k = \frac{1}{\pi}\int_{-\pi}^{\pi} f(t)\sin(kt)\,dt = \frac{1}{\pi}\int_{-\pi}^{\pi} t\sin(kt)\,dt$$

も、$\left[-\frac{1}{k}\cos(kt)\right]' = \sin(kt)$ として部分積分を施して、

$$b_k = \frac{1}{\pi}\int_{-\pi}^{\pi} t\left[-\frac{1}{k}\cos(kt)\right]'\,dt$$

$$= \frac{1}{\pi}\left[-t\frac{1}{k}\cos(kt)\right]_{-\pi}^{\pi} - \frac{1}{\pi}\int_{-\pi}^{\pi}(t)'\left[-\frac{1}{k}\cos(kt)\right]dt$$

$$= -\frac{1}{\pi k}[t\cos(kt)]_{-\pi}^{\pi} + \frac{1}{\pi k}\int_{-\pi}^{\pi}\cos(kt)\,dt$$

$$= -\frac{1}{\pi k}[\pi\cos(k\pi) - (-\pi)\cos(-(k\pi))] + \frac{1}{\pi k}\left[\frac{1}{k}\sin(kt)\right]_{-\pi}^{\pi}$$

$$= -\frac{1}{\pi k}[\pi(-1)^k + \pi(-1)^k] + \frac{1}{\pi k^2}[0-0]$$

$$= -\frac{2\pi}{\pi k}(-1)^k + 0 = \frac{2}{k}(-1)^k\cdot(-1) = \frac{2}{k}(-1)^{k+1}$$

が得られます。よってフーリエ級数は b_k の項だけ残って、

$$f(t) \sim \frac{a_0}{2} + \sum_{k=1}^{\infty}[a_k\cos(kt) + b_k\sin(kt)] = \sum_{k=1}^{\infty}\frac{2}{k}(-1)^{k+1}\sin(kt)$$

となります。和の記号の部分を全部書けば、

$$f(t) \sim \sum_{k=1}^{\infty}\frac{2}{k}(-1)^{k+1}\sin(kt)$$

$$= \underbrace{+\frac{2}{1}\sin(t)}_{k=1} \underbrace{-\frac{2}{2}\sin(2t)}_{k=2} \underbrace{+\frac{2}{3}\sin(3t)}_{k=3} \underbrace{-\frac{2}{4}\sin(4t)}_{k=4}$$

$$\underbrace{+\frac{2}{5}\sin(5t)}_{k=5} - \cdots\cdots$$

ですね。参考までに、コンピュータで計算した部分和と元の関数のグラフを次に示します。

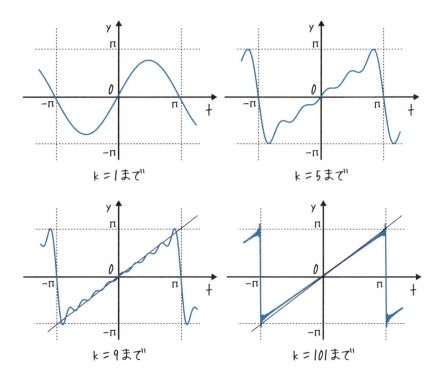

問 9-4

例で求めたフーリエ級数は、

$$a_0 = \frac{1}{2}, \quad a_k = 0 \, (k = 1, 2, 3, \cdots\cdots), \quad b_k = \begin{cases} \dfrac{2}{\pi k} & (k \text{ が奇数のとき}) \\ 0 & (k \text{ が偶数のとき}) \end{cases}$$

ですから、

$$c_0 = a_0 = \frac{1}{2}$$

$$c_k = \frac{a_k - jb_k}{2} = \frac{0 - jb_k}{2} = \begin{cases} -j\dfrac{1}{\pi k} & (k \text{ が奇数のとき}) \\ 0 & (k \text{ が偶数のとき}) \end{cases}$$

$$c_{-k} = \frac{a_{-k} + jb_{-k}}{2} = \frac{0 + jb_k}{2} = \begin{cases} +j\dfrac{1}{\pi k} & (k \text{ が奇数のとき}) \\ 0 & (k \text{ が偶数のとき}) \end{cases}$$

となります。

索引

記号

′	204
( )	45
/	21
[ ]	45
{ }	45
$\|z\|$	190
=	58, 66
×	44
÷	44
∫	214
・(ドット)	21, 44

英字

1階線形微分方程式	243
2階線形微分方程式	246
2階線形微分方程式の解	248
2階微分	207
2乗の和	219
3次方程式	61
a	19
$\arg(z)$	190
c	19
cos	128, 130
$\cos^{-1}$	189
cot	128, 130
csc	128, 130
d	19
da	19
E	19, 196
f	19
G	19
h	19
Hz	153
$\mathrm{Im}(z)$	190
J(ジュール)	21
j	180
k	19
log	164
m	18, 19
n	19
n 元連立一次方程式	100
n 次方程式	61
n 乗根	159
P	19
rad	132
$\mathrm{Re}(z)$	190
sec	128, 130
sin	128, 130
$\sin^{-1}$	189
T	19
tan	128, 130
$\tan^{-1}$	189
y 切片	176
α	56
β	56
Δ	205
ε	56
μ	19
Σ	218

あ行

アークコサイン	189
アークサイン	189
アークタンジェント	189
アト	19
アルファ	56
移項	68, 74
位相	152, 155
位相が遅れる	155
位相が進む	155
一次関数	122

一次方程式	58, 60
一般解	235
一般角	133
イプシロン	56
インテグラル	214
インピーダンス	262
上リーマン和	215
右辺	66
エクサ	19
演算子	207
円周率	38
オイラーの公式	196
オイラーの等式	234

か行

解	77, 234
階数	107, 108, 235
解なし	87, 105, 108
ガウスの消去法	102
ガウスの掃き出し法	102, 103
可換	293
角周波数	152, 153
拡大係数行列	102
角波数	152, 154
下限	214
加減法	92
重ね合わせ	249
過剰和	214
片対数グラフ	174
傾き	176
加法定理	156
関数	120, 121
簡約化	103
ギガ	19
ギブス現象	274
逆関数	121
逆行列	114
逆三角関数	189
逆写像	121
逆数	37
境界値	235
境界値問題	235
共振角周波数	239
共振周波数	239
共通因子	22
行列	96, 98, 100
行列式	110
行列式の定義	111
極限	204
極限値	204
極座標	184, 187, 197
極小値	212
極大値	212
極値	212
虚軸	181
虚数単位	180
虚部	180
キロ	19
近傍	212
区分求積法	216
クラメールの公式	117
クロス記号	44
クロネッカーのデルタ	264
係数	45, 60, 64
係数行列	101
検算	77, 87
原始関数	223, 227
元数	100
原点	124
項	62
広義積分	252
公差	219
高次	61
降順	65
合成積	256
恒等式	67

公比	219
降べきの順	65
弧度法	132

さ行

最大値	152
左辺	66
作用素	207
三角関数	130, 208, 209
三角関数のグラフ	138
三角関数の相互関係	148
三角比	128
三平方の定理	134
シグマ	218
次元	91
次元解析	25, 95
指示電気計器	72
指数	16, 45, 158
次数	60
指数関数	160, 208, 209
指数表示	16, 197
指数法則	158
自然数	30
自然対数	209
自然対数の底	38, 196, 209
下リーマン和	215
実軸	181
実数	40
実数解	247
実数解なし	247
実数の連続性	40
実部	180
時定数	237
写像	120, 121
終域	120
重解	247
周期	152, 153
周期関数	271

収束域	255
周波数	153
ジュール	21
純虚数	180
小カッコ	45
象限	139
上限	214
昇順	65
昇べきの順	65
常用対数	165
初期位相	152
初期値	235
初期値問題	235
初項	219
真数	164
真数条件	164
振幅	152, 153
数直線	40
正関数	208, 209
整数	32
正数	32
成分	96
正方行列	110
積分	214
積分因子	244
積分可能	215
積分定数	224
積和公式	266
絶対値	190
接頭語	18
切片	176
線形	235
センチ	19
双曲線関数	208, 209
添え字	45

た行

第1象限	139

第2象限	139
第3象限	139
第4象限	139
大カッコ	45
対数	164, 165
対数関数	166, 208, 209
対数関数のグラフ	172
対数を取る	167
代入	47
代入法	93
多項式	63
たたみ込み	256
単位	20
単位円	139
単位行列	113
単項式	63
単調減少	163
単調減少関数	163
単調増加	163
単調増加関数	163
値域	120
置換積分	228
中カッコ	45
稠密性	40
超関数	254
調和振動子	238
直交座標	124, 184, 197
通分	37
鶴亀算	94
底	158, 164
定義	33
定数	64
定数関数	208, 209
定数項	65
定数の和	219
定積分	215
定積分の置換積分	228, 229
底の変換	170

デカ	19
デシ	19
テラ	19
デルタ	205
デルタ関数	253
転置行列	113
導関数	206
等号	58, 66
等差数列の和	219
等式	58, 66
同類項	50
特異解	235
特殊解	235
特性方程式	247
度数法	132
ドット	21, 44
等比数列の和	219

な行

ナノ	19
二次関数	123
二次方程式	61
二次方程式の解の公式	247
任意定数	235
ネイピアの数	196, 209
ノルム	277

は行

倍角の公式	157
はさみうちの原理	216
波数	154
波長	152, 153
繁分数	54
反例	283
ピコ	19
被積分関数	216
非線形	235
非負	32

微分	200, 206
微分係数	203, 206
微分積分学の基本定理	223
微分方程式	234
ピュタゴラスの定理	134
フーリエ逆変換	277
フーリエ級数	268, 269
フーリエ係数	269
フーリエ展開	271
フーリエ変換	277
フェムト	19
複合同順	156
複素数	180
複素積分	253
複素共役	193
複素フーリエ級数	276
複素フーリエ係数	276
複素フーリエ展開	276
複素平面	181
負号	32
符号	32
符号付の面積	214
負数	32
不足和	215
不定積分	223
部分積分	228
プライム	204
不連続	274
分母を払う	54, 78
平均変化率	203, 204
平方根	38
ベータ	56
ヘクト	19
ペタ	19
ヘビサイドの階段関数	253
ヘルツ	153
偏角	190
変数分離形	242
偏微分方程式	277
方程式	58, 66, 67
方程式を解く	59
包絡線	251
ボーア半径	17

ま行

マイクロ	19
マルサスの法則	236
未知数	58, 66
ミリ	19
無限大	215
無理数	38
メガ	19
文字式	42, 43

や行

有効桁数	15, 72
有効数字	14, 15, 26
有理数	36, 37
ユニタリ変換	277
要素	96

ら行

ラジアン	132
ラプラス逆変換	252
ラプラス変換	252
リーマン積分	215
立式	80
量	21
量記号	21
両対数グラフ	175
累乗	158
ルート	38
列ベクトル	113
連立一次方程式	86
連立方程式	86
連立方程式の解	87

著者紹介

山下 明（やました あきら）

1991年3月2日午後5時5分、大阪市に生まれる。保育園時代に大阪市立図書館の利用者カードを取得。以後、夏休みは避暑地（大阪市立港図書館）で本に囲まれて過ごす。大阪市立市岡小学校に入学後は図書委員を長年務め、図書委員長を歴任。退任後もその経験をいかし、現在膨大な拙著の在庫を管理している。大阪府立藤井寺工科高等学校教諭として教壇に立つ傍ら、ピアノ・ヨガ・和裁・茶道（裏千家）・華道（未生流）・上方舞（山村流）等を習い花嫁修業に奮励するものの、縁談の話はない。

著書：文部科学省検定済教科書 工業332『電気基礎』（228 山下）／『文系でもわかる電気回路』（翔泳社）

装丁	トップスタジオ デザイン室（嶋健夫）
本文デザイン	トップスタジオ デザイン室（轟木亜紀子）
DTP	株式会社 トップスタジオ
装丁イラスト・本文イラスト	坂木浩子

文系でもわかる電気数学
"高校＋α（アルファ）の知識"ですいすい読める

2016年10月19日　初版　第1刷発行
2022年　5月20日　初版　第4刷発行

著　者	山下 明（やました あきら）
発行人	佐々木 幹夫
発行所	株式会社 翔泳社（https://www.shoeisha.co.jp）
印刷・製本	凸版印刷株式会社

©2016 Akira Yamashita

本書は著作権法上の保護を受けています。本書の一部または全部について（ソフトウェアおよびプログラムを含む）、株式会社 翔泳社から文書による許諾を得ずに、いかなる方法においても無断で複写、複製することは禁じられています。

本書へのお問い合わせについては、2ページに記載の内容をお読みください。

造本には細心の注意を払っておりますが、万一、乱丁（ページの順序違い）や落丁（ページの抜け）がございましたら、お取り替えいたします。03-5362-3705までご連絡ください。

ISBN978-4-7981-4218-0　　Printed in Japan